시험, 생활, 교양 상식으로 나눠서 배우는

통계학 대백과사전

시험, 생활, 교양 상식으로 나눠서 배우는

통계학대백과사전

초판 1쇄 | 2022년 3월 25일
초판 2쇄 | 2022년 7월 25일

지은이 | 이시이 도시아키
옮긴이 | 안동현
발행인 | 김태웅
기획편집 | 이중민
표지 디자인 | nu:n
본문 일러스트 | 오오노 후미아키
교정교열 | 김연숙
조판 | 김현미
편집주간 | 박지호
마케팅 총괄 | 나재승
마케팅 | 서재욱, 김귀찬, 오승수, 조경현, 김성준
온라인 마케팅 | 김철영, 장혜선, 최윤선, 변혜경
인터넷 관리 | 김상규
제 작 | 현대순
총 무 | 윤선미, 안서현, 지이슬
관 리 | 김훈희, 이국희, 김승훈, 최국호

발행처 | (주)동양북스
등 록 | 제 2014-000055호
주 소 | 서울시 마포구 동교로22길 14 (04030)
구입 문의 | 전화 (02)337-1737 팩스 (02)334-6624
내용 문의 | 전화 (02)337-1762 dybooks2@gmail.com

ISBN 979-11-5768-794-7 03410

統計学大百科事典──仕事で使う公式・定理・ルール113
(Tokeigaku Daihyakka Jiten 6280-5)
©2020 Toshiaki Ishii
Original Japanese edition published by SHOEISHA Co.,Ltd.
Korean translation rights arranged with SHOEISHA Co.,Ltd. through Botong Agency.
Korean translation copyright © 2022 by DONGYANGBOOKS, INC.

▸ 이 책의 한국어판 저작권은 Botong Agency를 통한 저작권자와의 독점 계약으로 동양북스가 소유합니다.
  신 저작권법에 의하여 한국 내에서 보호를 받는 저작물이므로 무단전재와 무단복제를 금합니다.

▶ 잘못된 책은 구입처에서 교환해드립니다.
▶ 도서출판 동양북스에서는 소중한 원고, 새로운 기획을 기다리고 있습니다.
   http://www.dongyangbooks.com

f Liberal Mathematics Series

시험, 생활, 교양 상식으로 나눠서 배우는

통계학 대백과 사전

이시이 도시아키 지음 　안동현 옮김

동양북스　**SE** SHOEISHA

일상생활에서 흔히 보는 통계학

19세기 말 통계학자 칼 피어슨은 "통계학은 과학의 문법이다"라고 말했습니다. 그러나 21세기 시작 무렵인 오늘날, 통계학의 응용 범위는 과학 연구에만 머무르지 않습니다.

32세 회사원 김통계 씨의 어느 하루 일기를 살짝 엿보도록 하겠습니다.

"아이폰(iPhone)에 말을 걸어 오늘 날씨를 확인했다.[1] 종로구의 오전 중 강수 확률은 20%라고 한다.[2] 우산을 잊고 나갔다가 역에서 회사까지 비를 맞으며 걸었다. 운이 없군. 회사에 도착해 컴퓨터를 켜고 다음 포털 사이트를 방문해 뉴스를 읽었다. 옆쪽에 있던 BEAMS 다운 코트 배너[3]에 관심이 생겨 클릭하고 한동안 살펴보다 결국 구매는 하지 않았다. 오전 중 계속 머리가 아파 편의점[4]에서 피로회복제를 사서 마셨지만 나아지지 않았다. 점심 먹고 병원에 가보기로 했다. CT 사진[5]까지 찍었지만 특별한 이상은 없다고 한다. 머리가 아프니 어떻게 좀 해달라고 의사 선생님에게 울며 매달렸더니 두통약[6]을 처방해줬다. 그래도 차도가 없다. 아침부터 운이 없는 하루다. 거창하게도 운명이란 무얼까[7] 생각해 봤다."

여기서 각주와 관련해 다음과 같은 통계학 지식을 사용합니다.

1. 아이폰의 음성 인식(자연어 처리)에는 베이즈 통계를 사용합니다.
2. 일기 예보에서는 과거 데이터를 통계 처리하여 강수 확률을 계산합니다.
3. 배너 광고에서는 AB 테스트라고 하는, 무작위로 A 패턴, B 패턴 중 하나의 광고를 표시하여 어느 쪽이 더 효과적인 광고인가를 통계학(검정)으로 판단합니다.
4. 편의점에서는 POS 시스템(판매 시점 정보 관리)을 이용하여 그때그때 소비자의 동향을 기록하고 다른 정보와 함께 통계학을 통해 예상 판매액을 계산합니다.
5. CT 사진의 이미지 처리에는 베이즈 통계를 이용합니다.
6. 신약 개발에는 통계학 중에서도 추정과 검정이라는 개념을 사용합니다.
7. 운명이란 무엇인가? 운명은 결정된 것인가, 아니면 바뀔 수 있는가? 이것도 통계학이 답해줄 수 있습니다. 운명이란 베이즈 갱신(bayesian updating)하는 마르코프 과정입니다(라고 저자는 생각합니다).

이처럼 통계학은 언어학, 경영학, 심리학, 의학, 경제학 등 다양한 분야에 스며들어 일상생활의 기반을 떠받칩니다. 통계학 없이는 하루도 살 수 없을 정도입니다.

효율적으로 통계학의 전체 모습을 이해하려는 사람에게 딱 맞음

수많은 통계학 책 중 이 책을 고른 여러분에게 고마움의 말을 전합니다. 이 책은 다음과 같은 분을 위해 집필했습니다.

- 통계학 전반을 살펴보고 싶은 분
- 통계학 용어를 알고 싶은 분
- 통계 관련 시험을 준비하는 분

여러분이 혹시 이러한 독자에 속한다면 꼭 곁에 두고 자주 펼쳐 보길 바랍니다.

이 책은 '대백과사전'을 자처하는 만큼 통계학을 다루는 범위가 상당히 넓습니다. 초중고에서 배웠던 '데이터 정리', '확률·통계'부터 시작하여 '추정·검정', '회귀분석', '다변량분석' 등과 함께 빅데이터 시대에서 빼놓을 수 없는 '베이즈 통계'에 이르기까지 오늘날 통계학이라 일컬을 수 있는 거의 모든 분야를 다룹니다. 그러므로 통계학의 전체 모습을 효율적으로 이해하고자 하는 분에게는 이 책이 큰 도움이 될 것입니다.

여러분 중에는 용어를 알고 싶을 때 인터넷에서 검색하면 된다고 생각하는 분도 있을 것입니다. 그러나 실제 인터넷으로 용어를 검색해도 제대로 된 설명을 찾기가 쉽지 않고 찾더라도 이를 이해하는 데 많은 시간이 걸리곤 합니다. 이는 용어가 등장하는 분야, 그 용어의 주변 지식을 인터넷 검색 결과만으로는 알 수 없을 때가 많기 때문입니다. 이 책을 활용할 때는 용어가 등장하는 각 장의 Introduction과 용어가 게재된 절의 앞뒤 절을 읽기 바랍니다. 해당 분야에서 사용하는 용어의 주변 지식을 함께 알 수 있으므로 입체적으로 용어를 이해할 수 있습니다.

사회조사분석사 같은 통계 관련 시험을 준비하는 분은 먼저 자신이 준비하는 자격시험의 출제 범위를 확인합니다. 그런 다음 출제 범위표에 나오는 용어가 있는 이 책의 해당 부분을 읽습니다. 이 책은 각 항목의 대부분을 한눈에 볼 수 있어 읽기가 편하며, 학습 항목을 가능한 한 구체적인 예를 들어 설명합니다. 저자도 한눈에 볼 수 있는 학습서를 읽고 공부했던 적이 있었는데, 공부 리듬을 찾을 수 있어 쉽게 학습했던 기억

이 납니다. 통계 관련 시험 문제를 푸는 능력으로 이어지는 데 도움이 될 것입니다. 이 책으로 출제 범위 내용을 살펴본 다음 과거 3년간의 시험 기출 문제를 풀어본다면 합격할 수 있으리라 생각합니다. 통계 관련 시험을 준비하는 데 이 책을 잘 활용했으면 하는 바람입니다.

테슬라의 CEO인 일론 머스크는 9세 때 이미 브리태니커 백과사전을 독파했다고 합니다. 그 경험이 창업 후 로켓 발사까지는 아니더라도 통계 감각이 몸에 익은 사업가가 될 수 있도록 도움을 주었다고 생각합니다. 여러분이 이렇게 이 책을 펼쳐 보게 된 것도 무언가의 인연이므로 기왕이면 꼭 『통계학대백과사전』을 완독하기 바랍니다.

이 책이 독자 여러분의 운명을 더 좋은 방향으로 베이즈 갱신할 수 있기를 기대합니다.

2020년 5월 이시이 토시아키(石井俊全)

오늘날 찬반을 묻는 설문 조사부터 스팸 메일 검출, 자연어 처리, 물리학 등의 자연 과학에 이르기까지 다양한 분야에서 통계학을 활용합니다. 사회가 복잡해지고 과학이 발전하면서 엄격한 실험만으로 모든 것을 증명하고 설명하기가 현실적으로 어렵기 때문입니다.

통계를 이해하고 이에 익숙해지려면 종이 및 연필과 친해져야 한다고 합니다. 그만큼 경험이 중요하다는 뜻이겠지요. 이 책은 종이 및 연필을 사용할 일은 적지만 다양한 통계학을 접하는 데는 좋은 기회가 되지 않을까 합니다. 그리고 통계학과 관련한 모든 경험을 대체할 수는 없겠지만, 다양한 개념 중 어떤 것을 이용해야 좋을지에 대한 단서를 얻을 수 있을 것입니다.

이 책을 읽다 보면 중고등학교나 대학교에서 접했던 내용도 있고, 처음 보는 내용도 있을 것입니다. 처음 보는 내용이라고 해서 어지러운 겉모습에 휘둘리거나 복잡한 식과 기호에 얽매이지 않아도 괜찮습니다. 어떤 때 무엇을 밝히고자 통계학을 사용하는지 이해하려는 마음가짐만 있으면 됩니다. 그럼 이 책이 여러분에게 충분한 도움을 줄 것으로 생각합니다.

모쪼록 이 책이 통계학이라는 숲 전체를 바라보는 기회가 되었으면 하며, 더 나은 판단과 결정을 하는 데 도움이 되기를 바랍니다. 더불어 저자의 뜻을 올바르게 전달하지 못했다면 이는 오롯이 옮긴이의 부족함에서 비롯합니다.

마지막으로 흔쾌히 이 책의 번역을 맡겨 주시고 옮긴이의 부족함을 정성으로 보완해 주신 동양북스 이중민 님께 이 자리를 빌려 고마움을 전합니다.

2022년 3월, 안동현

이 책의 특징과 읽는 방법

이 책의 대상 독자

이 책을 한 번 훑어본 분 중 일부는 수식이 많지 않아 간단해 보이는 페이지와 수식으로 가득 차 어려워 보이는 페이지가 있다는 것을 눈치챘을 겁니다. 다른 일부는 이 책이 도대체 어느 정도 수준의 독자를 대상으로 하여 쓴 것인지 알 수 없다는 생각을 한 분도 있을 겁니다.

그러나 이 책의 사용 방법을 이해한다면 페이지마다 난이도가 다르다는 것도 알 수 있을 것입니다.

이 책은 사전이므로 모르는 용어, 알고 싶은 내용을 찾아보는 것이 첫 번째 목적입니다. '표준편차'라는 용어를 찾고자 하는 사람과 '가우스–마르코프 정리'라는 용어를 찾는 사람의 통계학 수준이나 수식에 대한 익숙함이 다른 것은 당연합니다. 통계학 초보자라면 '가우스–마르코프 정리'를 찾아보려 하지는 않을 것이고 통계학을 조금이라도 다루어 본 사람이라면 '표준편차'라는 용어는 이미 알 터입니다.

그래서 이 책은 특정 용어를 찾아보고 싶은 사람이 원할 것이라 생각하는 통계학 수준, 수식 이해력에 맞게 각 항목을 구성했습니다.

여러분이 통계학 초보자이며 통계 관련 자격시험 합격을 목표로 한다면 이 책을 곁에 두고 자주 찾게 될 것입니다. 여러분이 통계학 중급자라면 이 책을 통해 현대 통계학을 조감할 수 있을 겁니다. 여러분이 통계학 상급자라면 초보자의 질문을 받았을 때 이 책의 초보자용 설명을 참고하면 적절한 답변이 가능하리라 생각합니다.

즉, 어떤 수준의 사람에게도 활용하기 편하고 도움이 되는 한 권의 책인 것입니다.

초보자라면 먼저 Introduction부터 읽자!

추정, 검정, 회귀분석, 다변량분석, 베이즈 통계 등 다양한 주제의 개론을 알고 싶을 때 이 책의 강점이 발휘되리라 생각합니다. 이런 목적을 갖는 독자를 위해 구성에 신경을 썼습니다.

각 장의 제목인 용어(추정, 검정, 회귀분석, 다변량분석, 베이즈 통계 등)를 처음 접하는 사람을 위해 각 장의 Introduction에서 대략의 개념과 부가적인 설명을 더했습니다. 이것이 단순한 용어집과는 다른, 이 책의 특징입니다.

각 장의 Introduction에는 해당 장에서 사용하는 용어 해설이나 각 장을 보는 방법을 설명할 때도 있으므로 먼저 읽기 바랍니다. 장마다 주제를 이해하려면 순서대로 읽어야 하는지, 어떤 주제부터 읽어도 상관없는 장인지(예를 들어 추정의 종류마다 해당 방법을 설명하는 부분)도 함께 설명합니다.

원래라면 비모수검정, 회귀분석, 다중비교분석, 다변량분석, 베이즈 통계 등은 그 자체만으로도 1권의 책을 낼 수 있는 주제입니다. 이 책은 여러 가지 주제를 깊이 공부하기 전 통계학의 전체 모습과 어떻게 공부해야 할지를 알려줍니다.

통계학은 실용을 목적으로 생겨난 것

'대백과사전' 시리즈에는 BUSINESS 라는 제목으로 이론이 어떤 장면에서 사용되는지를 설명하는데, 이 책에서도 마찬가지 제목을 사용합니다. 그러나 이론이 먼저이고 응용이 나중인 수학과는 달리 통계학 이론은 모두 실용적인 목적에 따라 생겨난 것입니다. 굳이 BUSINESS 라는 태그를 사용하지 않더라도 항목 대부분에 실용성이 있다고 생각하는 편이 현실적입니다.

이 책을 읽는 방법

이 책을 읽는 방법은 다음과 같습니다. 별 개수나 개요를 참고로 세부 내용이 아닌 개론부터 먼저 이해하도록 하세요. 알고 싶은 항목만 사전식으로 찾아봐도 됩니다만, 물론 가능한 한 끝까지 한 번 정독해 본다면 통계학의 전체 모습을 이해하는 데 도움이 됩니다.

이 책에서는 각 절에서 설명하는 항목마다 '난이도', '실용', '시험'이라는 지표를 만들고 항목별 중요도를 ★ 개수로 나타냅니다. 항목별 ★ 개수가 나타내는 뜻은 다음과 같습니다.

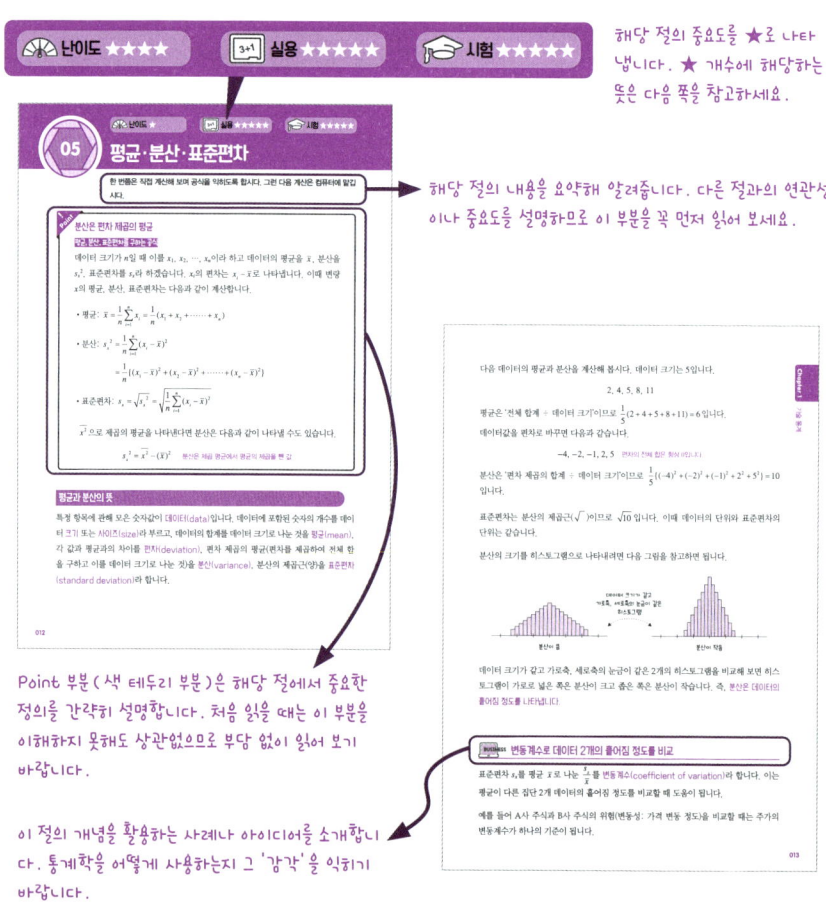

🌀 '난이도'에 따른 분류

제목에 사용한 용어가 어느 정도로 어려운지를 표시합니다. ★ 4개 이상은 고등학교 수준의 수식 이해력이 필요합니다.

- ★ 읽고 바로 이해할 수 있을 정도로 간단함
- ★★ 비교적 이해하기 쉬움
- ★★★ 천천히 읽으면 이해할 수 있음. 중학교 수학 수준 필요
- ★★★★ 조금 어렵지만 이해해야 할 내용. 고등학교 수학 수준 필요
- ★★★★★ 내용 자체가 어렵거나 대학교 수준의 수학을 사용

📝 '실용'에 따른 분류

실제 데이터를 분석하는 사람이 볼 때의 중요도입니다.

- ★ 이론이며 실제 활용에는 적당하지 않음
- ★★ 사용할 기회가 그리 많지 않지만, 이론으로는 중요
- ★★★ 이론을 익힌 다음 실제로 활용할 수 있고자 함
- ★★★★ 데이터 분석에 가끔 활용함
- ★★★★★ 데이터 분석에 자주 활용함

🎓 '시험'에 따른 분류

★ 개수는 통계 관련 자격시험 출제 경향에 따라 얼마나 자주 등장하는가를 나타냅니다. 시험 급수가 다르면 상황도 달라지므로 자세한 내용은 기출 문제를 참고합시다.

- ★ 출제 범위를 벗어남
- ★★ 드물게 나오므로 건너뛰더라도 합격에는 영향이 없음
- ★★★ 나올 확률이 높으므로 꼭 이해해야 하며 여기까지 안다면 합격점임
- ★★★★ 자주 나오는 문제로, 기출 문제를 반복해서 풀어보면 알 수 있음
- ★★★★★ 거의 매번 나오는 문제로, 문제를 풀 수 있다면 높은 점수를 얻을 수 있음

Contents

지은이의 말 ... iv
옮긴이의 말 ... vii
서문 ... viii

Chapter 01 기술 통계 ... 001

Introduction
- 통계학의 역사 ... 002
- 데이터 정리에 빠질 수 없는 기술 통계 ... 003

01 데이터의 척도 ... 004
- 측정수준은 네 가지로 분류 ... 004
- BUSINESS 스티븐스의 멱법칙 ... 005

02 도수분포표와 히스토그램 ... 006
- 데이터를 도수분포표로 정리 ... 006
- 도수분포표로 히스토그램 만들기 ... 007
- BUSINESS 히스토그램으로 허위 신고 발견하기 ... 007

03 파레토 그림 ... 008
- 상대도수, 누적상대도수 분포표로 파레토 그림 그리기 ... 008
- BUSINESS 파레토 그림으로 불량품이 생긴 이유를 분석 ... 009

04 첨자와 시그마 기호 ... 010
- 많은 문자를 만들 수 있음 ... 010
- Σ를 사용하면 전체 합을 간단하게 표현할 수 있음 ... 011

05 평균·분산·표준편차 ... 012
- 평균과 분산의 뜻 ... 012
- BUSINESS 변동계수로 데이터 2개의 흩어짐 정도를 비교 ... 013

06 도수분포표와 평균·분산 ... 014
- 계급값으로 평균과 분산 구하기 ... 014
- 실제 값과 도수분포표로 구한 값 사이에는 오차가 있음 ... 015

07 대푯값 ... 016
- 평균에는 여러 가지가 있음 ... 016
- 중앙값에는 2개의 패턴이 있음 ... 016

  히스토그램으로 최빈값을 한눈에 알 수 있음 … 017
  BUSINESS 평균 소득이 실감 나지 않는 이유 … 017

08 변량의 표준화 … 018
  표준화한 변량 만들기 … 018
  BUSINESS 편찻값에는 표준화를 사용 … 019

09 왜도와 첨도 … 020
  왜도는 히스토그램의 뒤틀림을 나타내는 지표 … 020
  첨도는 히스토그램의 뾰족한 정도를 나타내는 지표 … 021
  BUSINESS 정규분포와 비교하여 이상함 발견 … 021

10 사분위수·상자 수염 그림 … 022
  사분위수 구하기 … 023
  히스토그램으로 상자 수염 그림을 그릴 수 있음 … 023

11 교차표 … 024
  행, 열, 행 머리글, 열 머리글, 주변도수, 전체도수 등의 용어에 익숙해지자 … 024
  BUSINESS 3중 교차표로 직장 분위기 파악 … 025

12 원그래프·막대그래프·꺾은선 그래프 … 026
  그래프 읽기 … 026
  BUSINESS 독창적인 그래프로 열악한 위생환경 개선을 호소한 나이팅게일 … 029

13 산점도 … 030
  산점도 그리기 … 030
  BUSINESS 산점도를 이용한 세계 진출 전략 수립 … 031
  BUSINESS 직급별 여성 비율의 관계를 산점도 행렬로 점쳐보자 … 032
  BUSINESS 부자는 오래 산다 … 033

14 로렌츠 곡선 … 034
  용돈 데이터로 로렌츠 곡선 그리기 … 034
  BUSINESS 지니 계수로 국가의 안정성을 알아보자 … 035

15 Q-Q 플롯 … 036
  정규 Q-Q 플롯으로 정규분포에서 어느 정도 어긋나는지를 시각화 … 036
  BUSINESS 정규분포로 볼 수 있는지 정규 Q-Q 플롯으로 확인 … 037

Column
줄기 잎 그림으로 데이터의 대푯값 읽기 … 038

Contents

Chapter 02 상관관계 · 039

Introduction
- 상관이란? · 040
- 상관관계에서 주의해야 할 점 · 041

01 피어슨의 상관계수 · 042
- 양적 데이터의 상관성은 상관계수로 판단 · · · · · · · · · · · · · · · · 042
- 상관계수와 산점도 · 043
- BUSINESS 산점도를 다시 보는 것도 잊지 말자 · · · · · · · · · · · · 043

02 스피어만의 순위상관계수 · 044
- 스피어만의 순위상관계수 이해하기 · 044
- 스피어만의 순위상관계수 구하기 · 044
- BUSINESS 노동 시간과 수면 시간의 관계 알아보기 · · · · · · · 045

03 켄달의 순위상관계수 · 046
- 켄달의 순위상관계수 이해하기 · 046
- 같은 순위가 있을 때는 분모를 조정 · 047
- BUSINESS 켄달의 순위상관계수로 노동 시간과 수면 시간의 상관관계 구하기 · 047

04 크라메르의 연관계수 · 048
- V값이 1일 때는 관련성이 높고 0일 때는 관련성이 낮음 · · · · 048
- BUSINESS 20대와 중년의 음악 취미는 다를까? · · · · · · · · · · · 049

05 상관계수의 추정과 검정 · 050
- 추정식은 복잡하지만… · 050
- 애당초 상관관계가 있었는지를 무상관검정으로 확인 · · · · · · 051
- BUSINESS 각 사 매출 상관계수의 신뢰도 조사 · · · · · · · · · · · 051

06 자기상관계수 · 052
- 자기상관계수의 계산 과정과 결과 분석 · · · · · · · · · · · · · · · · · · 052
- 시계열 모델 $\{Y_t\}$의 자기공분산 · 053
- BUSINESS 상관도표로 매출의 주기성을 발견 · · · · · · · · · · · · 053

Column
- 의심스러운 상관관계는 얼마든지 있다 · · · · · · · · · · · · · · · · · · · 054

Chapter 03 확률 · 055

Introduction
- 도박에서 출발한 확률의 역사 · 056
- 고전 확률론의 완성 · 056
- 통계학과 확률론의 발전으로 수리 통계학의 기초를 마련 · · · · · 057

01 사건과 확률 · 058
- 확률의 기본 지식과 사건의 뜻 · 058
- 주사위를 예로 들어 살펴본 확률과 사건 · · · · · · · · · · · 059
- BUSINESS 포커 패의 확률 · 059

02 포함배제의 원리 · 060
- 포함배제의 원리 증명하기 · 060
- BUSINESS 선물 주고받기가 잘될 확률 구하기 · · · · · · · 061

03 이산확률변수 · 062
- 이산확률변수의 예: 동전을 던질 때 앞면이 나올 가짓수 · · · 062
- BUSINESS 복권의 확률분포를 표로 나타내기 · · · · · · · 063

04 연속확률변수 · 064
- 연속확률변수의 예: 시곗바늘이 멈추는 위치 · · · · · · · · 064
- BUSINESS 양자역학 세계에는 눈에 보이는 확률밀도함수가 있다 · · · 065

05 누적분포함수 · 066
- 누적분포함수를 구하는 법 · 066
- BUSINESS 누적분포함수로 30년 이내에 지진이 일어날 확률을 표로 나타내기 · · · 067

06 기댓값·분산 · 068
- 복권의 기댓값 계산 · 069
- 다트의 득점 기댓값 구하기 · 070
- BUSINESS 도박으로 돈을 벌고 싶다면 배당률부터 확인 · · · 070
- BUSINESS 금융 상품의 가격은 기댓값으로 정함 · · · · · 070
- BUSINESS 평균·분산 모델로 억만장자 되기 · · · · · · · · 071

07 사건의 독립과 확률변수의 독립 · · · · · · · · · · · · · · · 072
- 독립사건, 독립이 아닌 사건 구분하기 · · · · · · · · · · · · · 072
- 카드를 무작위로 고를 때 십 단위와 일 단위 수는 독립? · · · 073
- BUSINESS 예상해서 로또를 사는 것은 돈 낭비 · · · · · · 073

Contents

08 확률변수의 덧셈과 곱셈 ... 074
　BUSINESS 확률변수를 조합하여 수당의 기댓값 구하기 ... 074

09 2차원 이산확률변수 ... 076
　무상관이라도 반드시 독립은 아님 ... 076
　BUSINESS A씨는 돈에 낚일 사람일까? ... 077

10 2차원 연속확률변수 ... 078
　주변확률밀도함수 해석 ... 079
　BUSINESS 다트 게임 상금의 기댓값 구하기 ... 079

11 기댓값과 분산 공식 ... 080
　확률변수 합의 기댓값은 각 확률변수 기댓값의 합과 같음 ... 080
　BUSINESS 캐러멜을 몇 개 사야 컬렉션을 완성할 수 있을까? ... 081

12 큰 수의 법칙과 중심극한정리 ... 082
　확률을 보증하는 큰 수의 법칙 ... 082
　큰 표본은 중심극한정리에 따라 정규분포라 볼 수 있음 ... 083
　BUSINESS 손해보험회사가 망하지 않는 것은 큰 수의 법칙 덕분 ... 083

13 체비쇼프 부등식 ... 084
　체비쇼프 부등식의 의미 ... 084
　큰 수의 법칙 증명 ... 085

Column
　한 반에 생일이 같은 사람이 2명 있을 확률 구하기 ... 086

Chapter 04 확률분포 ... 087

Introduction
　확률분포의 종류가 다양한 이유 ... 088
　특히 중요한 확률분포 네 가지 ... 089

01 베르누이 분포와 이항분포 ... 090
　n이 충분히 크다면 정규분포로 근사할 수 있음 ... 090
　BUSINESS 5번의 방문으로 계약 X건을 맺을 확률을 이항분포로 구하기 ... 091

02 기하분포와 음이항분포 ... 092
　$s + 1$번째 이후에 처음으로 성공할 확률은 이력과 관계없음 ... 093

	음이항분포라 부르는 이유	093
	BUSINESS '당첨인 뽑기가 나올 때까지의 횟수'가 갖는 진정한 의미	093
03	**푸아송 분포**	**094**
	드문 현상의 횟수에 관한 확률분포	094
	푸아송의 극한정리	095
	BUSINESS 일상 어디서나 보는 푸아송 분포	095
04	**초기하분포**	**096**
	초기하분포 공식 이해하기	096
	n이 커질수록 이항분포, 푸아송 분포에 가까워짐	097
	N이 작으면 유한모집단수정이 효과가 있음	097
	BUSINESS 어떤 생물의 개체 수를 추정하는 방법	097
05	**균등분포와 지수분포**	**098**
	지수분포는 무기억성이 있는 연속확률분포	098
	BUSINESS 20년 이내에 지진이 일어날 확률을 지수분포로 구하기	099
06	**정규분포**	**100**
	어쨌든 정규분포	100
	BUSINESS 갈톤 보드로 정규분포 실감하기	101
07	**χ^2분포·t분포·F분포**	**102**
	표본에서 모집단을 알고자 할 때 필요한 분포	102
	BUSINESS 사과 무게에 관한 추론 통계	103
08	**χ^2분포·t분포·F분포 더 살펴보기**	**104**
	정의식을 보고 어떤 통계량을 나타내는지를 상상	105
	t분포의 특징인 스튜던트화	105
	$F(m, n)$과 $F(n, m)$의 관계가 도움이 됨	105
09	**베이불 분포·파레토 분포·로그 정규분포**	**106**
	생존함수와 위험함수	107
	BUSINESS 소득이나 주가, 생명보험의 보험료에 적용	107
10	**다항분포**	**108**
	주변확률질량함수, 공분산을 계산하면…	108
	BUSINESS 빨강 신호 4번, 파랑 신호 5번, 노랑 신호 6번으로 국도를 지날 확률	108
11	**다변량정규분포**	**110**
	2변량일 때를 순서대로 써 보기	110

xvii

Contents

평균, 분산, 공분산을 계산하면⋯ 111
BUSINESS 접대 골프는 2변량정규분포로 대처하자! 111

Column
확률분포 값을 소프트웨어로 구하기 112

Chapter 05 추정 113

Introduction
추론 통계란 데이터로 예측하고 판단하는 것 114
큰 표본이론과 작은 표본이론 115
비편향분산과 표본분산 115

01 복원추출과 비복원추출 116
비복원추출이라도 모집단이 크다면 독립으로 간주 116
표본평균의 기댓값과 분산 계산 117
BUSINESS 프로 도박사가 되고자 비복원추출로 승부 117

02 표본추출 118
추출은 무작위로 118
층화추출로 분산 줄이기 118
BUSINESS 옛날에는 주사위, 오늘날은 소프트웨어 – 진정한 무작위 추구 119

03 최대가능도 방법 120
가능도가 최대가 되는 θ(모델) 선택 120
BUSINESS 방문 영업 성공 확률을 최대가능도 방법으로 추정 121

04 구간추정의 원리 122
표본추출에 따른 어긋남을 고려한 구간추정 122
△%의 확률로 구간에 있다는 것은 정확하지 않음 123

05 정규모집단의 모평균 구간추정 124
구간추정 원리 124
BUSINESS 사과의 평균 무게를 구간추정하기 125

06 모비율 구간추정 126
가능하다면 모비율 추정 원리도 이해하도록 하자 126
BUSINESS 시청률 조사에서 1% 차이는 큰가? 127

07	추정량의 평가 기준	128
	비편향성(기댓값이 추정하는 모수가 됨)	128
	효율성(비편향추정량 중에서도 분산은 작은 쪽이 좋음)	128
	일치성(극한을 취하면 모수가 됨)	129
	충분성(추정량을 정하면 모수와 관계없이 확률이 정해짐)	129
08	비편향추정량	130
	모평균, 모분산의 비편향추정량 확인	130
	오즈에 비편향추정량은 없음	131
	가우스–마르코프 정리로 최량선형비편향추정량을 설명	131

Column
헷갈리기 쉬운 표준편차와 표준오차의 차이 ······ 132

Chapter 06 검정 ··· 133

Introduction
검정을 학습하는 요령 ······ 134
네이만과 피어슨이 만든 가설검정 ······ 135

01	검정의 원리와 순서	136
	BUSINESS 연말 제비뽑기가 눈속임인지를 검정	136
	귀무가설을 수용(채택)할 때는 해석에 주의할 것	137
02	검정통계량	138
	BUSINESS 기억 속의 전국 평균값은 올바른 것이었나?	138
	양측검정, 단측검정이란?	140
03	검정 오류	142
	제1종 오류와 제2종 오류의 확률 계산	142
04	정규모집단의 모평균검정	144
	모평균을 검정할 때 검정통계량을 만드는 법	144
	BUSINESS 반복 옆 뛰기의 전국 평균 검정	145
05	정규모집단의 모분산검정	146
	모분산을 검정할 때 검정통계량을 만드는 법	146
	BUSINESS 전국 악력 통계의 분산을 검정	147

Contents

06 모평균 차이검정 ① **148**
    모평균 차이를 검정할 때 검정통계량 만드는 법 148
    `BUSINESS` '두 대학의 평균점에 차이가 있다'라고 유의하게 말할 수 있는가를 검정 ... 149

07 모평균 차이검정 ② **150**
    고민스러운 베렌스–피셔 문제 151
    `BUSINESS` '두 대학의 평균점에 차이가 있다'고 유의하게 말할 수 있는지를
             나타내는 웰치의 t검정 151
    `BUSINESS` 다이어트 효과는 대응 관계가 있는 데이터의 차이검정으로 구함 ... 151

08 모비율 차이검정 **152**
    모비율 차이검정의 원리 152
    `BUSINESS` A시와 B시의 자동차 소유율 차이검정 153
    모비율 차이검정은 독립성검정과 동질성검정 153

09 등분산검정 **154**
    분산비를 F분포로 검정하는 등분산검정 154
    `BUSINESS` 남녀의 시험 결과 등분산검정 155

Column
의료 현장에서 이루어지는 검정 **156**

Chapter 07 비모수검정 157

Introduction
비모수검정이란? **158**
비모수검정의 종류 **158**

01 적합도검정 **160**
    `BUSINESS` 올바른 주사위인가를 검정 160

02 독립성검정(2×2 교차표) **162**
    `BUSINESS` 입시가 남녀에게 공평한지를 검정 162
    관측도수가 작을 때는 검정통계량을 보정 163

03 독립성검정($k \times l$ 집계표) **164**
    `BUSINESS` 세대에 따라 좋아하는 노래 장르에 차이가 있는지를 검정 ... 164

04	피셔의 정확검정	166
	주어진 합을 이용하여 집계표의 확률을 구함	166
	BUSINESS 적은 횟수의 시합 결과로 선수의 실력 차이를 검정	167

05	맥니머 검정	168
	맥니머 검정은 같은 결과는 무시하고 생각함	168
	BUSINESS 세일즈 토크가 고객의 마음을 자극하는지를 검정	169

06	코크란 Q 검정	170
	BUSINESS 연예인의 인기에 차이가 있는지 검정	170

07	맨–휘트니 U 검정	172
	BUSINESS 팀의 영업 성적에 차이가 있는지를 검정	172
	윌콕슨 순위합검정과의 관계	173

08	부호검정	174
	BUSINESS 세제의 만족도에 차이가 있는지를 부호검정으로 검정	174
	윌콕슨의 부호순위검정과 사용법 구분	175

09	윌콕슨 부호순위검정	176
	a, b 어느 것으로 검정해도 상관없음	176
	BUSINESS 진정한 상태에서 맥박을 재면 내려갈까?	177

10	크러스컬–월리스 검정	178
	표본의 크기가 14 이하라면 표로 기각역을 구함	178
	BUSINESS 연예인의 호감도에 차이가 있는지를 검정	179

11	프리드먼 검정	180
	대응 관계가 있는 일원배치 분산분석의 비모수 버전	180
	BUSINESS 여행사가 투어 상품을 기획하고자 사계절 호감도를 검정	181

Column
헷갈리기 쉬운 통계학 용어 ············ 182

Contents

Chapter 08 회귀분석 · 183

Introduction
- 회귀분석이란? · 184
- 회귀분석은 외적 기준이 있는 다변량분석 · · · · · · · · · · · · · · · · · · · 184

01 단순회귀분석 · 186
- 회귀직선의 식을 구하는 원리는 최소제곱법 · · · · · · · · · · · · · · · · 186
- BUSINESS 시험을 보지 않은 7명째 신입의 토익 점수 예측 · · · · 187

02 다중회귀분석 · 188
- 단순회귀에서 다중회귀로 · 188
- 회귀방정식의 정밀도 측정 · 189
- BUSINESS 임대 주택의 월세를 다중회귀분석으로 예측 · · · · · · · 189

03 중상관계수와 편상관계수 · 190
- 중상관계수로 회귀방정식의 정밀도를 측정 · · · · · · · · · · · · · · · · · 190
- 편상관계수로 의사상관을 알아냄 · 191
- BUSINESS 편상관계수로 의사상관을 알아내고 레이아웃 변경을 그만둠 · · 191

04 다중공선성 · 192
- 3차원 데이터에 다중공선성이 있으면 어떻게 될까? · · · · · · · · · 192
- 다중공선성을 발견하는 방법과 이를 피하는 방법 · · · · · · · · · · · 193

05 단순회귀분석의 구간추정 · 194
- 회귀직선의 구간추정 원리 · 194

06 로지스틱 회귀분석·프로빗 회귀분석 · · · · · · · · · · · · · · · · · · 196
- BUSINESS 연 수입과 주택 소유의 관계성을 회귀분석 · · · · · · · 196
- 로지스틱 회귀와 로그 오즈는 관계가 있음 · · · · · · · · · · · · · · · · · · 197

07 일반선형모델과 일반화선형모델 · 198
- 다중회귀분석이나 분산분석도 일반선형모델의 한 종류 · · · · · 198
- 일반선형모델을 더욱 확장한 일반화선형모델 · · · · · · · · · · · · · · · 199

Column
- 와인 가격 다중회귀분석 · 200

Chapter 09 분산분석과 다중비교 · 201

Introduction

분산분석과 다중비교로 해결할 수 있는 문제 · · · · · · · · · · · · · · · · · · · 202
다중비교에서는 귀무가설 집합족을 고려 · · · · · · · · · · · · · · · · · · · 203

01 분산분석 — 204
변동(제곱합)으로 분산비 만들기 — 204
BUSINESS 자동차 액세서리를 팔려면 어디가 좋을까? — 205

02 일원배치 분산분석 — 206
BUSINESS 분산분석으로 비료 효과의 차이를 검정 — 207
분산분석표로 정리 — 208
분산분석 모델 확인 — 209

03 반복 없는 이원배치 분산분석 — 210
BUSINESS 일조량과 비료의 최적 조건을 반복 없는 이원배치 분산분석으로 찾기 — 211
분산분석으로 그룹 3개의 평균이 일치하는지를 검정 — 212
대응 관계가 있는 일원배치 분산분석 — 213

04 반복 있는 이원배치 분산분석 — 214
BUSINESS 비료와 일조량의 상호작용 여부를 조사할 수 있음 — 215
분산분석표를 만들어 상호작용 여부 검정 — 216

05 피셔의 실험계획법 3 원칙 — 218
농업 실험을 피셔의 실험계획법 3원칙으로 수행 — 218
BUSINESS 위약 효과를 방지하는 검정법 — 219

06 직교배열표 — 220
직교배열표를 이용하면 효율적인 실험이 가능 — 220
직교배열표로 상호작용을 고려하지 않는 실험 계획 세우기 — 221
직교배열표로 상호작용을 고려한 실험 계획 세우기 — 222
BUSINESS 직교배열표로 아르바이트 근무표도 간단하게 — 223

07 본페로니 교정과 홀름 방법 — 224
k번 반복할 때는 1번당 유의수준을 $1/k$로 하는 본페로니 교정 — 224
본페로니 교정의 단점을 보완한 홀름 방법, 셰퍼 방법 — 225

Contents

08 셰페 방법 226
    귀무가설을 사용자화할 수 있는 셰페 방법   226
    분산분석으로 기각했을 때만 검정하면 됨   227

09 투키-크레이머 방법 228
    BUSINESS 어떤 두 공장에 차이가 있는가를 한 번에 검정하기   229

Column
현대 추론 통계학의 창시자 – 로널드 에일머 피셔 230

Chapter 10 다변량분석 231

Introduction
    다변량분석이란? 232
    주성분분석과 인자분석은 접근법이 정반대 233

01 주성분분석 234
    그림자 길이의 제곱합을 최대로 하는 평면 찾기   234
    BUSINESS 커피 원두를 블렌딩   235

02 주성분분석 더 살펴보기 236
    2차원 데이터의 주성분분석   236
    기여율은 이른바 데이터의 활용도   237

03 판별분석 238
    함수를 만들어 미지의 데이터가 어디에 속하는지를 판별   238
    BUSINESS 다음에 파산할 신용금고는 어디인가!   239

04 판별분석 더 살펴보기 240
    선형판별함수를 구하는 방법   240

05 마할라노비스 거리 242
    마할라노비스 거리에 따른 판별의 원리   242
    2차원 데이터 판정에서도 데이터 2개를 비교하는 것으로 충분함   243

06 수량화 제1방법과 제2방법 244
    독립변수에 질적 데이터를 이용하는 수량화 이론   244
    종속변수로 판별하는 수량화 제2방법   245

07 수량화 제3방법과 대응분석 … 246
- 1을 대각선으로 나열 … 246
- 수량화하여 다시 나열함 … 246
- BUSINESS 중간 관리직은 힘든 일 … 247

08 인자분석 … 250
- 인자분석 사용 방법 … 251
- BUSINESS 외국 브랜드 인자분석 … 252
- 인자부하량은 한 가지만이 아님 … 253

09 공분산구조분석 … 254
- 경로도표 설계 … 254
- BUSINESS 공분산구조분석으로 적재적소에 인원 배치하기 … 255

10 계층적군집분석 … 256
- 덴드로그램 그리기 … 256
- BUSINESS 닮은 사람끼리 나누어 업무를 맡김 … 257

11 다차원척도법 … 258
- 개체 사이의 비유사도를 간결하게 나타내는 다차원구성법 … 258
- BUSINESS 다차원척도법으로 새 브랜드 포지셔닝 … 259

Column
포지셔닝 맵을 만들려면 … 260

Chapter 11 베이즈 통계 … 261

Introduction
- 우리의 사고방식과 비슷한 베이즈 통계 … 262
- 베이즈 통계가 학문으로 인정받기까지 … 263

01 조건부확률 … 264
- 벤 다이어그램으로 이해하는 조건부확률 … 264
- BUSINESS 출근 방법의 조건부확률 구하기 … 265

02 나이브 베이즈 분류 … 266
- 조건부확률이라도 독립이라면 곱으로 나타낼 수 있음 … 266
- BUSINESS 스팸 메일을 분류하는 간단한 방법은? … 266

Contents

03 베이즈 정리 — 268
　벤 다이어그램으로 이해하는 베이즈 정리 성립 이유 — 268
　BUSINESS 검사에서 양성이 나왔을 때 마음의 준비 — 269

04 베이즈 갱신(이산형) — 270
　지레짐작으로 답한 확률도 주관적 확률 — 270
　BUSINESS 신입 호텔 직원은 베이즈 갱신으로 실수를 만회할 수 있을까? — 272

05 몬티 홀 문제 — 274
　몬티 홀 문제에서 자주 등장하는 해법 — 274
　실제로는 이 해법이 올바르지 않을 수도 있음 — 275

06 베이즈 갱신(연속형) — 276
　이산형의 조건부확률 공식으로 연속형을 구함 — 276
　BUSINESS 베이즈 갱신으로 자기 인식을 새롭게 하여 성장하는 신입 영업사원 — 277

07 켤레사전분포 — 278
　BUSINESS 켤레사전분포로 베이즈 갱신하여 목표를 정하는 중견 영업사원 — 278
　확률 모델의 형태와 켤레사전분포를 표로 정리 — 279

08 쿨백–라이블러 발산 — 280
　엔트로피와의 관련성 — 280
　쿨백–라이블러 발산의 과제 — 281
　BUSINESS 쿨백–라이블러 발산으로 예상 모델을 선택 — 281

09 아카이케 정보기준 — 282
　좋은 모델을 발견하는 데 도움이 되는 아카이케 정보기준 — 282
　BUSINESS 모수가 많다고 반드시 좋은 모델은 아님 — 282

10 몬테카를로 적분 — 284
　몬테카를로 방법으로 넓이 구하기 — 284
　몬테카를로 적분이 성립하는 이유 — 285
　BUSINESS 베이즈 통계 계산을 담당하는 마르코프 연쇄 몬테카를로 방법 — 285

11 깁스 표집 — 286
　깁스 표집의 개념 — 286
　BUSINESS 데이터가 고차원일 때 깁스 표집의 활용도가 높음 — 287

12 메트로폴리스–헤이스팅스 알고리즘 — 288
　어떻게 간단하게 $f(x)$의 표본을 만들 수 있는 것일까? — 288
　a를 얻을 때도 궁리를 할 필요가 있음 — 289

13 베이즈 네트워크 — 290
혼수 상태에서 두통이 있을 때 전이성 암일 확률은? — 290
BUSINESS 머신러닝이나 인공지능의 모델로 활용 — 291

Column
기계 번역의 원리 — 292

Appendix — 293
1. 표준정규분포표(상위확률) — 293
2. t분포표(상위 2.5% 지점, 5% 지점) — 294
3. χ^2분포표(상위 97.5% 지점, 5% 지점, 2.5% 지점) — 294
4. F분포표(상위 5% 지점) — 295
5. F분포표(상위 2.5% 지점) — 296
6. 맨–휘트니 U 검정표(단측확률 2.5% 지점) — 297
7. 윌콕슨 부호순위검정표 — 298
8. 프리드먼 검정표(단측 5% 지점) — 298
9. 크러스컬–월리스 검정표(단측 5% 지점) — 299
10. 스튜던트화 범위 분포표(상위 5% 지점) — 300

마치면서 — 301
찾아보기 — 302

이 책의 문의 사항

『통계학대백과사전』은 독자의 문의에 대응하는 몇 가지 방법을 마련해놓았습니다. 다음 사항을 읽고 지침에 따라 문의하십시오.

이 책과 관련된 질문

이 책과 관련된 질문은 dybooks2@gmail.com 혹은 동양북스 IT 블로그의 『통계학대백과사전』 페이지(https://dybit.tistory.com/20)에 댓글로 남겨주시 바랍니다.

이 책의 정오표 확인

동양북스 IT 블로그(https://dybit.tistory.com/21)에 등록된 '정오표'를 참고하세요. 지금까지 알려진 오탈자나 추가 정보를 등록해놓고 있습니다.

답변 방식

질문의 답은 질문한 방법에 맞춰서 드릴 것입니다. 질문의 내용에 따라서 답변에 며칠 혹은 그 이상의 시간이 소요될 수 있습니다.

질문할 때 주의할 사항

이 책에서 설명하는 범위 이외의 질문, 이해하기 어려운 내용의 질문, 문제 풀이 질문 등에는 답변을 드리기 어렵습니다. 이 점 미리 양해 부탁드립니다.

※ 이 책에서 소개하는 URL 등은 예고 없이 변경될 수 있습니다.
※ 이 책은 정확한 사실에 근거해 집필 및 번역하려고 했지만, 지은이, 옮긴이, 출판사 등에서 이 책의 내용이 완벽하다고 보장하지는 않습니다. 또한, 이 책의 내용이나 예제에 따라 실행한 어떤 운용 결과에 책임을 지지 않습니다.
※ 이 책에 사용한 회사 이름이나 제품 이름은 해당 회사의 상표 또는 등록 상표입니다.

Chapter 01

기술 통계

Introduction

통계학의 역사

역사적으로 통계학은 기술 통계에서 시작했습니다. 여기서는 통계학의 역사를 간단히 살펴보겠습니다.

통계학을 뜻하는 'statistic'의 어원은 나라(state)의 상태를 나타내는 'status'에 있습니다. 즉, 통계학은 통치를 위해 국가 상태를 파악하고자 하는 필요에 의해 태어났습니다.

중국에서는 아주 오래전부터 세금을 징수하고자 인구 조사를 실시했습니다. 또한 고대 로마 제국에서도 기원전부터 센서스(census)라 부르는 호적 조사(가족 조사, 재산 신고)를 시행했습니다. 센서스라는 단어는 오늘날에도 농업과 공업을 포함한 국세 조사를 뜻하는 용어로 사용합니다.

중국에서는 항상 통일 국가가 있었기에 중세에도 인구 조사를 시행했지만 유럽에서는 로마 제국이 붕괴한 후로 센서스와 같은 국세 조사 관습이 사라지게 됩니다. 유럽이 다시 통계와 만나는 것은 17세기에 이르러서입니다.

청교도 혁명 후 영국에서는 인구, 토지 크기, 자산 가치, 생산량 등의 수량을 통해 국력이나 국부를 조사했습니다. 이를 영국의 통계학자인 윌리엄 페티(1623~1687)는 『정치산술』이라 불렀습니다. 또한 영국의 잡화상이었던 존 그란트(1620~1674)는 『사망표에 관한 자연적 및 정치적 관찰』에서 여자아이보다 남자아이의 출생률이 높다는 것을 확인했습니다. 더불어 연금 설계를 위한 자료로도 사망표를 사용하기 시작했습니다.

또한 30년 전쟁에 지는 바람에 경제 발전이 늦어진 독일에서는 헤르만 콘링(1606~1681)이 『국정론』이라는 학문을 시작하였고 고트프리트 아헨발(1719~1772)은 『유럽 제국의 구조 개요』를 썼습니다. 독일의 『국상학』에서는 국가를 위한 통계는 어때야 하는가를 인구, 토지를 중심으로 논하였으며, 이는 영국의 『정치산술』보다 관념적입니다. 아헨발의 생각은 페티의 '통계는 수량과 중량과 척도에 따라 나타내야 한다'라는 사고와는 대조적이었습니다. 나라마다 다른 모습을 보였다고 할 수 있습니다.

어쨌든 영국의 『정치산술』이든 독일의 『국상학』이든 단순히 국가의 목적과는 별도로 '통계'를 학문으로 확립했다는 점이 중요합니다. 이 두 가지와 프랑스에서 일어난 『확률론』을 더한 세 가지가 그 근원이 되어 통계학이 탄생했다고 합니다.

데이터 정리에 빠질 수 없는 기술 통계

통계학은 크게 데이터의 특징을 파악하여 표현하는 기술 통계(『정치산술』, 『국정론』의 흐름)와 확률을 이용하여 현상을 판단하거나 미래를 예측하는 추론 통계(『확률론』의 흐름)로 나눌 수 있습니다. 이 장에서는 기술 통계의 기본 용어와 내용을 소개합니다.

물론 이 장에서 소개하는 내용이 기술 통계의 전부는 아닙니다. 10장의 다변량분석에서는 데이터의 차원을 줄여 표현하는 주성분분석, 다차원척도법 등의 방법을 소개할 텐데, 이 역시 데이터를 표현한다는 의미에서 기술 통계의 한 가지입니다.

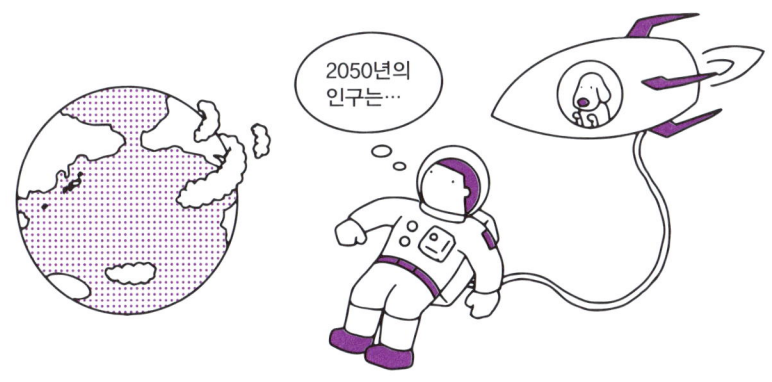

 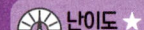  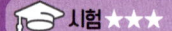

01 데이터의 척도

통계 방법을 선택할 때는 데이터의 척도가 중요합니다.

>
> **먼저 양적 데이터인가, 질적 데이터인가를 확인**
>
> **측정수준의 분류**
> 측정수준(level of measurement)에는 비율척도, 등간척도, 서열척도, 명목척도의 네 가지가 있음

측정수준은 네 가지로 분류

특정 항목에 관한 숫자를 모은 것을 데이터(data)라고 합니다. 처음에 데이터의 분류를 소개하는 이유는 데이터 유형에 따라 사용할 수 있는 분석 방법이 다르기 때문입니다.

미국의 심리학자 스티븐스는 다음 표와 같이 데이터의 척도를 네 가지로 분류하고 이에 따라 데이터의 유형을 나누었습니다.

양적 데이터	비율 데이터	비율척도(ratio scale)
	간격 데이터	등간척도(interval scale)
질적 데이터	순위 데이터	서열척도(ordinal scale)
	범주 데이터	명목척도(nominal scale)

비율 데이터는 길이, 질량, 시간, 절대온도 등의 물리량이나 돈의 많고 적음을 숫자로 나타내는 데이터입니다. 비율 데이터를 측정하는 것이 비율척도입니다. m(미터), g(그램), s(초), K(켈빈), $(달러)는 비율척도입니다. 이들 양은 사칙연산을 할 수 있습니다. 덧셈과 뺄셈에 의미가 있을 뿐 아니라 1,000원을 2명이 나누면 500원씩 갖는 것과 같이 곱셈과 나눗셈에도 의미가 있습니다.

간격 데이터는 비율 데이터처럼 숫자로 표현하는 데이터입니다만, 숫자 0에 절대적인 의미가 없으며 숫자의 차이에만 의미가 있습니다. 예를 들어 시간에서 8시부터 8시 10분까지의 10분간과 9시부터 9시 10분까지의 10분간은 물리적으로 같은 양입니다. 그러나 8시, 9시를 나타내는 8과 9로 9 ÷ 8을 계산해봐야 의미가 없습니다. 간격 데이터를 측정하

는 것이 **등간척도**입니다. 온도(℃, ℉)나 시간과 같은 물리량, 나이, 지능지수가 등간척도에 해당합니다.

순위 데이터의 예로는 상품의 만족도를 5단계(아주 만족 5, 만족 4, 어느 쪽도 아님 3, 불만 2, 아주 불만 1)로 답하는 설문 조사 결과 등을 들 수 있습니다. 이때 숫자는 대소 관계에만 의미가 있습니다. 순위 데이터의 측정수준이 **서열척도**입니다. 얼핏 등간척도와 비슷해 보입니다만, 서열척도에는 등간척도만큼 객관성이 없습니다. 예를 들어 물 100ml의 온도(℃, 등간척도)를 10℃부터 20℃까지 올릴 때와 20℃부터 30℃로 올릴 때는 같은 열량이 필요합니다. 한편, 만족도(서열척도)에서 '아주 만족'과 '만족'의 차이와 '만족'과 '어느 쪽도 아님'의 차이가 같은지 어떤지는 측정할 수 없습니다. 서열척도에는 만족도, 선호도 등이 있습니다. 이러한 순위 데이터는 주로 심리학, 경제학 등의 사회과학에서 사용합니다.

지금까지 예를 든 데이터 이외는 모두 **범주 데이터**라 해도 좋습니다. 범주 데이터는 숫자로 나타내지 않아도 됩니다. 범주 데이터를 표현하는 데 필요한 분류 기준이 **명목척도**입니다. 성별, 혈액형 등의 속성과 이름, 주소, 전화번호 등의 개인 정보는 모두 명목척도입니다. 남성을 1, 여성을 2로 나타낼 때 1과 2는 숫자라는 의미가 아닌 단순한 기호로만 사용했으므로 명목척도가 됩니다. 이처럼 구별한 것에 숫자나 이름을 붙인 것이 명목척도입니다.

BUSINESS 스티븐스의 멱법칙

스티븐스는 멱법칙으로도 잘 알려졌습니다. 스티븐스의 멱법칙(거듭제곱 법칙)이란 사람이 느끼는 강도(S)와 물리적인 자극의 강도(I) 사이에 다음 식과 같은 관계가 있다는 주장을 말합니다.

$$S = kI^a$$

(k: 자극의 종류와 단위에 따른 비례 상수, a: 자극의 종류에 따른 상수)

이 식의 좌변 S는 서열척도고 우변의 I는 비율척도입니다. 이 식을 비판하는 사람도 있지만 객관적인 척도가 없는 감각에 대한 접근법으로는 꽤 흥미로운 법칙입니다.

02 도수분포표와 히스토그램

난이도 ★ 실용 ★★★★★ 시험 ★★★★★

용어(계급, 계급값, 도수 등)는 확실하게 알아둡시다.

데이터 정리의 첫 단계는 도수분포표 만들기부터

도수분포표

여러 개의 구간을 설정하고 구간에 포함된 데이터 숫자의 개수를 집계하여 표로 나타낸 것임

데이터 정리 순서

① 도수분포표 만들기   ② 히스토그램 그리기

데이터를 도수분포표로 정리

데이터 정리에서 가장 먼저 해야 할 일은 데이터를 도수분포표(frequency distribution table)로 정리하는 것입니다.

예를 들어 40명의 높이뛰기 기록을 오른쪽 표와 같이 정리했다고 합시다.

계급(cm)	도수(사람 수)
20 이상 30 미만	3
30 이상 40 미만	10
40 이상 50 미만	13
50 이상 60 미만	8
60 이상 70 미만	6
합계	40

왼쪽에 있는 '50 이상 60 미만' 등 데이터를 정리하는 데 사용한 구간을 **계급**(class)이라고 합니다. 표의 오른쪽 단위는 계급에 포함된 숫자 개수(오른쪽 표에서는 사람 수)를 의미하며, 일반적으로 **도수**(frequency)라 합니다. 이처럼 구간을 만들어 분류한 표를 **도수분포표**라 합니다.

계급 구간의 폭인 $60 - 50 = 10$(cm)을 **계급폭**(class width), 계급폭의 가운데 값('50cm 이상 60cm 미만'이라면 $(50 + 60) \div 2 = 55$(cm))을 **계급값**(class value)이라 합니다.

참고로 주어진 데이터로 도수분포표를 만들 때 계급 개수를 몇 개로 하면 될지 기준을 정할 때는 다음과 같은 **스터지스 공식**을 이용하면 됩니다.

$$(\text{계급의 개수}) \fallingdotseq 1 + \log_2(\text{데이터 크기})$$

도수분포표로 히스토그램 만들기

도수분포표로 히스토그램(histogram)을 만듭니다. 히스토그램이란 가로축이 데이터값이고 세로축이 도수이며 각 계급을 직사각형으로 표현한 그래프입니다.

히스토그램은 '근대 통계학의 아버지'라 불리는 벨기에의 천문학자이자 통계학자인 아돌프 케틀레(1796~1874)가 고안했으며 후에 칼 피어슨(1857~1936)이 이름을 붙였습니다. 히스토그램은 'histos gramma'가 그 어원으로, '세워서 그린 것'이라는 뜻입니다.

히스토그램을 이용하여 데이터 분포 모양을 시각적으로 알 수 있습니다. 계급폭을 잘게 나누면 직사각형의 폭이 좁아지므로 히스토그램은 다음에 설명할 그림과 같이 산 모양처럼 보입니다.

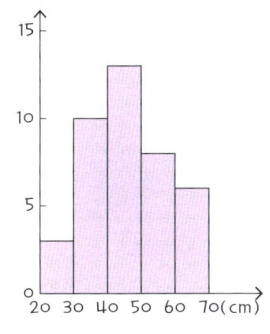

BUSINESS 히스토그램으로 허위 신고 발견하기

케틀레는 프랑스 징병 검사 10만 명분의 키 데이터를 히스토그램으로 만들었습니다. 그런데 보통 때라면 키 히스토그램은 봉우리가 하나(단봉형, unimodality)여야 하는데, 봉우리가 2개인 히스토그램(다봉형, multimodality)이 나타난 것을 발견했습니다. 이를 분석하여 징병을 피하기 위해 키가 157cm 이하라고 허위 신고한 사람이 많다는 것을 밝혀냈습니다.

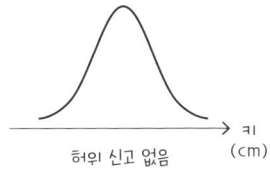
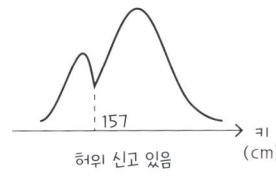
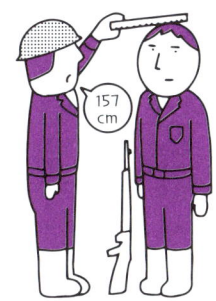

03 파레토 그림

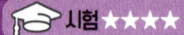

직접 한 번 만들어보면 그 원리를 쉽게 알 수 있습니다. 시험에서는 그림을 이해하는지를 묻는 문제가 출제됩니다.

 Point

내림차순으로 정렬 → 상대도수, 누적상대도수 → 파레토 그림

상대도수
도수를 비율로 나타낸 값으로, (도수) ÷ (총합)으로 계산한 값

누적상대도수
상대도수(relative frequency)를 표 위에서부터 순서대로 더한 값

파레토 그림
항목을 도수의 내림차순으로 정렬하고 히스토그램을 만든 다음, 그 위에 누적상대도수(cumulative relative frequency)의 꺾은선 그래프를 겹친 그림

직접 파레토 그림을 그려보자!

상대도수, 누적상대도수 분포표로 파레토 그림 그리기

다음 예는 100명을 대상으로 한 설문조사에서 상품 A가 좋은 이유를 정리한 것입니다. 이 표를 이용하여 파레토 그림(pareto chart, pareto diagram)을 그려봅시다.

이유	사람 수
색이 마음에 듦	10
사용하기 쉬움	50
향기가 좋음	15
갖고 다니기 편함	5
귀여움	20
합계	100

→

이유	사람 수	상대도수	누적상대도수
사용하기 쉬움	50	0.50	0.50
귀여움	20	0.20	0.70
향기가 좋음	15	0.15	0.85
색이 마음에 듦	10	0.10	0.95
갖고 다니기 편함	5	0.05	1.00
합계	100	1.00	–

내림차순이란 큰 값에서 작은 값으로 나열한 순서를 말합니다. 그러므로 먼저 도수가 큰 것부터 항목을 정렬합니다. 그런 다음 도수를 상대도수로 바꿉니다. 여기서는 합계가 100이므로 50이라면 50 ÷ 100 = 0.5라고 계산합니다.

누적상대도수는 표 위에서부터 순서대로 상대도수를 더한 것입니다. 위에서 3번째 칸이라면 0.5 + 0.2 + 0.15 = 0.85라고 계산할 수 있습니다.

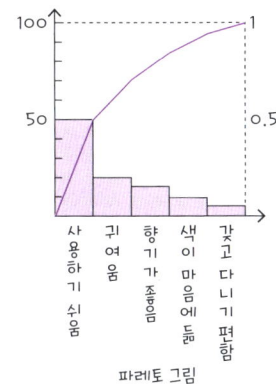

파레토 그림

BUSINESS 파레토 그림으로 불량품이 생긴 이유를 분석

공장에서는 불량률을 줄이는 것이 주요 과제의 하나입니다. 그러려면 왜 불량품이 생겼는지, 그 원인을 조사하는 것이 중요합니다. 이럴 때는 중요한 순서대로 원인을 제대로 확인하도록 조사 결과를 파레토 그림으로 정리할 것을 추천합니다. 품질관리를 QC(quality control)라 부르는데, 파레토 그림은 QC 7가지 도구(파레토 그림, 특성요인도, 체크시트, 히스토그램, 산점도, 그래프, 관리도)의 하나입니다. QC의 파레토 그림에서는 상대도수가 크더라도 '기타'는 마지막(그래프 맨 오른쪽)에 둡니다(다음 왼쪽 그림).

또한 ABC 분석(상품 매출 구성 분석)에도 파레토 그림을 이용합니다. 다음 오른쪽 그림은 음료수 자동판매기의 매출 구성을 나타냅니다.

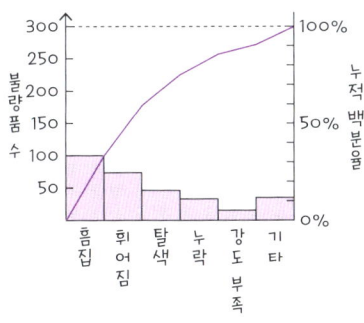 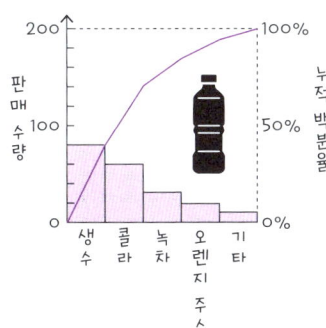

04 첨자와 시그마 기호

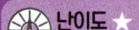
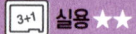
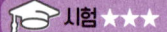

통계학에 등장하는 공식에 필요한 표기법입니다. 통계학에서는 첨자가 2개인 Σ도 등장하므로 고등학교에서 공부했더라도 한 번 더 읽어 둡시다.

Point! Σx_i는 전체 합을 나타냄

첨자

$x_1, \quad x_2, \quad x_3, \quad \cdots \qquad x_{11}, \quad x_{12}, \quad x_{13}, \quad \cdots$
$\qquad\qquad\qquad\qquad\qquad\qquad x_{21}, \quad x_{22}, \quad x_{23}, \quad \cdots$
$\qquad\qquad\qquad\qquad\qquad\qquad \vdots \qquad \vdots \qquad \vdots$

시그마 기호

전체 합을 나타낸다. (Σ 기호는 '시그마'라 읽음)

많은 문자를 만들 수 있음

중학교 수학에서는 x, y, z와 같이 수를 문자로 나타내는 것을 배웠습니다. 그러나 알파벳은 26문자밖에 없으므로 통계학에서 자유롭게 사용하기에는 부족합니다. 이에 x_1, x_2와 같이 문자 아래에 숫자를 붙여 새로운 문자라고 생각하기로 했습니다. 이렇게 하면 얼마든지 문자를 만들 수 있습니다. 이때 문자 아래 붙인 글자를 아래 **첨자**라 합니다. 특별한 말이 없는 한 x_1과 x_2 사이에는 관계가 없습니다. 단순히 다른 문자를 나타낼 뿐입니다. 물론 x_2가 x_1보다 클 까닭도 없습니다.

통계학에서는 데이터값을 나열했을 때 i번째의 데이터를 x_i라 표현합니다. 예를 들어 출석 번호가 1~5인 5명의 수면 시간 데이터가 있을 때 '수면 시간을 x(시간)라 하면 $x_1 = 7$, $x_2 = 5$, $x_3 = 6$, $x_4 = 5.5$, $x_5 = 7$'이라 표현할 수 있습니다. 이때 x를 변량

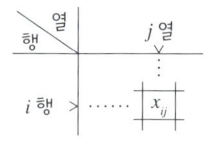

이라 부릅니다. 따라서 x_i는 변량 x의 i번째 데이터를 나타내는 것입니다. 또한 통계학에서는 x_{ij}와 같이 첨자가 2개인 표현도 흔히 봅니다. 이는 앞의 표 그림처럼 위에서 i번째, 왼쪽에서 j번째 수를 나타낸다고 보면 됩니다.

Σ를 사용하면 전체 합을 간단하게 표현할 수 있음

x_1~x_4값이 $x_1 = 2$, $x_2 = 4$, $x_3 = 1$, $x_4 = 3$이라 합시다. 이 예를 이용하여 시그마 기호 사용 방법을 설명하겠습니다.

$$\sum_{i=1}^{4} x_i = \underline{x_1 + x_2 + x_3 + x_4} = 2+4+1+3 = 10$$

앞 시그마 기호의 뜻은 x_i의 i를 1부터 4까지 바꾸어 x_1, x_2, x_3, x_4로 하면서 이들 값의 전체 합을 구하라는 뜻입니다. 시그마 기호 아래에는 i의 첫 번째 값인 1을, 위에는 마지막 값인 4를 씁니다. x_i에 값이 있으므로 이를 모두 더하면 10이 됩니다. <u>값이 더는 없다면 물결선 부분만 계산합니다.</u> 범위를 나타내는 아래 첨자 표현은 다양합니다. 여기서는 시그마 기호 아래에 $1 \leq i \leq 4$라고 써도 괜찮습니다.

시그마 기호 뒤에는 x_i라는 문자뿐 아니라 식을 둘 수도 있습니다. 예를 들어 $(x_i + 1)^2$이라는 식이라면 다음과 같이 나타냅니다.

$$\sum_{1 \leq i \leq 3} (x_i + 1)^2 = (x_1 + 1)^2 + (x_2 + 1)^2 + (x_3 + 1)^2 = 9 + 25 + 4 = 38$$

앞 시그마 기호는 식 $(x_i + 1)^2$의 첨자 i를 1부터 3까지 바꾸며 전체 합을 계산하라는 의미입니다.

아래 첨자가 2개일 때의 시그마 기호를 살펴봅시다. 다음 식의 x_{ij}가 2×3인 교차표의 수를 나타낸다고 합시다.

$$\sum_{\substack{1 \leq i \leq 2 \\ 1 \leq j \leq 3}} x_{ij} = x_{11} + x_{12} + x_{13} + x_{21} + x_{22} + x_{23}$$

x_{11}	x_{12}	x_{13}
x_{21}	x_{22}	x_{23}

앞 시그마 기호는 x_{ij}의 i를 1~2, j를 1~3으로 바꾸면서 전체 합을 구하라는 뜻입니다. 여기서는 표 안 모든 수의 합을 나타냅니다. 또한 이 식에서는 시그마 기호의 아랫부분이 복잡하므로 i, j의 범위를 안다면 이 책에서는 $\sum_{i,j} x_{ij}$라고 표현하겠습니다.

$$\sum_{i<j} x_{ij} = x_{12} + x_{13} + x_{23}$$

앞 시그마 기호는 x_{ij} 중 아래 첨자에 대해 $i < j$를 만족하는 것(앞 그림에서 점선으로 감싼 부분)의 전체 합을 구하라는 뜻입니다.

요컨대 **시그마 기호 $\sum_\bigcirc$는 첨자를 ○의 조건에 맞도록 바꾼 식의 전체 합을 구하라는 기호입니다.**

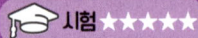

05 평균·분산·표준편차

한 번쯤은 직접 계산해 보며 공식을 익히도록 합시다. 그런 다음 계산은 컴퓨터에 맡깁시다.

Point 분산은 편차 제곱의 평균

평균, 분산, 표준편차를 구하는 공식

데이터 크기가 n일 때 이를 $x_1, x_2, \cdots, x_n$이라 하고 데이터의 평균을 $\bar{x}$, 분산을 s_x^2, 표준편차를 s_x라 하겠습니다. x_i의 편차는 $x_i - \bar{x}$로 나타냅니다. 이때 변량 x의 평균, 분산, 표준편차는 다음과 같이 계산합니다.

- 평균: $\bar{x} = \dfrac{1}{n}\sum_{i=1}^{n} x_i = \dfrac{1}{n}(x_1 + x_2 + \cdots\cdots + x_n)$

- 분산: $s_x^2 = \dfrac{1}{n}\sum_{i=1}^{n}(x_i - \bar{x})^2$

  $= \dfrac{1}{n}\{(x_1 - \bar{x})^2 + (x_2 - \bar{x})^2 + \cdots\cdots + (x_n - \bar{x})^2\}$

- 표준편차: $s_x = \sqrt{s_x^2} = \sqrt{\dfrac{1}{n}\sum_{i=1}^{n}(x_i - \bar{x})^2}$

$\overline{x^2}$으로 제곱의 평균을 나타낸다면 분산은 다음과 같이 나타낼 수도 있습니다.

$$s_x^2 = \overline{x^2} - (\bar{x})^2 \quad \text{분산은 제곱 평균에서 평균의 제곱을 뺀 값}$$

평균과 분산의 뜻

특정 항목에 관해 모은 숫자값이 **데이터**(data)입니다. 데이터에 포함된 숫자의 개수를 데이터 **크기** 또는 **사이즈**(size)라 부르고, 데이터의 합계를 데이터 크기로 나눈 것을 **평균**(mean), 각 값과 평균과의 차이를 **편차**(deviation), 편차 제곱의 평균(편차를 제곱하여 전체 합을 구하고 이를 데이터 크기로 나눈 것)을 **분산**(variance), 분산의 제곱근(양)을 **표준편차**(standard deviation)라 합니다.

다음 데이터의 평균과 분산을 계산해 봅시다. 데이터 크기는 5입니다.

$$2, 4, 5, 8, 11$$

평균은 '전체 합계 ÷ 데이터 크기'이므로 $\frac{1}{5}(2+4+5+8+11) = 6$ 입니다.

데이터값을 편차로 바꾸면 다음과 같습니다.

$$-4, -2, -1, 2, 5 \quad \text{편차의 전체 합은 항상 0입니다.}$$

분산은 '편차 제곱의 합계 ÷ 데이터 크기'이므로 $\frac{1}{5}\{(-4)^2 + (-2)^2 + (-1)^2 + 2^2 + 5^2\} = 10$ 입니다.

표준편차는 분산의 제곱근($\sqrt{}$)이므로 $\sqrt{10}$ 입니다. 이때 데이터의 단위와 표준편차의 단위는 같습니다.

분산의 크기를 히스토그램으로 나타내려면 다음 그림을 참고하면 됩니다.

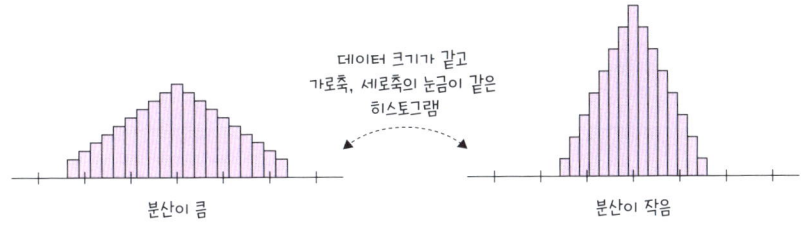

데이터 크기가 같고 가로축, 세로축의 눈금이 같은 2개의 히스토그램을 비교해 보면 히스토그램이 가로로 넓은 쪽은 분산이 크고 좁은 쪽은 분산이 작습니다. 즉, **분산은 데이터의 흩어짐 정도를 나타냅니다.**

BUSINESS 변동계수로 데이터 2개의 흩어짐 정도를 비교

표준편차 s_x를 평균 $\bar{x}$로 나눈 $\frac{s_x}{\bar{x}}$를 **변동계수**(coefficient of variation)라 합니다. 이는 평균이 다른 집단 2개 데이터의 흩어짐 정도를 비교할 때 도움이 됩니다.

예를 들어 A사 주식과 B사 주식의 위험(변동성: 가격 변동 정도)을 비교할 때는 주가의 변동계수가 하나의 기준이 됩니다.

06 도수분포표와 평균·분산

난이도 ★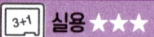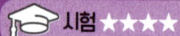

도수분포표로 정리하지 않더라도 컴퓨터로 평균·분산을 바로 계산할 수 있는 오늘날에는 실용 측면에서 그 가치가 많이 줄었습니다. 하나의 이론으로만 알아둡시다.

Point 계급값이 도수만큼 있다고 생각할 수 있음

도수분포표로 평균과 분산을 구하는 공식

변량 x의 도수분포표, 상대도수분포표가 다음과 같이 주어졌을 때 데이터의 평균 $\bar{x}$, 분산 s_x^2의 대략적인 값은 다음 식과 같이 계산할 수 있음

- 평균: $\bar{x} = \dfrac{1}{N}(x_1 f_1 + x_2 f_2 + \cdots\cdots + x_n f_n)$
  $= x_1 p_1 + x_2 p_2 + \cdots\cdots + x_n p_n$

- 분산: $s_x^2 = \dfrac{1}{N}\{(x_1-\bar{x})^2 f_1 + (x_2-\bar{x})^2 f_2 + \cdots\cdots + (x_n-\bar{x})^2 f_n\}$
  $= (x_1-\bar{x})^2 p_1 + (x_2-\bar{x})^2 p_2 + \cdots\cdots + (x_n-\bar{x})^2 p_n$

도수분포표

계급값	도수
x_1	f_1
x_2	f_2
…	…
x_n	f_n
합계	N

상대도수분포표

계급값	상대도수
x_1	p_1
x_2	p_2
…	…
x_n	p_n
합계	1

계급값으로 평균과 분산 구하기

도수분포표에서는 실제 데이터값은 사라지고 데이터가 어느 계급에 속하는지의 정보만 남습니다. 그러나 데이터의 대략적인 평균·분산값을 계산할 수는 있습니다. 중요한 것은 **계급값을 이용한다**는 부분입니다.

앞의 도수분포표는 02절에서 살펴본 데이터와 같은 것으로, 40명의 제자리 높이뛰기 데이터입니다. 이를 이용하여 평균과 분산을 계산해봅시다. 예를 들어 계급 '20 이상 30 미만' 구간의 도수는 3이므로 25cm인 사람이 3명이라 계산하는 겁니다.

계급(cm)	도수(명)	상대도수
20 이상 30 미만	3	0.075
30 이상 40 미만	10	0.250
40 이상 50 미만	13	0.325
50 이상 60 미만	8	0.200
60 이상 70 미만	6	0.150
합계	40	1.000

숫자값을 그룹별로 나눈 것임

그러면 평균은 다음과 같이 계산할 수 있습니다.

$$(25 \times 3 + 35 \times 10 + 45 \times 13 + 55 \times 8 + 65 \times 6) \div 40 = 46\text{(cm)}$$

분산은 편차 제곱의 평균이므로 앞 식 25 부분을 $(25 - 46)^2$과 같이 편차의 제곱으로 바꾸어 계산합니다.

$$\{(25 - 46)^2 \times 3 + (35 - 46)^2 \times 10 + (45 - 46)^2 \times 13 \\ + (55 - 46)^2 \times 8 + (65 - 46)^2 \times 6\} \div 40 = 134$$

또한 상대도수를 이용하여 평균과 분산을 계산하면 다음과 같으며 둘 다 같다는 것을 알 수 있습니다.

$$25 \times 0.075 + 35 \times 0.250 + 45 \times 0.325 + 55 \times 0.200 + 65 \times 0.150 = 46$$
$$(25 - 46)^2 \times 0.075 + (35 - 46)^2 \times 0.250 + (45 - 46)^2 \times 0.325 \\ + (55 - 46)^2 \times 0.200 + (65 - 46)^2 \times 0.150 = 134$$

실제 값과 도수분포표로 구한 값 사이에는 오차가 있음

실제 데이터로 계산한 평균과 표준편차를 각각 $\bar{x}$, s_x, 도수분포표로 계산한 평균과 표준편차를 각각 $\hat{x}$, $\hat{s}_x$, 계급폭을 d라 하면 다음 식이 성립합니다.

$$|\bar{x} - \hat{x}| \leq \frac{d}{2} \qquad |s_x - \hat{s}_x| \leq \frac{d}{2}$$

앞 식에서 계급폭이 작을수록 Point의 식으로 계산한 평균과 분산은 실제 데이터의 평균과 분산에 가까워진다는 것을 알 수 있습니다.

데이터에 벗어난 값이 있고 끝 계급('○○ 이상'이라는 계급)의 도수가 작을 때는 개별 값으로 계산한 평균과 분산보다 계급값으로 계산한 평균과 분산이 오히려 더 정확하게 상황을 나타낼 때도 있습니다. 소득 분포가 그 예입니다.

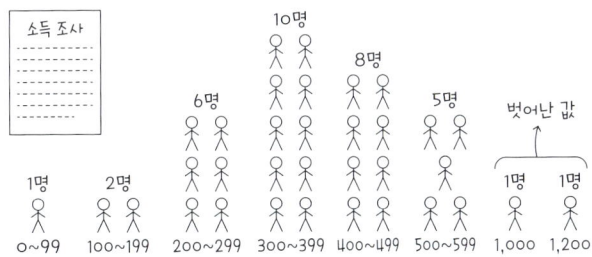

대푯값

데이터를 한마디로 표현하는 값입니다. 어느 대푯값을 사용해야 하는가는 데이터의 특성에 따라 다릅니다.

> **Point**
>
> **데이터의 특성에 따라 대푯값 선택하기**
>
> **평균**
>
> $x_1, x_2, \cdots, x_n$의 평균은 $\bar{x} = \dfrac{x_1 + x_2 + \cdots + x_n}{n}$
>
> **중앙값**
>
> 데이터를 크기 순서로 정렬했을 때 한가운데에 있는 값
>
> **최빈값**
>
> 도수가 가장 큰 값

평균에는 여러 가지가 있음

통계학에서 다루는 '데이터의 평균'은 일반적으로 Point에서 본 것처럼 데이터의 전체 합을 구하고 이를 데이터 크기로 나누어 계산합니다.

이 외에도 평균에는 여러 가지가 있습니다. 예를 들어 주가가 3년 만에 1.331배가 되었다면 $1.1^3 = 1.331$이 성립하므로 1년마다 평균 1.1배씩 늘었다고 할 수 있습니다. 이를 **기하평균**이라 합니다. **데이터의 배율에 주목하고자 할 때는 기하평균을 이용합니다.**

Point에서 본 평균을 기하평균과 구분할 때는 **산술평균**이라 합니다.

중앙값에는 2개의 패턴이 있음

데이터를 크기 순서로 정렬합니다. 크기가 홀수일 때는 가운데 수가 1개이므로 이것이 **중앙값**(median)입니다. 크기가 짝수일 때는 가운데 수가 2개이므로 두 수의 평균을 구합니다.

데이터에 벗어난 값(다른 값과 비교했을 때 극단적으로 크거나 작은 값)이 있다면 평균값은 이 값의 영향을 받으나 중앙값은 영향을 받지 않습니다. 이때는 중앙값이 데이터의 대푯값으로 더 잘 어울립니다. 이처럼 벗어난 값이라는 데이터의 영향을 잘 받지 않는 특성을 강건성(robustness)이라 합니다.

히스토그램으로 최빈값을 한눈에 알 수 있음

계급별 도수분포표에서 도수가 가장 큰 계급의 계급값을 최빈값(mode)이라 합니다. 즉, 히스토그램에서 가장 높은 곳의 가로축 눈금이 최빈값입니다. 히스토그램에 봉우리가 여러 개라면 최빈값은 2개 이상일 수도 있습니다.

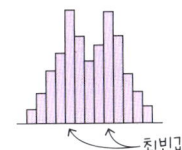

BUSINESS 평균 소득이 실감 나지 않는 이유

어떤 나라의 평균 소득이 약 5,600만 원이라고 가정해보겠습니다. 보통 평균 소득은 어느 나라든 실제보다 조금 높다고 느끼는 사람이 많을 것입니다. 이는 소득 분포 히스토그램에서 높은 쪽 꼬리가 긴 데서도 알 수 있듯이 고소득자가 평균값을 끌어올리기 때문입니다. 평균값은 벗어난 값의 영향에 약합니다. 중앙값이 약 4,420만 원, 최빈값이 약 3,500만 원일 때 여러분이 생각하는 것과 가장 비슷한 평균 소득은 어느 것인가요?

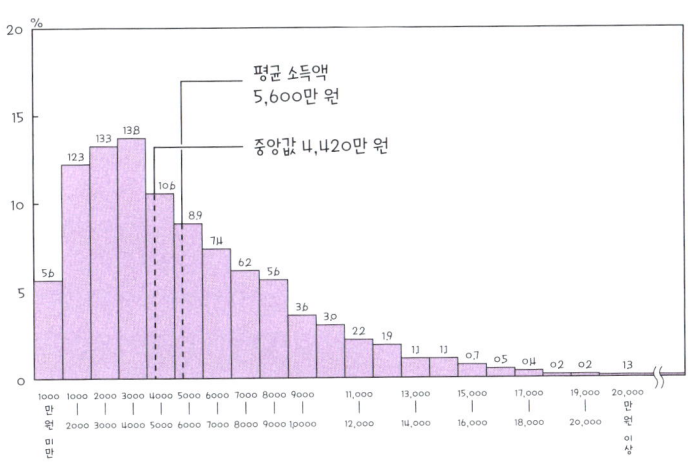

08 변량의 표준화

다변량분석에서는 표준화한 변량을 다룰 때가 많습니다.

평균 0, 분산 1로 조정

표준화·중심화 공식

변량 x의 평균을 $\bar{x}$, 분산을 s_x^2이라 할 때 변량 y, z를 다음과 같이 정의함

$$y = \frac{x - \bar{x}}{s_x} \quad \left(\frac{\text{편차}}{\text{표준편차}}\right) \qquad z = x - \bar{x}$$

y를 'x를 표준화한 변량(standardized variable)', z를 'x를 중심화한 변량(centering variable)'이라고 함

- 표준화한 변량 y: 평균은 0, 분산은 1이 됨
- 중심화한 변량 z: 평균은 0이 됨

표준화한 변량 만들기

05절에서 살펴본 다음 데이터의 평균은 6, 표준편차는 10이었습니다.

$$2, 4, 5, 8, 11$$

데이터를 표준화하려면 편차를 표준편차로 나눕니다. 그러면 다음과 같습니다.

$$-\frac{4}{\sqrt{10}}, -\frac{2}{\sqrt{10}}, -\frac{1}{\sqrt{10}}, \frac{2}{\sqrt{10}}, \frac{5}{\sqrt{10}}$$

평균이 0, 분산이 1이라는 것은 각자 확인해 보세요.

또한 변량을 1차식으로 변환해도 표준화한 값은 변하지 않습니다. 변량 x에 대해 새로운 변량 w를 1차식 $w = ax + b$로 정의합니다. 그리고 x의 평균을 $\bar{x}$, 분산을 s_x^2, w의 평균을 $\bar{w}$, 분산을 s_w^2이라 하면 다음과 같은 관계가 있습니다.

$$\bar{w} = a\bar{x} + b \quad \text{평균은 같은 식} \qquad s_w^2 = a^2 s_x^2 \quad \text{분산은 } a^2 \text{배} \quad \cdots\cdots \text{①}$$

이를 이용하면 w의 표준화는 $a > 0$일 때 다음과 같이 변량 x의 표준화와 일치합니다.

$$\frac{w - \bar{w}}{s_w} = \frac{(ax+b) - (a\bar{x}+b)}{as_x} = \frac{x - \bar{x}}{s_x}$$

BUSINESS 편찻값에는 표준화를 사용

학생 A는 1학기 시험에서 70점, 2학기 시험에서 60점을 얻었으나 성적은 올랐다며 매우 기뻐했습니다. 무엇 때문일까요?

자격시험에서는 70점 이상 합격이라는 기준점이 있곤 합니다만, 일반적인 시험에서는 자신의 성적이 전체에서 어떤 위치에 있는지가 중요합니다. 이럴 때는 점수를 표준화한 값을 비교하면 전체에서 자신의 성적이 어떤 위치인지 알 수 있습니다.

예를 들어 학생 A가 치른 1학기 시험의 평균은 60점, 표준편차는 10점, 2학기 평균은 45점, 표준편차는 12점일 때 A 학생의 점수를 표준화한 값은 다음과 같습니다.

$$1학기 \quad \frac{70-60}{10} = 1 \qquad 2학기 \quad \frac{60-45}{12} = 1.25$$

2학기에 응시생 전체에서 학생 A의 위치가 올랐다(아마 순위도 올랐다)고 생각할 수 있습니다. 편찻값은 다음과 같이 정의합니다.

$$편찻값 = 표준화한\ 값 \times 10 + 50 \left(= \frac{점수 - 평균\ 점수}{표준편차} \times 10 + 50\right)$$

그러므로 학생 A의 성적에 관한 편찻값은 다음과 같습니다.

$$1학기\ 1 \times 10 + 50 = 60 \qquad 2학기\ 1.25 \times 10 + 50 = 62.5$$

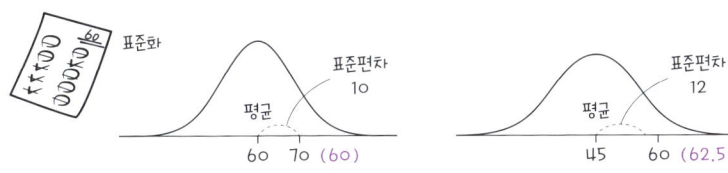

표준화한 값의 평균은 0, 분산은 1이므로 어떤 시험에 응시한 전원의 점수를 편찻값으로 치환한 데이터(편찻값 데이터)에 관한 평균과 분산도 계산할 수 있습니다. 앞의 계산식 ①을 이용하여 $a = 10$, $b = 50$이라 하면 계산 결과는 다음과 같습니다.

$$'편찻값\ 데이터'의\ 평균 = 10 \times 0 + 50 = 50$$
$$'편찻값\ 데이터'의\ 분산 = 10^2 \times 1^2 = 100$$

즉, **편찻값이란 시험 데이터를 1차식으로 변환하여 평균이 50점, 표준편차가 10점이 되도록 한 값**이라 할 수 있습니다.

  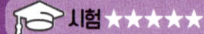

09 왜도와 첨도

히스토그램의 형태를 이해하는 객관적인 기준입니다.

> **Point**
>
> 히스토그램의 '비대칭성'이나 '뾰족한 정도·좌우 길이'처럼 정규분포에서 얼마나 벗어났는가를 나타내는 지표
>
> **데이터의 왜도와 첨도를 구하는 공식**
>
> 크기 n인 1변량 데이터 $x_1, x_2, \cdots, x_n$의 평균을 $\bar{x}$, 분산을 s^2(표준편차는 s)이라 할 때 데이터의 왜도와 첨도는 다음과 같이 정의함
>
> - 왜도: $\dfrac{1}{n}\sum_{i=1}^{n}\left(\dfrac{x_i - \bar{x}}{s}\right)^3 = \dfrac{\text{평균 주변의 3차 적률}^*}{\text{표준편차의 3제곱}}$
>
> - 첨도: $\dfrac{1}{n}\sum_{i=1}^{n}\left(\dfrac{x_i - \bar{x}}{s}\right)^4 - 3 = \dfrac{\text{평균 주변의 4차 적률}}{\text{표준편차의 4제곱}} - 3$
>
> 우변을 이용하면 확률변수를 정의할 수 있음

왜도는 히스토그램의 뒤틀림을 나타내는 지표

왜도(skewness, 비대칭도)는 데이터가 대칭 상태에서 얼마나 일그러졌는가를 나타내는 지표입니다. 표준화한 변량 $\dfrac{x_i - \bar{x}}{s}$에 대해 $\dfrac{1}{n}\sum_{i=1}^{n}\left(\dfrac{x_i - \bar{x}}{s}\right)^2 = \left\{\dfrac{1}{n}\sum_{i=1}^{n}(x_i - \bar{x})^2\right\} \div s^2 = 1$이 성립합니다. 이 식에서 2제곱을 3제곱으로 바꾼 것이 왜도이고, 4제곱하고 3을 뺀 것이 첨도입니다. 왜도가 양수일 때 히스토그램은 오른쪽으로 길어지고 음수일 때는 왼쪽으로 길어집니다.

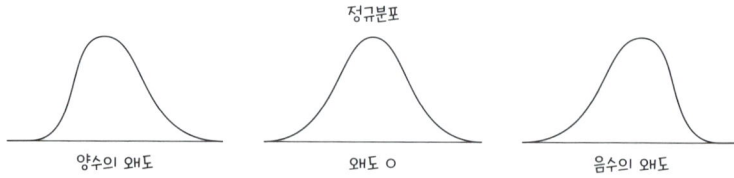

---

* 옮긴이: 적률이란 양수 n에 대한 확률변수 X^n의 기댓값 $E(X^n)$을 뜻합니다. 보통 n값에 따라 확률변수 X의 원점에 대한 'n차 적률'이라고 합니다.

첨도는 히스토그램의 뾰족한 정도를 나타내는 지표

첨도(kurtosis, 뾰족한 정도)가 양수일 때는 정규분포와 비교했을 때 히스토그램의 가운데가 뾰족하고 좌우는 깁니다. 첨도가 음수일 때는 정규분포와 비교했을 때 히스토그램의 가운데가 뭉툭하고 좌우는 짧습니다. 이처럼 첨도는 그래프 가운데의 뾰족한 정도와 좌우 길이를 나타내는 지표입니다.

Point의 첨도를 구하는 식에서 3을 뺀 것은 데이터가 정규분포를 따를 때 0이 되도록 하기 위함입니다. 참고로 −3을 적용하지 않고 첨도를 정의하는 방법도 있습니다.

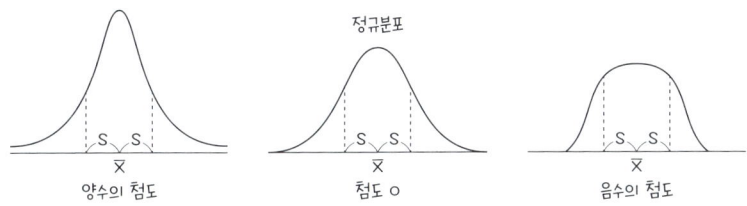

더불어 첨도는 초과계수(coefficient of excess)라 부르기도 합니다. Point의 식에서 알 수 있듯이 왜도나 첨도 역시 표준화한 값을 이용하여 정의하므로 왜도, 첨도는 변량의 1차 변환에서는 변하지 않습니다. 따라서 변량 x에 대해 변량 y를 $y = ax + b$로 정의했을 때 y의 왜도와 첨도는 x의 왜도나 첨도와 일치합니다.

BUSINESS 정규분포와 비교하여 이상함 발견

수학자 앙리 푸앵카레(1854~1912)는 매일 사는 빵의 무게를 통계로 정리하고 이것이 정규분포가 아니라는 사실을 지적하는 까칠한 고객이었습니다. 이 까칠함에 견디지 못한 빵집 주인은 푸앵카레에게 일부러 큰 빵을 골라 건넸음을 밝히기도 했죠. 이처럼 데이터 분포가 정규분포에서 벗어났다는 사실에서 이상함이 생겼음을 눈치챌 수 있습니다.

품질관리(QC) 현장에서도 규격품 확인에 정규분포를 이용합니다. 이때 공업제품의 특성값 데이터가 정규분포인지 아닌지는 전제가 되므로 중요합니다. 이처럼 데이터가 정규분포에 가까운지 아닌지를 확인하는 하나의 지표로 왜도와 첨도를 이용합니다.

10 사분위수·상자 수염 그림

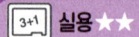

사분위수는 데이터를 그룹 4개로 나눴을 때의 각 중앙값을 말합니다. 상자 수염 그림은 5가지 값으로 그린 자료 요약 그래프입니다.

 흩어짐 정도를 나타내는 중요한 지표들

범위

데이터에서 '최댓값 − 최솟값'을 **범위**(range)라고 함
뺄셈

중앙값

데이터를 작은 것부터 순서대로 정렬했을 때 한가운데 있는 값을 **중앙값**(median)이라고 함

- 데이터 크기 n이 홀수라면 작은 것부터 $\frac{n+1}{2}$ 번째 값
- 데이터 크기 n이 짝수라면 작은 것부터 $\frac{n}{2}$ 번째 값과 $\frac{n}{2}+1$ 번째 값의 평균

크기 n이 홀수일 때 　　　　크기 n이 짝수일 때

n개 　　　　　　　　　　　　n개
○○○○○◉○○○○○　　○○○○◇◇○○○○

↑　　　　　　　　　　　　　↑
$\frac{n+1}{2}$ 번째　　　　　　　　$\frac{n}{2}$ 번째와 $\frac{n}{2}+1$번째의 평균

사분위수

데이터를 작은 것부터 순서대로 정렬하고 한가운데를 둘로 나눴을 때 전반의 중앙값을 **제1사분위수**, 후반의 중앙값을 **제3사분위수**라고 함. 데이터 전체의 중앙값을 **제2사분위수**, '제3사분위수 − 제1사분위수'를 **사분위 범위**라고 함
　　　　　　　　　　　　　　　　뺄셈

크기 n이 홀수일 때　　　　　　크기 n이 짝수일 때

$\frac{n-1}{2}$개　$\frac{n-1}{2}$개　　　　$\frac{n}{2}$개　$\frac{n}{2}$개

↑　　　↑　　　　　　　↑　　　↑
제1사분위수　제3사분위수　　제1사분위수　제3사분위수

사분위수(quartile)의 정의 방법에는 몇 가지가 있음

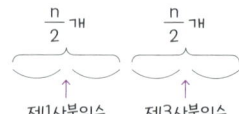

사분위수 구하기

예제 1

데이터 크기 n이 홀수   3, 5, 6, 8, ⑧, 10, 11, 13, 14
                        전반   후반

제1사분위수 (5 + 6) ÷ 2 = 5.5   제2사분위수 8
제3사분위수 (11 + 13) ÷ 2 = 12

예제 2

데이터 크기 n이 짝수   2, 3, 5, 7, 8, | 9, 11, 13, 14, 16
                       전반   후반

제1사분위수 5   제2사분위수 (8 + 9) ÷ 2 = 8.5
제3사분위수 13

히스토그램으로 상자 수염 그림을 그릴 수 있음

데이터의 산포도(흩어짐 정도, dispersion)는 히스토그램을 보면 가장 잘 알 수 있습니다. 흩어짐을 하나의 숫자로 나타내려면 분산이나 표준편차를 이용합니다. 그러나 이것보다 조금 더 흩어짐의 구체적인 정보가 필요하다면 데이터의 최솟값, 최댓값, 제1사분위수, 제2사분위수, 제3사분위수를 참고하면 됩니다. 데이터의 흩어짐 정도를 나타내는 이들 5가지 숫자를 5가지 요약 수치(다섯숫자요약)라 합니다.

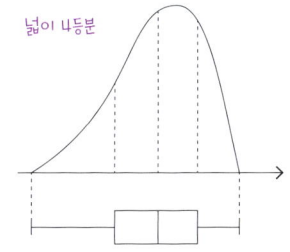
넓이 4등분

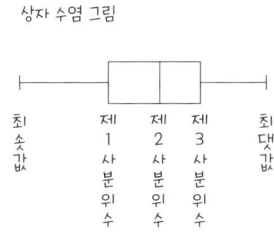
상자 수염 그림
최솟값 제1사분위수 제2사분위수 제3사분위수 최댓값

5가지 요약 수치를 이용하여 그린 오른쪽 그림을 상자 수염 그림(box-and-whisker plot)이라 합니다. 히스토그램을 이용하면 대략의 상자 수염 그림을 그릴 수 있습니다. 제1사분위수, 제2사분위수, 제3사분위수로 나누면 히스토그램의 넓이가 거의 4등분됩니다. 참고로 상자 수염 그림은 통계학자 존 튜키(1915~2000)가 고안했습니다.

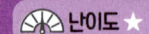  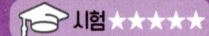

11 교차표

설문 조사 집계 등에 사용합니다. 이후 설명을 위해 각 부분의 명칭을 알아둡시다.

> **Point**
> **2개의 질적 변량 사이의 관계를 조사할 때 이용**
>
> **교차표**
> 2차원의 질적 변량을 도수로 정리한 표

행, 열, 행 머리글, 열 머리글, 주변도수, 전체도수 등의 용어에 익숙해지자

1차원의 양적 데이터는 도수분포표로 정리하나 2차원의 질적 변량 데이터는 교차표(cross tabulation, 교차 집계표라고도 함)로 정리하면 분석이 쉽습니다.

다음 표는 남녀 50명이 성별과 좋아하는 색을 묻는 질문에 응답한 설문 조사 결과입니다. 남성인지 여성인지로 1차원, 빨강인지 파랑인지 노랑인지로 1차원, 합계 2차원의 질적 데이터입니다.

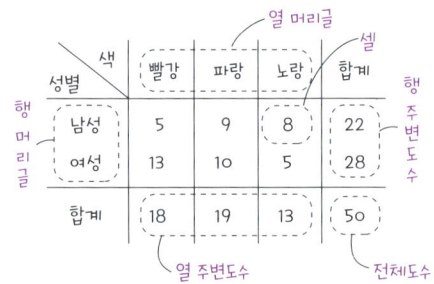

표의 가로 방향을 행, 세로 방향을 열이라 합니다.
셀: 도수를 적은 하나의 칸
행 머리글: 행의 범주 목록
열 머리글: 표 열의 범주 목록
행 주변도수: 가로 방향의 합계 도수
열 주변도수: 세로 방향의 합계 도수
전체도수: 데이터의 도수

BUSINESS 3중 교차표로 직장 분위기 파악

인사 담당인 A씨는 다음 표 1과 표 2의 교차표를 보며 '남자가 정규직이 많고(표 1) 정규직 쪽의 일 만족도가 높네(표 2). 그렇다면 남자 쪽의 일 만족도가 높겠군'이라고 생각합니다.

표 1 성별과 고용 형태에 따른 2중 교차표
숫자: %, ( ) 안은 사례 수

	정규직	비정규직	합계
남성	83.1(1011)	16.9(206)	100.0(1217)
여성	58.9(610)	41.1(425)	100.0(1035)
합계	72.0(1621)	28.0(631)	100.0(2252)

표 2 고용 형태와 일 만족도에 따른 2중 교차표
숫자: %, ( ) 안은 사례 수

	만족	불만	합계
정규직	45.0(730)	55.0(891)	100.0(1612)
비정규직	36.0(227)	64.0(404)	100.0(631)
합계	42.5(957)	57.5(1295)	100.0(2252)

그러나 표 3의 **3중 교차표**를 보면 남자 비정규직 쪽의 불만 비율이 높다는 것을 알 수 있습니다.

표 3 고용 형태, 성별, 만족도에 따른 3중 교차표
숫자: %, ( ) 안은 사례 수

고용 형태	성별	일 만족도		합계
		만족	불만	
정규직	남성	43.9(444)	56.1(567)	100.0(1011)
	여성	46.9(286)	53.1(324)	100.0(610)
	합계	45.0(730)	55.0(891)	100.0(1612)
비정규직	남성	27.2(56)	72.8(150)	100.0(206)
	여성	40.2(171)	59.8(254)	100.0(425)
	합계	36.0(227)	64.0(404)	100.0(631)

12 원그래프·막대그래프·꺾은선 그래프

그래프의 기본입니다. 표 계산 소프트웨어로 만들 수 있도록 알아둡시다.

그래프의 특징을 활용하자

- 원그래프, 막대그래프: 주로 비율을 나타낼 때 이용함
- 꺾은선 그래프: 시계열 데이터를 나타낼 때 적당함

그래프 읽기

먼저 남녀별 가사 시간 구성비를 나타낸 원그래프의 예를 살펴보겠습니다. 여성의 가사 시간 절반은 식사 준비와 설거지입니다. 원예가 있기는 하나 가사 노동이라기보다는 취미로 보입니다.

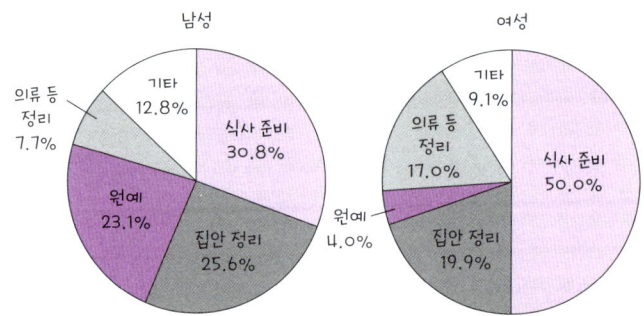

026

다음으로 2명 이상인 세대의 1개월 평균 소비 지출액을 나타낸 막대그래프의 예를 살펴봅니다. 통신비 외에도 엥겔 계수(식비 비율)가 높아졌습니다.

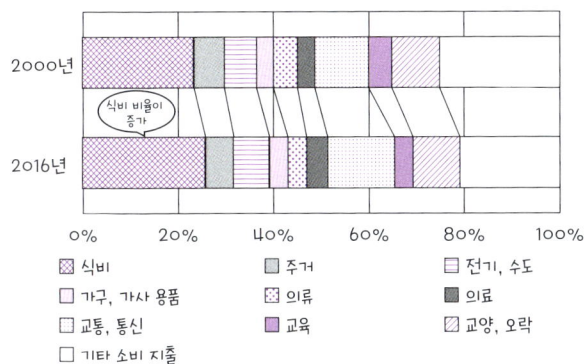

남자를 대상으로 '성인이 되었을 때 야구 선수와 축구 선수 중 무엇이 되고 싶은가'를 나타낸 꺾은선 그래프의 예입니다. 1997년부터 20년간은 야구 선수와 축구 선수 합쳐서 20~30%였습니다. 비율을 높이려고 서로 경쟁하는 모습이네요.

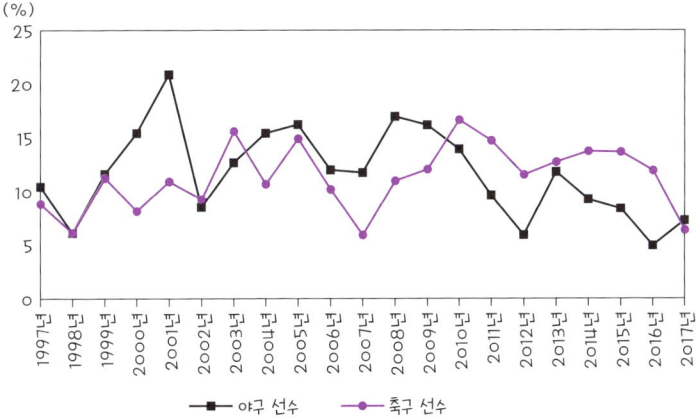

이번에는 희망하는 직업을 나타내는 모자이크 그래프의 예입니다. 모자이크 그래프는 막대그래프의 2차원 버전으로, 좀 더 발전된 형태입니다. 어느 쪽도 아니라는 사람은 예체능계가 목표일까요? 희망하는 직업이 구체적인 사람이 더 많네요.

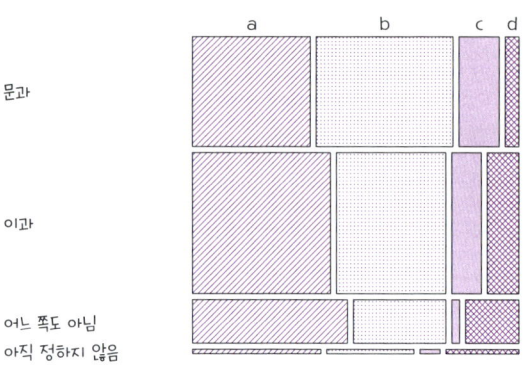

a: 구체적으로 하고 싶은 직업이 있음
b: 직업까지 정하지는 않았지만 희망하는 업계나 분야는 있음
c: 하고 싶은 직업도, 희망하는 업계나 분야도 정해지지 않음
d: 애당초 직업에 대해 생각해보지 않음

다음 그림의 왼쪽은 레이더 그래프(레이더 차트)의 예입니다. 상품 특성, 능력 평가, 성격 진단 등을 정리할 때 자주 사용합니다. 오른쪽은 이중 도넛 그래프의 예입니다. 분류가 2단계일 때 요긴하게 사용합니다. 예에서는 찹쌀 새알이 뜻밖에 인기군요.

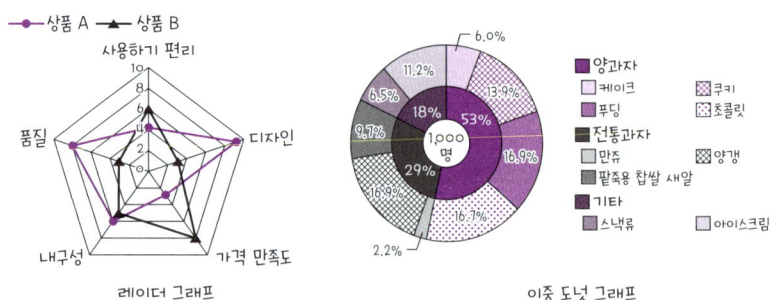

BUSINESS 독창적인 그래프로 열악한 위생환경 개선을 호소한 나이팅게일

플로렌스 나이팅게일(1820~1910)은 크림 전쟁 당시 영국군 병원에서 간호를 담당했습니다. 그곳에서 그녀는 전투 중 부상으로 죽는 영국 병사보다 전염병 때문에 죽는 영국 병사가 더 많다는 것을 깨닫고는 군 병원의 위생환경을 개선해야 한다고 생각했습니다.

그녀는 전쟁터에서 본국으로 돌아온 후 1,000쪽에 달하는 보고서를 썼습니다. 이 보고서에서 유명한 것이 다음 그림처럼 **박쥐 날개(Bat's Wing)**라 불리는 그래프입니다. 오른쪽 원그래프의 9시 부분이 1854년 4월이고 30°씩 움직일 때마다 1개월이 지납니다. 옅은 부분이 전염병에 의한 사망률, 진한 부분이 부상 등에 의한 사망률입니다. 이 그래프를 보면 전염병에 의한 사망률이 높다는 것을 한눈에 알 수 있습니다. 앞서 원그래프는 비율을 나타내는 데 사용한다고 설명했습니다만, 그래프 달인이라면 이렇게도 사용할 수 있음을 보여줍니다.

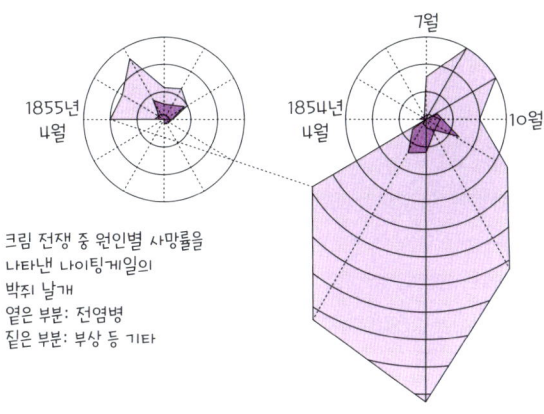

크림 전쟁 중 원인별 사망률을
나타낸 나이팅게일의
박쥐 날개
옅은 부분: 전염병
짙은 부분: 부상 등 기타

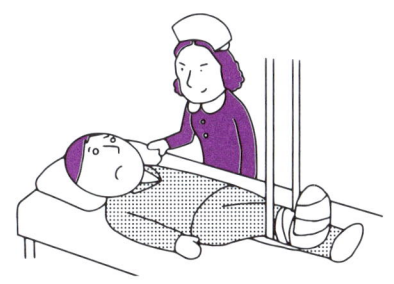

13 산점도

난이도 ★   실용 ★★★★★   시험 ★★★★★

직접 만들고 읽을 수 있도록 합시다.

> **2차원 그래프**
> 좌표평면 위에 2차원 데이터 (x_i, y_i)를 점으로 나타낸 그래프

산점도 그리기

2변량 데이터 (x, y)가 있을 때 각 데이터값 (x_i, y_i)에 해당하는 좌표평면에 점을 찍은 것이 산점도(scatter plot, scatter diagram)입니다. 2차원 데이터를 표현할 때 기본이 되는 그래프입니다.

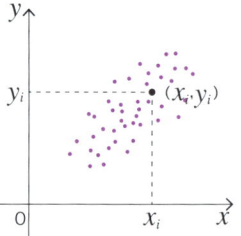

이 그래프를 통해 상관관계, 이상값 유무 등 많은 사실을 알 수 있습니다. 그림 1에서는 x값이 늘어나면 y값도 함께 늘어나는 경향이 있다는 것을 알 수 있습니다. 또한 그림 2에서는 x값이 늘어나면 y값은 줄어드는 경향이 있다는 것을 알 수 있습니다. 이럴 때는 변량 x와 y 사이에 무언가 관계가 있음을 예상할 수 있습니다. 특히 산점도가 직선에 가까울 때는 강한 관계성을 나타냅니다. 한편 그림 3에서는 그런 관계가 없어 보입니다.

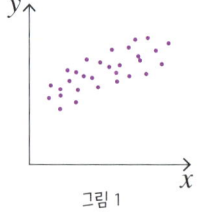
그림 1

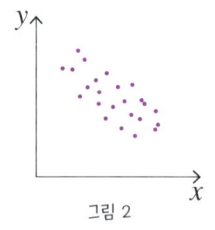
그림 2

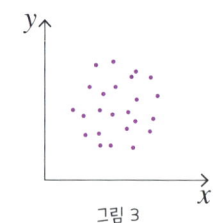
그림 3

BUSINESS 산점도를 이용한 세계 진출 전략 수립

S사는 한국에서 큰 시장 점유율을 차지하는 경비 회사입니다. 경영자 K씨는 다음에 어떤 나라에 진출하면 좋을지 전략을 세우기 위해 국제 기구에서 실시한 '국제범죄피해자조사' 자료를 이용해 정리한 산점도를 입수했습니다. 이를 보면 한국은 범죄율이 낮음에도 치안에 대한 불안도가 높다는 것을 알 수 있습니다. K씨는 한국에서 S사가 성공한 배경에는 이런 사실이 있었기 때문이라고 분석해 '다음 진출할 나라는 일단 스페인이나 포르투갈 정도겠군'이라고 생각했습니다.

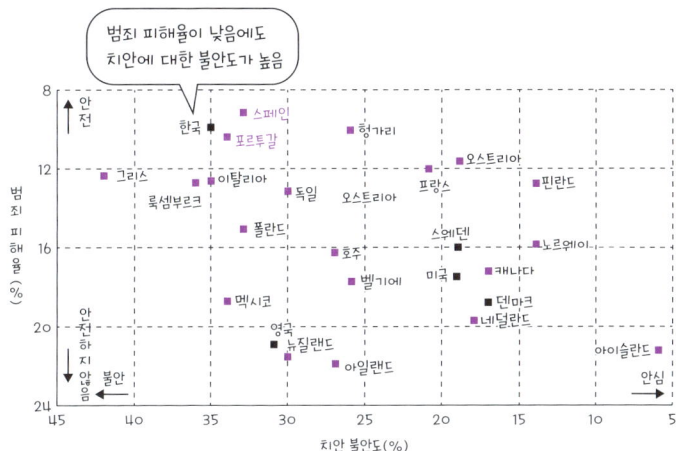

BUSINESS 직급별 여성 비율의 관계를 산점도 행렬로 점쳐보자

회사마다 부장, 과장, 사원의 여성 비율을 조사한 통계 자료가 있다고 합시다. 이는 3차원 데이터이므로 그대로는 산점도를 그릴 수 없습니다. 이에 과장과 부장, 부장과 사원, 과장과 사원의 세 가지 산점도와 부장, 과장, 사원 각각의 1차원 데이터 히스토그램을 하나로 모았습니다. 이러한 그림을 **산점도 행렬**(scatter plot matrix)이라 부릅니다.

여성 부장 비율이 높으면 여성 과장 비율도 높다는 것은 알겠으나 여성 과장, 부장의 비율과 여성 사원의 비율 사이에는 아무런 관계가 없어 보입니다. 여성 사원이 많다면 여성 과장이나 부장도 당연히 많아야 하지 않을까요?

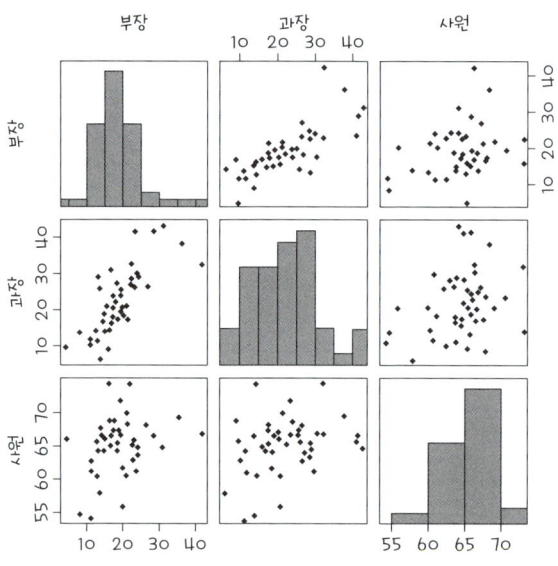

BUSINESS 부자는 오래 산다

세계적인 베스트셀러 『팩트풀니스(FACTFULNESS)』라는 책의 앞표지 뒷면에는 가로축에 국민의 평균 소득, 세로축에 국민의 평균 수명을 놓고 원의 크기(넓이)로 그 나라의 인구를 나타낸 그래프(세계보건 그래프)가 있습니다. 이러한 그래프를 **거품형 그래프(거품형 차트)**라 합니다. 이 그래프를 보고 가장 먼저 알 수 있는 점은 부유한 나라의 국민 수명이 길다는 것입니다. 부유한 나라는 의료나 복지에 많은 예산을 쓰기 때문일 겁니다.

『팩트풀니스』의 세계보건 그래프는 2017년의 통계를 이용한 것입니다만, 1800년부터의 그래프를 시계열로 쫓아 움직이는 동영상으로 만든 것*도 있습니다. 이 동영상을 보면 최근 200년간 세계는 부유해졌고 인류의 수명은 길어졌다는 것을 알 수 있습니다. 이제 바랄 것은 평화와 조화뿐이네요.

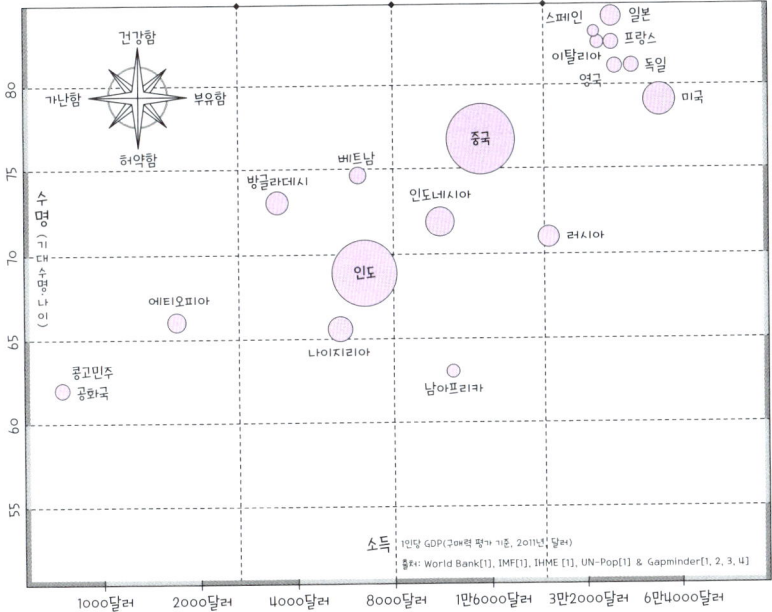

출처: 『팩트풀니스』(한스 로슬링, 올라 로슬링 외, 김영사)에서 일부 발췌하여 작성

* https://www.gapminder.org/tools/#$state$time$value=2019;;&chart-type=bubbles

14 로렌츠 곡선

난이도 ★　실용 ★★★★★　시험 ★★★★★

지니 계수와 함께 기억해 둡시다. 사회조사분석사 2급 시험 범위이기도 합니다.

누적상대도수

로렌츠 곡선

소득 데이터로 도수분포표를 만들고 가로축에 누적상대도수, 세로축에 소득의 누적상대도수를 두고 그린 곡선임

지니 계수

로렌츠 곡선과 균등 분배선으로 감싼 부분의 넓이를 직각삼각형의 넓이로 나눈 값. 빈부의 차이가 얼마나 심한가를 나타냄

용돈 데이터로 로렌츠 곡선 그리기

경제학자 로렌츠는 각 나라의 빈부의 차를 조사하고자 **로렌츠 곡선(Lorenz curve)**을 고안했습니다. 여기서는 용돈의 도수분포표를 이용하여 로렌츠 곡선을 그려 봅니다.

먼저 사람 수(도수) 옆에 전체 사람 수에 대한 비율, 즉 상대도수를 적습니다. 전체 사람 수(데이터 크기)가 40이므로 도수 22의 상대도수는 22 ÷ 40 = 0.55라고 계산합니다. 다음으로 누적상대도수를 계산합니다. 누적상대도수는 해당 계급까지의 상대도수를 모두 더하여 구합니다. 20,000~29,999 계급이라면 0.550 + 0.225 + 0.150 = 0.925라고 계산합니다. 용돈 합계란에는 10,000~19,999 계급이라면 9명이 계급값 15,000원을 받는다고 생각하여 15,000 × 9 = 135,000원을 입력합니다.

용돈(원)	도수(명)	상대도수	누적상대도수	용돈 합계 (만 원)	누적 용돈 (만 원)	누적 용돈 상대도수
0~9999	22	0.550	0.550	11.0	11.0	0.22
10,000~19,999	9	0.225	0.775	13.5	24.5	0.49
20,000~29,999	6	0.150	0.925	15.0	39.5	0.79
30,000~40,000	3	0.075	1.000	10.5	50.0	1.00
합계	40	1.000	–	50.0	–	–

누적 용돈은 해당 계급까지의 합계를 써넣습니다. 20,000~29,999 계급이라면 11 + 13.5 + 15 = 39.5가 됩니다. 누적 용돈 상대도수에는 누적 용돈을 상대도수로 바꾸고 이를 적습니다.

같은 계급의 누적상대도수와 누적 용돈 상대도수를 그래프로 그리면 다음과 같습니다. 이 선을 로렌츠 곡선이라 합니다.

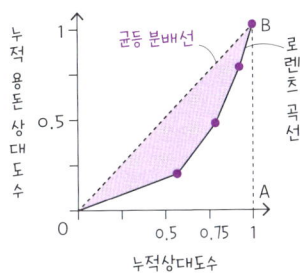

모든 사람의 용돈이 같다면 이 그래프에서 직선 OB가 로렌츠 곡선이 되며, 이는 균등 분배선이라고도 부릅니다. **지니 계수(Gini coefficient)**는 (색칠한 부분) ÷ (△OAB의 넓이)로 계산합니다. 이 예에서는 계산하면 0.393이 됩니다.

BUSINESS 지니 계수로 국가의 안정성을 알아보자

모든 이의 소득이 같다면 로렌츠 곡선은 균등 분배선과 일치하므로 칠한 부분의 넓이는 0이 됩니다. 소득을 독차지한 사람이 있다면 '△OAB의 넓이 = 색칠한 부분'이 되므로 지니 계수는 1입니다. 지니 계수가 높을수록 소득 분배가 불균형한 상태, 즉 빈부의 차가 심하다고 할 수 있습니다. 참고로 OECD가 조사한 한국의 2017년 지니 계수는 0.345라고 합니다. 지니 계수가 0.4 이상이면 국민의 불만이 쌓이고 사회 불안을 초래하며 0.6 이상이면 폭동이 일어나도 이상하지 않은 수준이라고 합니다.

  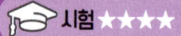

15 Q-Q 플롯

특히 정규 Q-Q 플롯의 사용 방법을 알아둡시다.

2개 분포의 어긋남을 그래프로 표현

Q-Q 플롯

2개의 누적분포함수 $F_X(x)$와 $F_Y(y)$에 대해 $F_X(x) = F_Y(y)$를 만족하는 (x, y)를 그린 그래프를 **Q-Q 플롯**(quantile-quantile plot, 분위수-분위수 그림)이라고 함

정규 Q-Q 플롯으로 정규분포에서 어느 정도 어긋나는지를 시각화

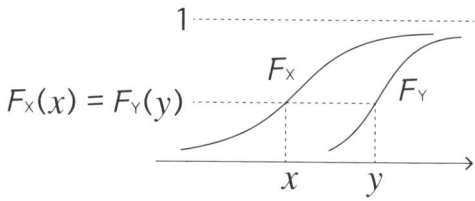

2개의 누적분포함수 $F_X(x)$와 $F_Y(y)$(3장 05절) 값이 같아지는 x와 y를 그래프로 그리면 2개의 누적분포함수가 얼마나 어긋나는지를 눈으로 확인할 수 있습니다. 또한 누적분포함수 대신 누적상대도수 분포표를 이용하면 2개 데이터 분포 형태의 어긋남을 표현할 수 있습니다.

x	누적상대도수	y	누적상대도수
1	0.05	3	0.25
2	0.10	5	0.50
3	0.25	7	0.75
4	0.50	9	0.85
5	0.75	11	0.95
6	1.00	13	1.00

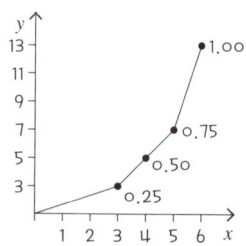

확률 변수 X와 Y 사이에 $Y = aX + b(a > 0)$이라는 1차 함수 관계가 있다면 다음 식이 성립합니다.

$$P(X \leq x) = P(aX + b \leq ax + b) = P(Y \leq y)$$

그러므로 Q-Q 플롯은 직선이 됩니다. 즉, X, Y가 모두 정규분포라면 X와 Y는 1차 함수 관계가 되므로 Q-Q 플롯은 직선이 됩니다.

BUSINESS 정규분포로 볼 수 있는지 정규 Q-Q 플롯으로 확인

X가 정규분포의 누적분포함수일 때는 **정규 Q-Q 플롯**(normal Q-Q plot)이라 합니다. 이를 이용하면 Y가 정규분포와 비교해 어느 정도 어긋났는지를 시각화할 수 있습니다.

예를 들어 정규 Q-Q 플롯에서 다음 그림과 같이 왼쪽 부분에서 직선보다 아래 방향으로 어긋난다면 Y의 분포가 정규분포보다 왼쪽이 긴 분포임을 나타냅니다.

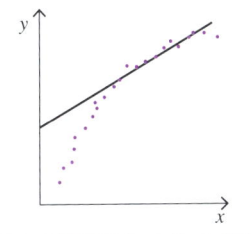

정규 Q-Q 플롯(정규 분위수-분위수 그림)

품질 관리(QC) 현장에서는 규격품 확인에 정규분포를 이용합니다. 정규 Q-Q 플롯은 공업제품의 특성값 데이터가 정규분포가 되는지를 확인하는 데 도움을 줍니다.

직선보다 어긋남이 크다면 벗어난 값은 제외하도록 해야 합니다. 또한 애당초 정규 Q-Q 플롯이 직선이 되지 않는 분포라면 정규분포를 가정한 추정이나 검정은 하지 말아야 합니다.

Column

줄기 잎 그림으로 데이터의 대푯값 읽기

통계 검정에서도 다루는 1차원 데이터 표시 방법의 하나인 줄기 잎 그림(stem-and-leaf diagram, stem-and-leaf display, stem-and-leaf plot)을 소개합니다.

21, 23, 23, 25, 33, 33, 35, 36, 36, 38, 39, 44, 44, 45, 48, 48

예를 들어 앞과 같은 2자릿수로 나타낸 크기 16의 1차원 데이터가 있다고 할 때 이를 줄기 잎 그림으로 나타내면 다음과 같습니다.

줄기	잎	도수
20	1 3 3 5	4
30	3 3 5 6 6 8 9	7
40	4 4 5 8 8	5

데이터에는 20~29까지의 수가 21, 23, 23, 25 등 4개입니다. 21이라면 이를 20과 1로 나누어 20을 '줄기', 1을 '잎'에 비유합니다. 그러므로 21, 23, 23, 25에 대해서도 '줄기'가 20인 곳에 '잎'을 1, 3, 3, 5라고 씁니다. 같은 숫자(23)가 여러 개라면 그 개수(2개)만큼 씁니다.

20~29, 30~39, 40~49 중 어느 단계의 도수가 가장 큰지는 줄기 잎 그림을 보면 한눈에 알 수 있습니다. 게다가 줄기 잎 그림에서는 원래 데이터값까지 읽을 수 있으므로 히스토그램보다 더 많은 정보를 제공합니다.

줄기 잎 그림도 상자 수염 그림과 마찬가지로 통계학자 존 튜키가 사용하면서 널리 알려졌습니다.

Chapter 02

상관관계

Introduction

상관이란?

모든 시도를 대상으로 인구(x만 명)와 공립 초등학교(y개 교)를 조사한 데이터 (x, y)가 있다고 합시다. 당연히 시도의 인구(x)가 많다면 초등학교의 수(y) 역시 많을 것입니다. 또한 스마트폰을 보는 시간(x시간)과 시험 성적(y점) 데이터 (x, y)라면 시간(x)이 길수록 성적(y)은 떨어질 것입니다. 이처럼 2변량 데이터 (x, y)에 관해 x의 증감과 y의 증감에 어떤 관계성이 있을 때 이를 상관(correlation)이라 합니다.

2차원 데이터는 산점도로 나타내면 데이터를 시각적으로 나타낼 수 있습니다. 상관관계도 산점도를 보면 한눈에 알 수 있습니다. 그림 1에서는 x가 늘면 y도 늘어나는 경향이, 그림 2에서는 x가 늘면 y는 줄어드는 경향이 있음을 알 수 있습니다. 그림 3에서는 점이 그림 전체에 걸쳐 있으므로 x가 증가할 때 y는 어떻게 될지를 예측할 수 없습니다.

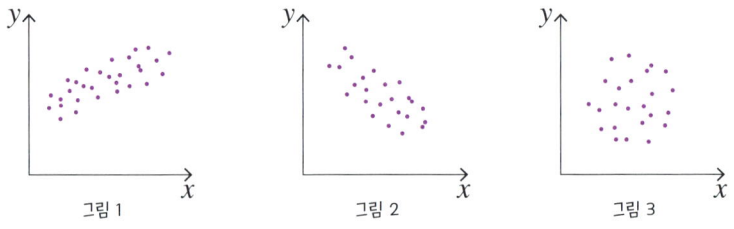

그림 1   그림 2   그림 3

그러나 겉모양만으로 상관관계가 있다, 없다를 판단해서는 객관성이 없습니다. 이에 상관관계의 지표로 생각해낸 것이 상관계수입니다. 상관계수에는 단위가 없으며 −1부터 1까지의 값 또는 0부터 1까지의 값으로 나타냅니다.

가장 많이 사용하는 상관계수는 피어슨의 상관계수(Pearson's coefficient of correlation)입니다만, 상관계수를 계산하는 방법은 여러 가지이므로 데이터의 종류나 특징에 따라 구분하여 사용하면 됩니다. 또한 피어슨의 상관계수는 양적 데이터에만 사용할 수 있으므로 순위 데이터나 범주 데이터에는 다른 상관계수를 사용해야 합니다.

상관계수는 2변량의 상관을 나타내는 지표이므로 기술 통계의 한 종류라 할 수 있으나 이 책에서는 하나의 장을 할애하여 자세하게 설명하겠습니다.

상관관계에서 주의해야 할 점

상관계수를 조사하여 결과를 해석할 때 주의해야 할 것은 **상관관계가 강하더라도 변량 2개 사이에 반드시 인과관계가 있다고 할 수 없다**는 점입니다. 즉, 상관관계와 인과관계는 서로 다른 것으로 생각하는 편이 좋습니다.

예를 들어 매년 8월의 아이스크림 매출액을 x, 8월의 에어컨 매출액을 y로 하여 통계를 내면 x와 y 사이에는 상관이 있을 겁니다. 쉽게 상상할 수 있듯이 무더울 때는 아이스크림도 에어컨도 모두 잘 팔리며 서늘할 때는 매출이 오르지 않는 경향이 있습니다. 그러나 아이스크림이 잘 팔리는 것이 원인이 되어 에어컨이 잘 팔린다는 결과를 이끌어 낼 수는 없습니다. x와 y 외에도 8월의 평균 기온(z)이라는 변량이 있으며 z의 높고 낮음이 원인이고 x, y의 많고 적음이 그 결과라는 인과관계가 있기 때문입니다. 즉, x와 y에는 상관관계는 있어도 직접적인 인과관계는 없습니다. 이러한 상관을 **허위상관 또는 의사상관**(spurious correlation)이라 부릅니다(그림 4 참고).

또한 **상관계수로 측정할 수 있는 관계성은 직선적인 관계성에 한정된다**는 점도 상관계수를 다룰 때 주의해야 할 것 중 하나입니다. 그림 5의 산점도와 같이 점이 원형인 분포라면 상관계수는 낮아집니다. 그러나 x와 y 사이에 관계가 있다고는 할 수 있을 겁니다. 이럴 때는 변수변환을 동반한 회귀분석을 이용하면 x와 y의 관계성을 수량적으로 파악할 수 있습니다.

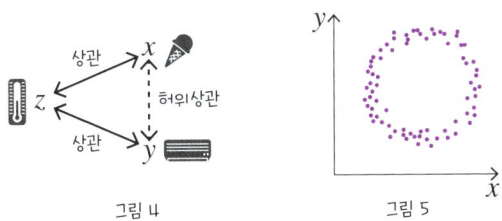

그림 4   그림 5

01 피어슨의 상관계수

난이도 ★ 실용 ★★★★★ 시험 ★★★★★

중고등학교 때 배우는 통계학의 상관계수입니다. 그 밖에 다른 상관계수도 있습니다.

공분산을 표준편차 2개의 곱으로 나눔

2변량의 양적 데이터 (x, y) 크기가 n일 때

- 공분산: $s_{xy} = \dfrac{1}{n}\sum_{i=1}^{n}(x_i - \bar{x})(y_i - \bar{y})$

  (피어슨의) 상관계수: $r_{xy} = \dfrac{s_{xy}}{s_x s_y}$

여기서 s_x^2은 x의 분산(s_x는 x의 표준편차), s_y^2은 y의 분산(s_y는 y의 표준편차), s_{xy}는 x, y의 공분산임

r_{xy}는 항상 $-1 \leq r_{xy} \leq 1$을 만족함

양적 데이터의 상관성은 상관계수로 판단

이 장에서는 다른 상관계수도 소개합니다만, 일반적으로 상관계수라고 하면 이 피어슨의 상관계수(correlation coefficient)를 가리킵니다. 단, 양적 데이터일 때만 피어슨의 상관계수를 계산할 수 있습니다.

다음 데이터로 상관계수를 계산해 봅시다.

						합계	
x	2	1	3	5	4	15	$\bar{x} = 15 \div 5 = 3$
y	5	1	2	9	3	20	$\bar{y} = 20 \div 5 = 3$
$x - \bar{x}$	−1	−2	0	2	1	0	
$(x - \bar{x})^2$	1	4	0	4	1	10	$s_x^2 = 10 \div 5 = 2$
$y - \bar{y}$	1	−3	−2	5	−1	0	
$(y - \bar{y})^2$	1	9	4	25	1	40	$s_y^2 = 40 \div 5 = 8$
$(x - \bar{x})(y - \bar{y})$	−1	6	0	10	−1	14	$s_{xy} = 14 \div 5 = 2.8$

※ 적률상관계수(moment correlation coefficient)라고도 합니다.

이를 이용하여 계산하면 다음 식과 같습니다.

$$r_{xy} = \frac{s_{xy}}{s_x s_y} = \frac{2.8}{\sqrt{2}\sqrt{8}} = \frac{2.8}{4} = 0.7$$

상관계수와 산점도

상관계수가 양수일 때는 오른쪽으로 증가하고, 음수일 때는 오른쪽으로 감소하는 산점도가 됩니다. 상관계수의 절댓값이 1에 가까울 때 산점도는 직선에 가까워지며 0에 가까울 때 산점도는 넓게 퍼집니다.

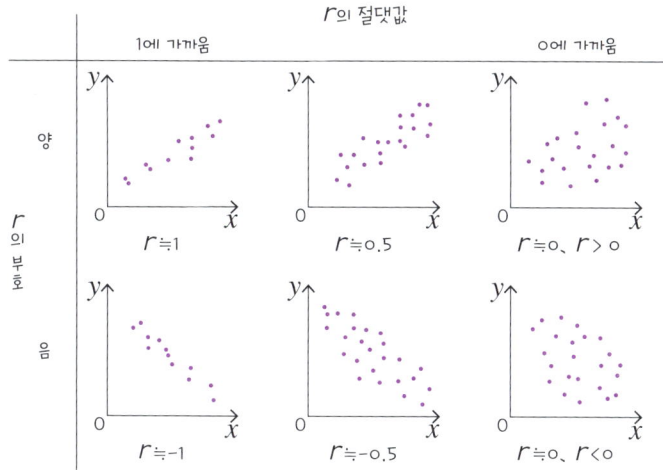

BUSINESS 산점도를 다시 보는 것도 잊지 말자

남녀 모두의 데이터를 수집했을 때 상관계수가 작아 산점도가 왼쪽 그림처럼 될 때도 남녀별로 보면 상관관계가 있을 수 있습니다. 거꾸로 상관계수가 크더라도 오른쪽 그림처럼 남녀별로 볼 때는 상관계

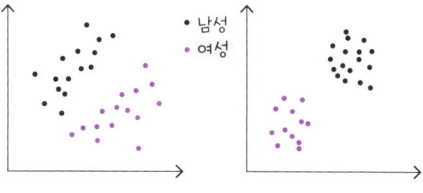

수가 작을 수 있습니다. 그러므로 상관계수로만 판단하지 말고 산점도도 꼭 확인합시다. 이처럼 그룹별로 나누는 것을 층화(stratification)라 합니다.

02 스피어만의 순위상관계수

난이도 ★★ 실용 ★★★★★ 시험 ★★★★★

같은 순위가 없을 때만이라도 알아둡시다.

> **순위를 매긴 후 상관계수 계산**
>
> **스피어만의 순위상관계수 공식**
>
> 크기가 n인 2개의 변량 데이터 (x_i, y_i)가 있고 다음과 같은 조건으로 순위를 매김(같은 순위는 없음. 있을 때는 Business 참고)
>
> x_i가 n개인 $x_1, \cdots, x_n$ 안에서 큰 순서대로 a_i번째
>
> y_i가 n개인 $y_1, \cdots, y_n$ 안에서 큰 순서대로 b_i번째
>
> 이때 다음 식을 스피어만의 순위상관계수(Spearman's rank correlation coefficient)라고 함(ρ값은 $-1 \leq \rho \leq 1$을 만족함)
>
> $$\rho = 1 - \frac{6\{(a_1 - b_1)^2 + \cdots + (a_n - b_n)^2\}}{n(n^2 - 1)}$$

스피어만의 순위상관계수 이해하기

스피어만의 순위상관계수에서는 다음 세 가지 사실을 이해해야 합니다.

x가 커질수록 y가 커지는 경향이 있을 때 ρ값은 양수, x가 커질수록 y가 작아지는 경향이 있을 때 ρ값은 음수가 됩니다.

모든 i에 대하여 $a_i = b_i$(x_i와 y_i의 순위가 같음)가 될 때 $\rho = 1$이 되고, 모든 i에 대하여 $b_i = n + 1 - a_i$(x_i와 y_i의 순위가 역순)가 될 때 $\rho = -1$이 됩니다.

정규분포를 가정하지 않는 데이터, 벗어난 값이 있는 데이터라도 유효한 상관계수를 얻을 수 있습니다.

스피어만의 순위상관계수 구하기

다음 예를 이용하여 스피어만의 순위상관계수를 계산해 봅시다. 왼쪽 데이터 (x_i, y_i)에 순위를 매기면 오른쪽 데이터 (a_i, b_i)가 됩니다.

x	4	10	13	7	5
y	8	15	7	4	14

a	5	2	1	3	4
b	3	1	4	5	2

Point에서 소개한 식을 이용하면 다음과 같이 계산할 수 있습니다.

$$\rho = 1 - \frac{6\{(5-3)^2 + (2-1)^2 + (1-4)^2 + (3-5)^2 + (4-2)^2\}}{5(5^2 - 1)} = -\frac{1}{10} = -0.1$$

데이터에 순위를 매겼을 때 같은 순위가 없다면 (x_i, y_i)의 스피어만 순위상관계수는 순위를 매긴 (a_i, b_i)의 피어슨 상관계수와 일치합니다.

BUSINESS 노동 시간과 수면 시간의 관계 알아보기

다음 표는 기획팀 6명에 대해 (x, y) = (노동 시간, 수면 시간)을 정리한 것입니다. 같은 순위인 데이터가 있다면 해당 데이터의 평균을 그 순위로 합니다. 예를 들어 다음 데이터에서 x의 9는 모두 같은 2위이므로 $(2 + 3) \div 2 = 2.5$(위)로 합니다.

x	10	9	9	8	8	8
y	6	7	8	8	7	6.5

a	1	2.5	2.5	5	5	5
b	6	3.5	1.5	1.5	3.5	5

분모 $n(n^2 - 1)$도 조정해야 합니다. T_x를 다음과 같이 계산합니다.

$$T_x = \frac{1}{12}\{n(n^2 - 1) - \sum_k c_k(c_k^2 - 1)\}$$

이때 c_k는 같은 순위에 포함된 데이터 개수입니다. x에서는 데이터가 9, 9이므로 $c_1 = 2$, 그리고 8, 8, 8이므로 $c_2 = 3$이 됩니다(T_y도 마찬가지). T_x, T_y, $\sum_{i=1}^{6}(a_i - b_i)^2$을 계산합니다.

$$T_x = \frac{1}{12}\{6(6^2 - 1) - 2(2^2 - 1) - 3(3^2 - 1)\} = 15$$

$$T_y = \frac{1}{12}\{6(6^2 - 1) - 2(2^2 - 1) - 2(2^2 - 1)\} = 16.5$$

$$\sum_{i=1}^{6}(a_i - b_i)^2 = (1-6)^2 + (2.5-3.5)^2 + (2.5-1.5)^2 + (5-1.5)^2 + (5-3.5)^2 + (5-5)^2 = 41.5$$

이를 이용하면 스피어만의 순위상관계수는 다음 식과 같습니다.

같은 순위가 있을 때의 식입니다.

$$\rho = \frac{T_x + T_y - \sum_{i=1}^{n}(a_i - b_i)^2}{2\sqrt{T_x T_y}} = \frac{15 + 16.5 - 41.5}{2\sqrt{15 \times 16.5}} = -0.32$$

03 켄달의 순위상관계수

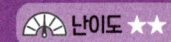  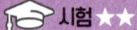

양적 데이터뿐 아니라 서열척도 데이터에도 사용할 수 있습니다.

Point 양의 상관을 1, 음의 상관을 −1로 하여 전체 합을 계산

크기가 n인 2변량 데이터 (x_i, y_i)가 있을 때 n개 중 2개를 골라 이를 (x_i, y_i), (x_j, y_j)라고 하면 다음 조건이 성립함

$(x_i - x_j)(y_i - y_j) > 0$이라면 $a_{ij} = 1$

$(x_i - x_j)(y_i - y_j) < 0$이라면 $a_{ij} = -1$

이때 다음 식을 **켄달의 순위상관계수(Kendall's rank correlation coefficient)** 라고 함

$$\tau = \frac{\sum_{i<j} a_{ij}}{{}_n C_2}$$

τ값은 $-1 \leq \tau \leq 1$을 만족함

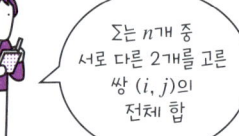

Σ는 n개 중 서로 다른 2개를 고른 쌍 (i, j)의 전체 합

켄달의 순위상관계수 이해하기

켄달의 순위상관계수에서는 다음 두 가지 사실을 이해해야 합니다.

x가 커질수록 y가 커질 때 τ값은 양수고 x가 커질수록 y가 작아질 때 τ값은 음수가 됩니다.

$x_i - x_j$와 $y_i - y_j$의 기호는 데이터 (x_i, y_i)를 각 변량 n개 안의 순위로 치환해서 계산해도 달라지지 않으므로 각 변량을 순위로 바꾸어 τ를 계산해도 τ값은 같습니다. 그러므로 순위상관계수라는 이름을 붙인 것입니다.

(x_i, y_i)를 순위로 치환했을 때 x_i의 순위와 y_i의 순위가 모두 i와 일치한다면 $\tau = 1$이 됩니다. 또한 순위가 거꾸로, 즉 모든 i에 대해 (x_i의 순위) + (y_i의 순위) = $n + 1$이 성립한다면 $\tau = -1$이 됩니다.

02절 Business에서 봤던 변량 5개 표를 이용하여 켄달의 순위상관계수를 구해봅니다. $a_{ij} = 1$이 되는 (i, j) 쌍이 4개, $a_{ij} = -1$이 되는 (i, j) 쌍이 6개이므로 τ는 다음 식과 같이 계산할 수 있습니다.

$$\tau = \frac{1 \times 4 + (-1) \times 6}{{}_5C_2} = \frac{-2}{10} = -0.2$$

스피어만의 상관계수와는 다른 값이 됩니다.

같은 순위가 있을 때는 분모를 조정

같은 순위인 데이터가 있을 때, 즉 $x_i = x_j$, 또는 $y_i = y_j$일 때는 a_{ij}를 0으로 하고 분모를 ${}_nC_2 = \frac{1}{2}n(n-1)$ 대신 다음 식으로 치환합니다.

$$\sqrt{\left\{{}_nC_2 - \frac{1}{2}\sum_i c_i(c_i - 1)\right\}\left\{{}_nC_2 - \frac{1}{2}\sum_i d_i(d_i - 1)\right\}}$$

여기서 c_i는 x의 같은 순위 쌍에 포함된 데이터 크기, d_i는 y의 같은 순위 쌍에 포함된 데이터 크기입니다(02절 참고). 이 식은 같은 순위(데이터는 c_i개)라면 $(x_i - x_j)(y_i - y_j) = 0$이 되므로 같은 순위로 만든 쌍의 개수 ${}_{ci}C_2 = \frac{1}{2}c_i(c_i - 1)$을 빼서 보정한 것임을 나타냅니다. 같은 데이터라도 스피어만의 순위상관계수와 켄달의 순위상관계수는 값이 다릅니다. 특별한 사용 구분은 없습니다.

BUSINESS 켄달의 순위상관계수로 노동 시간과 수면 시간의 상관관계 구하기

02절과 마찬가지로 노동 시간과 수면 시간 데이터를 이용하여 켄달의 순위상관계수를 구해봅시다.

i	1	2	3	4	5	6
x	10	9	9	8	8	8
y	6	7	8	8	7	6.5

아래 첨자 쌍 (i, j)에 대한 a_{ij}의 값을 구해봅시다.

$(x_2 - x_6)(y_2 - y_6) = (9 - 8)(7 - 6.5) > 0$
$\Rightarrow a_{26} = 1$

$a_{ij} = 1$ (2, 6), (3, 5), (3, 6)
$a_{ij} = -1$ (1, 2), (1, 3), (1, 4), (1, 5), (1, 6), (2, 4)
$a_{ij} = 0$ (2, 3), (2, 5), (3, 4), (4, 5), (4, 6), (5, 6)

${}_6C_2 - \frac{1}{2}2(2-1) - \frac{1}{2}3(3-1) = 11$, ${}_6C_2 - \frac{1}{2}2(2-1) - \frac{1}{2}2(2-1) = 13$

$$\tau = \frac{3 - 6}{\sqrt{11 \times 13}} = -0.25$$

04 크라메르의 연관계수

난이도 ★★   실용 ★★★★★   시험 ★★

범주 데이터의 교차표에 이용합니다. 여유가 있는 사람은 7장 03절도 함께 읽어 봅시다.

> **Point**
>
> ### χ^2 통계량을 0부터 1까지의 수가 되도록 조정
>
> 범주 데이터를 $k \times l$인 집계표로 정리했을 때 다음 표와 식 같은 관계가 성립함
>
> | | $B_1 \ldots B_l$ | 합계 |
> |---|---|---|
> | A_1 | $x_{11} \ldots x_{1l}$ | a_1 |
> | $\vdots$ | $\vdots \ddots \vdots$ | $\vdots$ |
> | A_k | $x_{k1} \ldots x_{kl}$ | a_k |
> | 합계 | $b_1 \ldots b_l$ | n |
>
> $$V = \sqrt{\frac{\sum_{i,j} \frac{x_{ij}^2}{a_i b_j} - 1}{\min(k, l) - 1}} = \sqrt{\frac{\chi^2}{n\{\min(k, l) - 1\}}}$$
>
> $\min(k, l)$은 k와 l 중 작은 쪽을 나타냄. Σ는 i와 j의 모든 쌍(kl개)을 모두 더한 합임. χ^2은 카이제곱통계량.
>
> 이를 **크라메르의 연관계수(Cramer's coefficient of association)**라고 함
> V값은 $0 \leq V \leq 1$을 만족함

V값이 1일 때는 관련성이 높고 0일 때는 관련성이 낮음

관련성이 가장 높은 것은 표 1처럼 A_i의 범주가 정해지면 B_j의 범주가 정해질 때입니다. 이때 연관계수는 1이 됩니다($b_3 = 0$이므로 $\frac{x_{i3}^2}{a_i b_3}$ 은 계산할 수 없습니다. 이를 제외하고 계산합니다).

관련성이 가장 낮은 것은 표 2처럼 B_j의 범주와는 관계없이 A_i의 범주에 속한 개체 수의 비율이 일정할 때입니다. 이때 연관계수는 0이 됩니다. 표 2와 같을 때를 "A_i의 분류와 B_j의 분류는 독립이다"라고 말합니다.

	B_1	B_2	B_3	합계
A_1	10	0	0	10
A_2	0	10	0	10
합계	10	10	0	20

표 1 연관계수가 1일 때

	B_1	B_2	B_3	합계
A_1	5	10	15	30
A_2	10	20	30	60
합계	15	30	45	90

표 2 연관계수가 0일 때

BUSINESS 20대와 중년의 음악 취미는 다를까?

20대 100명, 중년 200명에게 트로트, 재즈, 팝 중 좋아하는 노래의 장르를 하나 고르도록 했습니다. 결과는 다음과 같습니다.

	트로트	재즈	팝	합계
20대	11	17	72	100
중년	49	73	78	200
합계	60	90	150	300

연령에 따라 좋아하는 노래의 장르에 관련성이 있는지 먼저 첫 번째 공식을 이용하여 연관계수를 구해봅시다. Point에서 소개한 V값을 구하는 식으로 Σ 부분을 계산합니다.

$$\sum_{i,j} \frac{x_{ij}^2}{a_i b_j} = \frac{11^2}{60 \cdot 100} + \frac{17^2}{90 \cdot 100} + \frac{72^2}{150 \cdot 100} + \frac{49^2}{60 \cdot 200} + \frac{73^2}{90 \cdot 200} + \frac{78^2}{150 \cdot 200}$$
$$= 1.09681\cdots\cdots$$

$\min(k, l) = \min(2, 3) = 2$이므로 다음과 같습니다.

$$V = \sqrt{\frac{\sum_{i,j} \frac{x_{ij}^2}{a_i b_j} - 1}{\min(k, l) - 1}} = \sqrt{\frac{1.09681 - 1}{2 - 1}} = \sqrt{0.09681} = 0.311$$

V값은 0부터 1까지이므로 0.311은 관련이 약하다고 생각하기 쉬우나 7장 03절의 검정에서는 연령과 좋아하는 음악 장르에 관계성이 있다는 결론을 내리고 있습니다.

다음으로 V값을 구하는 두 번째 식을 이용하여 크라메르의 연관계수를 구해봅시다. χ^2은 카이제곱통계량이라 하며 7장 03절에서는 T로 정의해 계산합니다. 결과는 다음과 같은 값이 됩니다.

$$V = \sqrt{\frac{T}{n\{\min(k, l) - 1\}}} = \sqrt{\frac{\chi^2}{n\{\min(k, l) - 1\}}} = \sqrt{\frac{29.045}{300(2 - 1)}} = \sqrt{0.09681}$$
$$= 0.311$$

   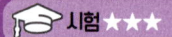

05 상관계수의 추정과 검정

내용을 이해했다면 소프트웨어를 이용해 계산해도 좋습니다. 아직 추정과 검정을 잘 모르는 분은 5장과 6장을 읽도록 합시다.

> **Point**
>
> **상관계수(피어슨)의 추정·검정**
>
> 2변량의 모집단에서 크기 n인 표본 데이터를 추출함. 이때 모집단의 상관계수를 ρ, 표본 데이터의 상관계수를 r이라 정의함
>
> **추정**
>
> 모집단의 상관계수 ρ의 95% 신뢰구간은 다음과 같음
>
> $$\frac{e^{2a}-1}{e^{2a}+1} \leq \rho \leq \frac{e^{2b}-1}{e^{2b}+1}$$
>
> 단,
>
> $$a = \frac{1}{2}\log\frac{1+r}{1-r} - \frac{1}{\sqrt{n-3}} \times 1.96, \quad b = \frac{1}{2}\log\frac{1+r}{1-r} + \frac{1}{\sqrt{n-3}} \times 1.96$$
>
> **검정**
>
> $\rho = 0$일 때
>
> $$T = \frac{r\sqrt{n-2}}{\sqrt{1-r^2}}$$
>
> 는 자유도 $n - 2$인 t분포를 따르므로 이를 이용하여 기각역을 정함

추정식은 복잡하지만…

구간 추정식은 너무 복잡해서 이해하기 쉽지 않지만 95% 신뢰구간을 구하는 데 1.96(정규분포 2.5%인 지점)을 이용하므로 정규분포와 관련이 있을 듯합니다. 실제로 구간 추정식을 정규분포의 α% 지점으로 변환하면 모상관계수 ρ의 $(100 - 2\alpha)$% 신뢰구간을 만들 수 있습니다. 이 신뢰구간은 일단 피셔 변환(Fisher's transformation)을 이용해 정규분포로 근사할 수 있는 통계량을 만든 후 95% 신뢰구간을 역 피셔 변환하여 원래로 되돌리면 만들 수 있습니다.

애당초 상관관계가 있었는지를 무상관검정으로 확인

귀무가설, 대립가설을 $H_0: \rho = 0$, $H_1: \rho \neq 0$이라 할 때 검정통계량 T를 이용하여 검정하는 것을 **무상관검정**이라 합니다.

T값이 기각역에 속할 때 모상관계수 ρ는 0이 아니므로 모집단에는 상관계수가 있다고 말할 수 있습니다. 애당초 표본에서 상관계수를 구하더라도 그 값이 확률적인 변동(fluctuation)에 불과하다고 생각할 수 있습니다. 그래서 무상관검정을 하여 모집단에 상관계수가 있는지 없는지를 확인하는 것입니다.

이때 주의해야 할 것은 **상관계수의 강약과 무상관검정의 결과가 반드시 일치하지는 않는다는 점**입니다. 예를 들어 상관계수 $r = 0.5$인 데이터와 $r = 0.3$인 데이터가 있을 때 $r = 0.5$의 상관계수는 통계적 유의성이 인정되지 못하고 $r = 0.3$ 쪽이 인정될 때가 있습니다.

이럴 때는 전자 쪽이 강한 상관을 나타내므로 유의성이 높다고 말하는 것은 섣부른 판단입니다.

BUSINESS 각 사 매출 상관계수의 신뢰도 조사

특정 업계의 대기업 6개 사를 대상으로 영업소 숫자와 매출의 상관관계를 조사해 0.65라는 상관계수를 얻었습니다. 이 상관계수가 신뢰할 수 있는 것인지($\rho = 0$(무상관)인지)를 T값을 이용하여 검정해 봅시다. $n = 6$, $r = 0.65$라 하고 이를 Point에 있는 식에 대입하면 결과는 다음과 같습니다.

$$T = \frac{r\sqrt{n-2}}{\sqrt{1-r^2}} = \frac{0.65 \times \sqrt{6-2}}{\sqrt{1-0.65^2}} = 1.71$$

자유도 $6 - 2 = 4$인 t분포의 2.5% 지점은 2.78이기 때문에 귀무가설을 기각할 수 없으므로 무상관입니다. 0.65라는 값은 상관이 있음을 나타낼지도 모르겠으나 표본의 크기가 너무 작습니다. 애당초 상관이 있는지를 통계적으로 유의한 수준에서 말할 수는 없는 상태입니다.

06 자기상관계수

시계열 분석의 기본입니다. 코렐로그램을 읽을 수 있도록 합시다.

 시계열 데이터의 서로 다른 시점 y_i와 y_{i-k}의 상관관계

$y_1, y_2, \ldots, y_T$가 시계열 데이터라 할 때 $\bar{y}$를

$$\bar{y} = \frac{1}{T}(y_1 + y_2 + \cdots + y_T)$$

로 함. $\{y_i\}$와 $\{y_{i-k}\}$의 상관관계

$$\gamma_k = \text{Cov}[y_i, \ y_{i-k}] = \frac{1}{T} \sum_{i=k+1}^{T} (y_i - \bar{y})(y_{i-k} - \bar{y})$$

를 시간차 k인 **자기공분산**(autocovariance)이라고 함(γ_0은 $\{y_i\}$의 분산)
또한 다음을 시간차 k인 **자기상관계수**(autocorrelation coefficient)라고 함

$$\rho_k = \frac{\gamma_k}{\gamma_0}$$

ρ_k를 k의 함수로 나타낼 때 $\rho(k)$를 **자기상관함수**(autocorrelation function), $\rho(k)$의 그래프를 **상관도표**(correlogram, 코렐로그램)라고 함

※ 여기서는 $\bar{y}$, γ_k를 T로 나누었는데, 총합의 개수인 $T-k$로 나누는 방식도 있음

자기상관계수의 계산 과정과 결과 분석

시계열 데이터도 평균이나 상관관계를 이용하여 데이터를 분석할 수 있습니다.

예를 들어 12년 동안 기록한 감 수확량 데이터 $\{y_t\}$가 있고 12년의 데이터 평균이 $\bar{y}$입니다. 현재 데이터와 2년 전 데이터를 조합하여 2변량 데이터로 만들고 평균 $\bar{y}$를 이용하여 계산한 공분산을 $\{y_t\}$의 시간차가 2(2년)인 자기공분산이라 합니다.

구체적으로는 다음 테두리 부분을 2변량의 데이터로 본다는 것입니다.

y_1	y_2	y_3	y_4	y_5	y_6	y_7	y_8	y_9	y_{10}	y_{11}	y_{12}		
		y_1	y_2	y_3	y_4	y_5	y_6	y_7	y_8	y_9	y_{10}	y_{11}	y_{12}

$\Rightarrow (y_3, y_1), (y_4, y_2), (y_5, y_3), \ldots, (y_{12}, y_{10})$

시간차가 2인 자기상관계수가 1에 가깝다면 현재와 2년 전의 수확량에 큰 정적 상관이 있다고 할 수 있습니다. 즉, 수확량이 많은 해의 2년 후에는 여전히 수확량이 많으며 수확량이 적은 해의 2년 후에는 여전히 수확량이 적어진다는 경향이 있다는 것입니다.

시계열 모델 $\{Y_t\}$의 자기공분산

시계열 모델을 $\{Y_t\}$라 하고 실제 데이터 $\{y_t\}$를 $\{Y_t\}$의 실현값이라고 하겠습니다. $\{Y_t\}$에서 Y_t의 기댓값을 $\mu_t = E[Y_t]$라고 하면 Y_t와 Y_{t-k}의 공분산은 다음 식과 같습니다.

$$\text{Cov}[Y_t, Y_{t-k}] = E[(Y_t - \mu_t)(Y_{t-k} - \mu_{t-k})]$$

$\{Y_t\}$가 두 시점을 비교했을 때 정상을 의미하는 약정상 조건($E[Y_t]$, $\text{Cov}[Y_t, Y_{t-k}]$가 t에 의존하지 않음)일 때 $\{Y_t\}$의 시간차 k인 자기공분산 γ_k와 시간차 k인 자기상관계수 ρ_k는 각각 다음 식과 같습니다.

$$\gamma_k = \text{Cov}[Y_t, Y_{t-k}] = E[(Y_t - \mu)(Y_{t-k} - \mu)] \qquad \rho_k = \frac{\gamma_k}{\gamma_0}$$

데이터값 $\{y_t\}$로 계산한 평균, 시간차 k의 자기공분산, 자기상관계수를 각각 $\hat{\mu}$, $\hat{\gamma}_k$, $\hat{\rho}_k$라 하겠습니다. $\{y_t\}$를 시계열 모델 $\{Y_t\}$로부터의 표본이라 하면 $\hat{\mu}$, $\hat{\gamma}_k$, $\hat{\rho}_k$는 각각 표본평균, 표본자기공분산, 표본자기상관계수입니다. 그러므로 $\hat{\mu}$, $\hat{\gamma}_k$, $\hat{\rho}_k$는 μ, γ_k, ρ_k의 추정값이 됩니다.

$\hat{\rho}_k$를 이용하여 시계열 데이터에 시간차 k인 자기상관이 있는지를 검정하고자 귀무가설, 대립가설을 각각 $H_0: \rho_k = 0$, $H_1: \rho_k \neq 0$으로 합니다. $\{Y_t\}$가 독립항등분포(independent and identically distribution, i.i.d.)일 때 $\hat{\rho}_k$는 점근적($T \to \infty$일 때)으로 평균 0, 분산 $\frac{1}{T}$인 정규분포 $N(0, 1/T)$을 따른다는 것을 이용하여 기각역을 정합니다.

BUSINESS 상관도표로 매출의 주기성을 발견

대형 마트 구매팀의 K씨는 컵라면의 매출(월별)을 시계열로 분석하여 오른쪽 그림과 같은 상관도표를 얻었습니다. 이를 통해 컵라면의 매출에는 10개월의 주기가 있으며 매출 고점은 2개월 동안 계속되리라 예상했습니다.

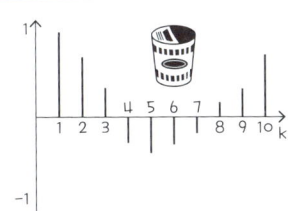

Column

의심스러운 상관관계는 얼마든지 있다

2006년 일본에서 『사자에상과 주가의 관계-행동 파이낸스 입문』(요시노 타카아키 저, 신조사)라는 책이 출판되었습니다. 이 책에서는 2003년 1월부터 2005년 9월까지 애니메이션 '사자에상'의 시청률(26주 이동 평균)과 주가(TOPIX 26주 이동 평균)의 상관관계를 계산했더니 부적상관(상관계수 −0.86)이 있었다고 했습니다. 즉, '사자에상'의 시청률이 높으면 주가는 내려가고 '사자에상'의 시청률이 떨어지면 주가는 오른다는 것입니다.

여기에는 다음과 같은 그럴듯한 이유가 있었습니다.

> '사자에상'의 시청률이 높음 → 일요일 저녁에는 집에 있을 확률이 높음 → 집에서 휴일을 보내면 소비가 일어나지 않음 → 경기가 나빠짐

이 장의 Introduction에서도 언급했습니다만, 상관관계가 있다고 해서 이를 그대로 인과관계라고 말할 수는 없습니다.

tylervigen.com(https://www.tylervigen.com/spurious-correlations)이라는 웹페이지에는 아무리 생각해도 연결할 수 없는 사건 2개가 실제로는 상관이 있다는 예를 그래프와 함께 소개합니다. 10년간 매년 데이터를 조사한 것입니다.

> '미스 아메리카의 나이와 증기·열연 등 뜨거운 것을 이용한 살인 건수'
> '1인당 마가린 소비량과 미국 메인주의 이혼율'
> '풀장에 빠져 허우적거린 사람 수와 니콜라스 케이지의 영화 출연 횟수'

이 모두 관련이 있다고는 도저히 생각할 수 없습니다. 이처럼 결과가 나오는 이유는 10년간의 시계열 분석이기 때문일 겁니다. 10년간의 그래프 증감 패턴은 2^9 = 512가지입니다. 즉, 513가지 통계를 구하면 같은 증감 패턴을 보이는 것이 1개 정도 있을 것이고 그중에는 상관계수가 높은 것도 있을 겁니다. 물론 앞서 본 예 중에는 합리적인 이유로 설명할 수 있는 것이 있을지도 모릅니다.

Chapter 03

확률

Introduction

도박에서 출발한 확률의 역사

통계라 하면 표나 막대그래프, 원그래프를 떠올리는 사람이 많을 겁니다. 기술 통계밖에 모르는 사람은 왜 통계학을 위해 확률을 배워야 하는지 궁금해할지도 모릅니다. 그러나 **사건을 예측하고 판단하는 추론 통계에서는 확률의 사고방식을 이용하지 않으면 아무것도 할 수 없습니다**. 확률의 역사를 거슬러 올라가 확률이 어떤 과정으로 통계학과 이어지게 되었는지를 알아보겠습니다.

16세기에 지롤라모 카르다노(1501~1576)가 지은 『우연의 게임에 관해』라는 책도 있습니다만, 본격적인 확률론의 시작은 프랑스의 과학자이자 철학자인 블레즈 파스칼(1623~1662)과 피에르 드 페르마(1607~1665)가 내기 분배금에 관해 논한 서신 거래라고 합니다. 이 장 01절에서 소개할 '기본사건이 같은 정도로 일어난다'라고 하는 확률 계산을 다루었습니다.

그 후 물리학자인 크리스티안 하위헌스(1629~1695)가 두 사람의 이론을 발전시켜 『주사위 도박이론』이라는 책을 집필했습니다. 여기서는 내기의 '가치' 고찰을 통해 이 장의 06절에서 소개할 기댓값이라는 사고방식을 살펴볼 수 있습니다. 이처럼 이때까지의 확률은 도박을 위한 이론이었습니다.

하위헌스의 기댓값 사고방식을 종신연금의 가격 결정에 응용한 사람은 네덜란드의 정치가였던 요한 더 빗이었습니다. 더 빗은 생명표를 기초로 몇 년 후의 생존 확률을 구하고 기댓값을 계산하여 종신연금의 적정 가격을 구했습니다. 이로써 기술 통계(생명표)와 확률론이 서로 연결됩니다.

고전 확률론의 완성

확률론 분야에서는 야코프 베르누이(1654~1705)가 "관측 수가 많을수록 예측은 정확해진다"라는 것을 수학적으로 표현한 대수 법칙을 증명했으며, 오거스터스 드 모르간(1667~1754)은 이항분포의 근사로서 정규분포를 구하여 수학적 기반을 다지고 이를 발전시켰습니다. 그리고 피에르시몽 드 라플라스(1749~1827)의 『확률의 해석이론』에 이르러서야 고전 확률론은 완성됩니다.

통계학과 확률론의 발전으로 수리 통계학의 기초를 마련

다음으로 통계학과 확률론을 연결하여 발전시킨 사람들이 칼 피어슨(1857~1936), 로널드 에일머 피셔(1890~1962), 예르지 네이만(1894~1981), 이건 피어슨(1895~1980) 등입니다.

칼 피어슨은 상관계수 등 기술 통계 분야의 업적으로 잘 알려졌으나 가정한 분포가 데이터와 정합성이 있는지를 조사하는 **카이제곱 적합도검정**도 만들었습니다. 여기서는 가정한 확률분포를 이용하여 실제 측정한 값이 일어날 확률에 따라 분포의 적합도를 판정하는 검정의 사고방식을 엿볼 수 있습니다.

통계학과 확률론을 잇는 결정적인 다리인 수리 통계학의 기초 체계를 마련한 사람은 로널드 에일머 피셔입니다. 피셔의 F분포, 피셔 정보량처럼 그의 이름을 딴 용어가 많은 것에서 알 수 있듯이 피셔는 사상 최강의 수리 통계학자로 알려져 있습니다. 피셔는 연구 대상을 **모집단**(실험 등의 무한모집단을 포함)이라 하고 관측한 데이터(**표본**)는 모집단에서 무작위로 추출한 것으로 생각했습니다. 이 **무작위 추출이라는 부분에서 확률론을 사용합니다**.

추정과 검정을 정식화한 사람은 예르지 네이만과 이건 피어슨입니다. 모집단의 분포에 알 수 없는 모수(parameter)를 포함한 확률분포를 가정하고 이를 이용하여 표본(실제 측정값)을 추출했을 때 표본의 값에서 어떤 식(**통계량**)의 값을 구합니다. 그리고 통계량의 확률분포와 실제 측정값을 이용하여 알 수 없는 모수를 특정 폭으로 예측하는 것이 **구간추정**, 통계량의 분포에서 실제 측정한 값이 일어날 확률을 구하고 낮은 확률이라면 가정을 기각하는 것이 **가설검정**입니다.

모집단 분포에서 통계량의 식을 구하려면 확률(3장)이나 확률분포(4장)에 관한 지식이 필요합니다. 결론을 내리면 구체적인 확률을 구하는 계산 결과나 확률분포의 구체적인 값(확률분포표)이 있어야 하기 때문입니다.

이처럼 추측 통계학(추정·검정 등)을 원리부터 이해하려면 확률이나 다양한 확률분포의 성질을 제대로 배워야 합니다. 통계 소프트웨어를 사용하기만 하는 사람이라도 확률을 알면 해석과 분석 능력이 높아집니다.

 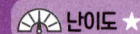  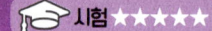

01 사건과 확률

먼저 확률(probability)의 정의(빈도(도수)확률, frequency(frequentist) probability)를 이해하도록 합시다. 이는 고등학교 수준의 내용입니다.

> **Point**
> ## 일어날 횟수 전체에 대한 비율이 확률
>
> ### 확률의 정의
>
> 주사위 던지기처럼 같은 조건에서 몇 번이든 반복할 수 있고 그 결과가 우연에 의해 정해지는 관찰이나 결과를 **시행(trial)**이라 하고 시행의 결과 일어난 일을 **사건(event)**이라고 함
>
> 어떤 시행 T에서 일어날 수 있는 사건 전체를 U라 나타내고, U로 나타낸 사건을 **전체사건(whole event)**, 공집합 $\emptyset$로 나타낸 사건을 **공사건(empty event)**이라고 함. 이때 U는 한정된 개수의 요소로 이루어진 것으로 함. 모든 사건은 U의 부분집합이며, 특히 U의 1개 원소로 이루어진 부분집합으로 나타낸 사건을 **기본사건(elementary event)**이라 함. 어떤 기본사건이라도 같은 확률로 일어난다고 기대할 수 있을 때 **같은 정도로 일어난다(equally likely)**고 함
>
> 기본사건이 같은 정도로 일어난다고 가정했을 때 사건 A의 확률은 다음과 같음
>
> $$P(A) = \frac{n(A)}{n(U)} = \frac{\text{사건 } A\text{가 일어날 경우의 수}}{\text{일어날 모든 경우의 수}}$$
>
> $n(A)$는 A에 포함된 기본사건의 개수를 나타냄
>
> 임의의 사건 A에 대해 $0 \leq P(A) \leq 1$
> 공사건 $\emptyset$, 전체사건 U에 대해 $P(\emptyset) = 0$, $P(U) = 1$

※ 이 확률 정의를 라플라스의 정리라 부르기도 함

확률의 기본 지식과 사건의 뜻

$A \cap B$로 나타내는 **곱사건(product event)**이란 'A와 B가 동시에 일어나는 사건'을 말합니다. 이와는 달리 A와 B가 동시에 일어나지 않을 때($A \cap B = \emptyset$) 'A와 B는 배반' 또는 **배반사건(exclusive events)**이라 합니다. $A \cup B$로 나타내는 **합사건(sum event)**은 'A 또는 B가 일어나는 사건'을 말합니다.

확률에서는 다음이 성립합니다.

$$P(A \cup B) = P(A) + P(B) - P(A \cap B)$$

특히 A와 B가 배반일 때는 다음이 성립합니다.

$$P(A \cup B) = P(A) + P(B)$$
덧셈정리

전체사건 U 중에서 A가 일어나지 않는 사건을 가리켜 **여사건**(complementary event)이라 하고 $\overline{A}$로 나타냅니다. 확률에서는 $P(\overline{A}) = 1 - P(A)$가 성립합니다.

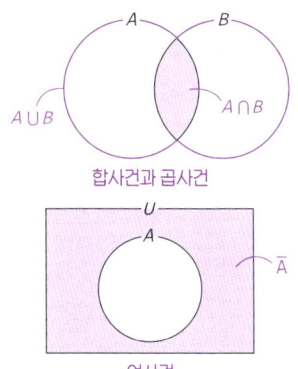

주사위를 예로 들어 살펴본 확률과 사건

주사위를 한 번 던졌을 때를 생각해봅시다. 홀수가 나올 사건을 A, 3 이하가 나올 사건을 B라 하면 U, A, B는 다음과 같습니다.

$$U = \{1, 2, 3, 4, 5, 6\}, \quad A = \{1, 3, 5\}, \quad B = \{1, 2, 3\}$$

곱사건은 $A \cap B = \{1, 3\}$, 합사건은 $A \cup B = \{1, 2, 3, 5\}$, 여사건 $\overline{A} = \{2, 4, 6\}$입니다. 참고로 A와 B는 배반이 아닙니다.

BUSINESS 포커 패의 확률

52장의 트럼프 카드에서 5장을 골랐을 때 각 포커 족보를 쥘 확률은 다음 표와 같습니다.

노 페어	패 없음	50.12%
원 페어	2 2 ○ ○ ○	42.26%
투 페어	3 3 4 4 ○	4.75%
쓰리 카드	8 8 8 ○ ○	2.11%
스트레이트	2 3 4 5 6	0.39%

플러시	2 4 6 7 9	0.20%
풀하우스	6 6 6 8 8	0.14%
포 카드	5 5 5 5 ○	0.02%
스트레이트 플러시	2 3 4 5 6	0.00139%
로얄 스트레이트 플러시	10 J Q K A	0.00015%

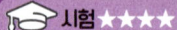

02 포함배제의 원리

조금은 어려운 공식입니다만, 이해하면 도움이 되므로 소개하겠습니다.

Σ 앞은 +와 −가 번갈아 나옴

포함배제의 원리

사건 $A_1, A_2, \cdots, A_n$에 대해 다음 식이 성립함

$$P(A_1 \cup A_2 \cup \cdots \cup A_n)$$
$$= \sum_{i=1}^{n} P(A_i) - \sum_{i<j} P(A_i \cap A_j)$$
$$+ \sum_{i<j<k} P(A_i \cap A_j \cap A_k) -$$
$$\cdots + (-1)^{n-1} P(A_1 \cap A_2 \cap \cdots \cap A_n)$$

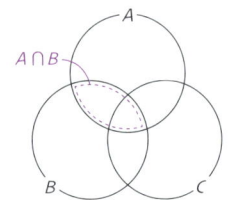

포함배제의 원리 증명하기

$n = 2$일 때는 합사건 공식과 같습니다. $n = 3, 4$일 때는 다음과 같습니다.

$$P(A \cup B \cup C) = P(A) + P(B) + P(C)$$
$$- P(A \cap B) - P(A \cap C) - P(B \cap C) + P(A \cap B \cap C)$$

$$P(A \cup B \cup C \cup D) = P(A) + P(B) + P(C) + P(D)$$
$$- P(A \cap B) - P(A \cap C) - P(A \cap D) - P(B \cap C) - P(B \cap D)$$
$$- P(C \cap D) + P(A \cap B \cap C) + P(A \cap B \cap D) + P(A \cap C \cap D)$$
$$+ P(B \cap C \cap D) - P(A \cap B \cap C \cap D)$$

Point 식의 우변 왼쪽부터 m번째의 Σ는 n개의 $A_1, \cdots, A_n$ 중 m개를 선택해 곱사건을 만들어 그 확률을 모두 더한 값입니다. 즉, m번째 Σ는 $_nC_m$개 확률 P를 더한 것입니다.

증명 우변의 식에서 $A_i(i = 1, ..., k)$가 일어나고 $A_i(i = k+1, ..., n)$가 일어나지 않을 사건 $B = A_1 \cap ... \cap A_k \cap \overline{A}_{k+1} \cap ... \cap \overline{A}_n$의 확률 $P(B)$가 Σ로 더할 때 몇 번씩인지 셉니다. 1번째 Σ에서는 $_kC_1$번, 2번째 Σ에서는 $_kC_2$번, $\cdots$, j번째 Σ에서는 $_kC_j$번입니다($1 \leq j \leq k$). $k+1$번째 이후는 Σ로 세지 않으므로 Σ 앞의 +, −를 생각하면 B는 다음 식과 같이 세는 것이 됩니다.

$$_kC_1 - {}_kC_2 + {}_kC_3 - \cdots + (-1)^{j-1}{}_kC_j + \cdots + (-1)^{k-1}{}_kC_k$$
$$= 1 - \{{}_kC_0 - {}_kC_1 + \cdots + (-1)^j{}_kC_j + \cdots + (-1)^k{}_kC_k\} = 1 - (1-1)^k = 1(번)$$

그 밖의 $A_1, \cdots, A_n$ 중 몇 가지가 일어나고 그 외는 일어나지 않도록 만든 사건에 대해서도 마찬가지로 1번씩만 센다는 것을 나타낼 수 있습니다. 좌변은 이들 확률의 합이므로 등식으로 표시했습니다.

BUSINESS 선물 주고받기가 잘될 확률 구하기

n명이 추첨을 통해 선물을 주고받을 때 자기 선물을 받을 사람이 1명도 없을 확률을 구한다고 합시다. n명을 ①, ②, ……, ⓝ이라 하고 ⓘ가 자기 선물을 받을 사건을 A_i라 하겠습니다. $A_1, A_2, \cdots, A_n$에서 k개 선택한 곱사건(ⓘ₁, ⓘ₂, …, ⓘₖ는 자기 선물을 받음)의 확률은 다음과 같습니다.

$$P(A_{i1} \cap A_{i2} \cap \cdots \cap A_{ik}) = \frac{(n-k)!}{n!}$$

$$\Sigma P(A_{i1} \cap A_{i2} \cap \cdots \cap A_{ik}) = {}_nC_k \cdot \frac{(n-k)!}{n!} = \frac{n!}{k!(n-k)!} \cdot \frac{(n-k)!}{n!} = \frac{1}{k!}$$

(Σ는 n개 사건에서 k개 선택하는 모든 조합의 합을 구한 것)

자기 선물을 받을 사람이 적어도 1명 있을 사건의 확률은 ①이 받거나, ②가 받거나, …, ⓝ이 받거나 할 확률이므로 포함배제의 원리(inclusion-exclusion principle)를 이용하여 다음과 같이 계산합니다.

$$P(A_1 \cup A_2 \cup \cdots \cup A_n) = \sum_{i=1}^{n} P(A_i) - \sum_{i<j} P(A_i \cap A_j)$$
$$+ \sum_{i<j<k} P(A_i \cap A_j \cap A_k) - \cdots + (-1)^{n-1} P(A_1 \cap A_2 \cap \cdots \cap A_n)$$
$$= 1 - \frac{1}{2!} + \frac{1}{3!} - \cdots + (-1)^{k-1}\frac{1}{k!} + \cdots + (-1)^{n-1}\frac{1}{n!} = \sum_{k=1}^{n}(-1)^{k-1}\frac{1}{k!}$$

자기 선물을 받을 사람이 1명도 없는 사건은 이의 여사건이므로 확률은 다음과 같습니다.

$$\frac{1}{2!} - \frac{1}{3!} + \frac{1}{4!} - \cdots + (-1)^n \frac{1}{n!} \quad n \to \infty \text{일 때 } \frac{1}{e} = 0.3678 \cdots$$

이 문제를 **완전순열(교란순열)** 또는 **드몽모르 수(드몽모르의 문제)**라 부릅니다. 보라색 글씨 부분에 따라 사람 수가 많을수록 선물 주고받기의 성공률은 1/3에 가까워집니다.

03 이산확률변수

시험에 자주 등장합니다. 기댓값과 분산을 계산할 수 있도록 합시다.

확률 상황은 변수로 이해한다

확률 상황에서 X를 정의하고 X값을 하나 정하면 이에 대한 확률이 정해지는데, 이때 X를 **이산확률변수**(discrete random variable)라고 함

X	x_1	x_2	$\cdots$	x_n
P	p_1	p_2	$\cdots$	p_n

앞 표는 $X = x_i$일 때의 확률값이 p_i임을 나타냄

$P(X = x_i) = p_i$라고 할 때 p_i를 확률질량, $P(X = \square)$를 **확률질량함수**(probability mass function)라고 함. 앞 표를 **확률분포**라 부르기도 함

앞 표에서는 $p_1 + p_2 + \cdots\cdots + p_n = \sum_{k=1}^{n} p_k = 1$이 성립함

이산확률변수의 예: 동전을 던질 때 앞면이 나올 가짓수

확률변수는 확률적으로 일어나는 사건에 대해 정하는 것입니다. 이산확률변수는 X값에 대해 확률값을 반환하는 구조라 생각하면 쉽습니다. 이산은 '하나하나'라는 뜻입니다(4장 Introduction 참고).

예를 들어 500원, 100원, 50원 세 가지 종류의 동전을 던질 때 앞면이 나올 가짓수를 X로 두면 X는 이산확률변수가 됩니다.

500원, 100원, 50원 동전의 앞면과 뒷면이 나올 가짓수는 모두 8입니다. 각 동전의 앞면과 뒷면이 나올 확률이 똑같다면 모든 가짓수의 확률도 똑같습니다.

500원	○	○	○	×	○	×	×	×
100원	○	○	×	○	×	○	×	×
50원	○	×	○	○	×	×	○	×

○ … 앞면
× … 뒷면

$X=1$(앞면의 개수가 1)이 되는 확률(회색 부분)은 $\frac{3}{8}$입니다. 확률질량함수를 이용하면 $P(X=1)=\frac{3}{8}$으로 나타낼 수 있습니다. 확률변수 X가 가질 수 있는 값은 0, 1, 2, 3이므로 각각의 확률을 표와 그래프로 정리하면 다음과 같습니다. 그래프는 논리적으로는 막대그래프로 나타내는 것이 적당하지만, 히스토그램처럼 그리기도 합니다.

X	0	1	2	3
P	$\frac{1}{8}$	$\frac{3}{8}$	$\frac{3}{8}$	$\frac{1}{8}$

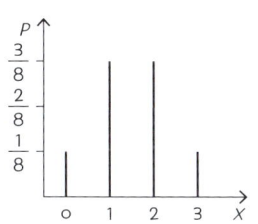

BUSINESS 복권의 확률분포를 표로 나타내기

복권을 1장 샀을 때 그 복권으로 받을 수 있는 상금을 X(만 원)라 합시다. 이때 X는 이산확률변수가 됩니다. 제123회 주택복권(1장 1,000원)을 예로 X의 확률분포를 표로 나타내 보겠습니다. 이 복권에는 2자리 조 번호와 100000~199999의 6자리 번호가 적혀 있습니다. 조 번호는 01~16까지로, 모두 160만 장이 팔렸다고 합시다.

	1등	1등 앞뒤	2등	1등과 다른 조	3등	4등	5등	6등
장수	1	2	16	15	160	1,600	16,000	160,000
당첨금	10,000	2,500	300	100	50	5	1	0.1

이 당첨금과 장 수로 확률분포표를 만들면 다음과 같습니다.

X	10,000	2,500	300	100	50	5	1	0.1	0
P	0.0000625%	0.000125%	0.001%	0.0009375%	0.01%	0.1%	1%	10%	89%

  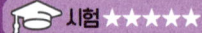

04 연속확률변수

연속확률변수를 이해하려면 미분·적분 지식이 필요합니다만, 잘 알려진 내용은 표로 이해할 수도 있습니다.

연속형은 그래프를 떠올리자

확률 상황에서 확률변수 X를 정함. X가 연속값일 때 범위를 정하면 이에 따른 확률이 정해지는데, 이때 X를 **연속확률변수(continuous random variable)**라고 함

연속확률변수 X에 대해 연속 함수* $f(x)$가 있고 X가 a 이상 b 이하가 될 확률을 $P(a \leq X \leq b)$로 나타내면 다음 식이 성립함

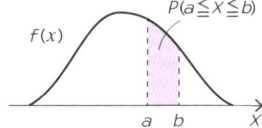

$$P(a \leq X \leq b) = \int_a^b f(x)dx$$

이러한 $f(x)$를 **확률밀도함수(probability density function)**라고 함. 이때 $f(x)$는 다음 식을 만족함

$$\int_{-\infty}^{\infty} f(x)dx = 1 \quad \text{곡선 } y = f(x)\text{와 } x\text{축으로 둘러싸인 부분의 넓이는 1}$$

연속확률변수의 예: 시곗바늘이 멈추는 위치

오른쪽 그림은 시계 문자판에 바늘이 하나 있는 장난감입니다. 바늘은 자유롭게 움직일 수 있으며 바늘을 힘껏 돌리면 잠시 돌다가 어디선가 멈춥니다.

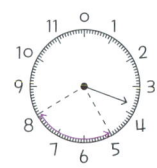

문자판 테두리에는 0 이상 12 미만의 눈금이 있으며 바늘이 가리키는 값을 확률변수 X라 합니다. 단, 바늘이 멈춘 위치는 돌린 위치에 상관없이 균등하다고 하겠습니다.

이때 X는 다음과 같은 확률밀도함수 $f(x)$를 따르는 연속확률변수가 됩니다.

---

* 조각별(piecewise)로 연속이면 괜찮음

$$f(x) = \begin{cases} 0 & (x < 0) \\ \dfrac{1}{12} & (0 \leqq x < 12) \\ 0 & (12 \leqq x) \end{cases}$$

이 장난감의 바늘을 돌려 5 이상 8 이하의 값에서 멈출 확률, 즉 $P(5 \leqq X \leqq 8)$은 다음과 같이 계산할 수 있습니다.

$$P(5 \leqq X \leqq 8) = \int_5^8 f(x)dx = \int_5^8 \frac{1}{12}dx = \left[\frac{1}{12}x\right]_5^8 = \frac{8}{12} - \frac{5}{12} = \frac{1}{4}$$

5와 8 사이에 멈춘다는 것은 원둘레의 1/4로, 바늘이 멈추는 위치가 균등할 때 확률이 1/4이 된다는 것은 이해할 수 있을 겁니다.

이처럼 확률밀도함수가 일정 구간에서 상수이고 그 외는 0이 되는 확률분포를 **균등분포**라 합니다.

BUSINESS 양자역학 세계에는 눈에 보이는 확률밀도함수가 있다

전자총에서 양자를 하나씩 발사하여 슬릿이 있는 벽 뒤편의 감광지에 쏜다고 합시다. 감광지는 전자가 도달한 지점을 표시합니다. 전자 1개가 어디에 도달할지는 예상할 수 없으나 수많은 전자를 발사하면 감광지에 짙고 옅은 얼룩 모양이 생깁니다. 확률이 높은 곳은 짙게(점의 밀도가 높음), 확률이 낮은 곳은 옅게(점의 밀도가 낮음) 표시됩니다. 결과를 확인하니 뜻밖에 슬릿 2개의 가운데 정면이 가장 짙었고 그 아래위로 일정한 폭을 두고 줄무늬가 나타났습니다. 전자가 그린 모양은 그야말로 눈에 보이는 확률밀도함수라 해도 좋을 겁니다. 실제로 양자역학에서는 파동함수 절댓값의 2제곱을 정적분하여 양자의 존재 확률을 계산합니다.

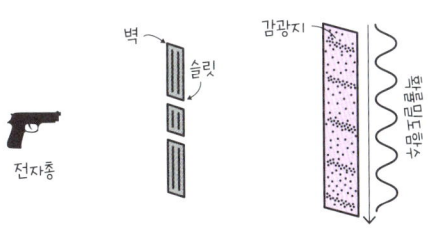

05 누적분포함수

추론 통계를 사용하려면 %(퍼센트) 지점의 의미를 알아야 합니다.

>
> **작은 쪽부터 확률을 더해 감**
>
> 확률변수 X에 대해
>
> $$F(x) = P(X \leq x)$$
>
> 를 **누적분포함수**(cumulative distribution function)라고 함

누적분포함수를 구하는 법

간단하게 분포함수라 할 때도 있으나 여기서는 '확률분포를 나타내는 함수', 즉 확률질량함수나 확률밀도함수와 구분하고자 누적분포함수라 부르도록 하겠습니다.

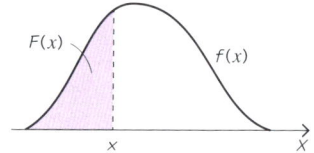

데이터의 누적상대도수에 해당하는 것이 확률변수의 누적분포함수입니다. 이산형이든 연속형이든 Point의 식으로 정의합니다. 각각 다음과 같이 계산합니다.

$$F(x) = \sum_{x_i \leq x} P(X = x_i)$$

이산형(확률질량함수는 $P(X = \square)$)

$$F(x) = \int_{-\infty}^{x} f(t)dt$$

연속형(확률밀도함수는 $f(x)$)

식을 보면 알 수 있듯이 연속형은 $F'(x) = f(x)$가 성립합니다. 연속형에서는 앞의 그림에서 보듯 칠한 부분의 넓이를 나타냅니다. 각각 예로 들면 다음과 같습니다.

X	1	2	4
P	$\frac{1}{3}$	$\frac{1}{6}$	$\frac{1}{2}$

이산형

$$f(x) = \begin{cases} -\dfrac{3}{4}(x^2 - 1) & (|x| \leq 1) \\ 0 & (|x| \geq 1) \end{cases}$$

연속형

이를 이용하여 각각의 누적분포함수 그래프를 그리면 다음과 같습니다.

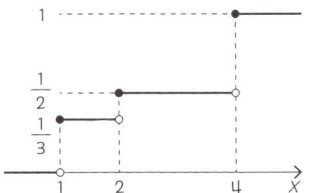
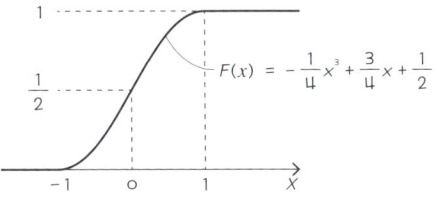

누적분포함수를 $F(x)$라 할 때 이 예에서 알 수 있듯이 X가 이산형이라면 $F(x)$는 $X = x_i$에서 불연속이 됩니다. 이와는 달리 X가 연속형이라면 $F(x)$는 실수 전체에서 연속이 됩니다.

이산형이든 연속형이든 임의의 점 a에서 우연속이면 $\lim_{x \to a+0} F(x) = F(a)$라 할 수 있습니다. 또한 어느 쪽이든 $F(x)$는 단조 증가이며 $F(-\infty) = 0$, $F(\infty) = 1$을 만족합니다.

확률밀도함수 그래프에서 칠한 부분의 넓이가 각각 $a\%$일 때 좌표축값을 각각 **상위에서 $a\%$ 지점, 하위에서 $a\%$ 지점**이라 합니다. 비즈니스에서 자주 사용하는 추론 통계에서는 이 값이 중요합니다. **정규분포, t분포, χ^2분포, F분포에는 이를 정리한 표가 있습니다.** 부록을 참고하세요.

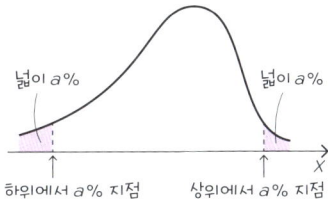

BUSINESS 누적분포함수로 30년 이내에 지진이 일어날 확률을 표로 나타내기

지진이 일어날 확률은 오른쪽 그림과 같은 확률밀도 함수 그래프로 나타낼 수 있는 확률분포를 따릅니다. BPT(Brownian Passage Time) 분포라 부릅니다.

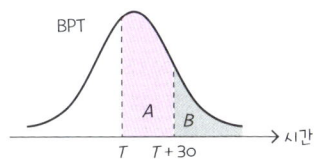

이 확률밀도함수의 누적분포함수를 $F(x)$, 현재를 T라 하면 이후 30년 이내에 지진이 일어날 확률은 다음과 같습니다.

$$\frac{A}{A+B} = \frac{F(T+30) - F(T)}{1 - F(T)}$$

30년 이내에 일본 혼슈 남쪽 난카이 해곡에 지진이 일어날 확률(약 80%)은 이 방식으로 계산했습니다.

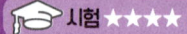

06 기댓값·분산

이산형을 이해한 다음 연속형을 이해하도록 합시다.

> **Point** Σ를 $\int$로, p를 $f(x)$로 하면 연속형이 됨

확률변수 X에 대해 기댓값(평균) $E[X]$, 분산 $V[X]$, 표준편차 $\sigma(X)$ 등은 다음과 같이 계산함

이산확률변수의 기댓값·분산

X	x_1	x_2	$\cdots$	x_n
P	p_1	p_2	$\cdots$	p_n

확률분포가 표와 같을 때 기댓값과 분산은 다음 식과 같음

- 기댓값: $E[X] = x_1 p_1 + x_2 p_2 + \cdots + x_n p_n = \sum_{k=1}^{n} x_k p_k$
- $g(X)$의 기댓값: $E[g(X)] = g(x_1)p_1 + g(x_2)p_2 + \cdots + g(x_n)p_n = \sum_{k=1}^{n} g(x_k)p_k$
- 분산: $V[X] = E[(X-E[X])^2] = E[(X-m)^2]$ $E[X]=m$이라 둠
$$= (x_1-m)^2 p_1 + (x_2-m)^2 p_2 + \cdots + (x_n-m)^2 p_n$$
$$= \sum_{k=1}^{n} (x_k-m)^2 p_k$$

연속확률변수의 기댓값·분산

확률밀도함수를 $f(x)$라 하면

- 기댓값: $E[X] = \int_{-\infty}^{\infty} x f(x) dx$
- $g(X)$의 기댓값: $E[g(X)] = \int_{-\infty}^{\infty} g(x) f(x) dx$
- 분산: $V[X] = E[(X-E[X])^2] = E[(X-m)^2]$ $E[X]=m$이라 둠
$$= \int_{-\infty}^{\infty} (x-m)^2 f(x) dx$$

분산형·연속형 공통

- 표준편차: $\sigma(X) = \sqrt{V[X]}$
- k차 적률: $E[X^k]$ 평균 주변의 k차 적률: $E[(X-m)^k]$
- 분산 공식: $V[X] = E[X^2] - \{E[X]\}^2$

복권의 기댓값 계산

이산확률변수의 예로 복권 당첨금의 기댓값과 분산을 계산해 봅시다.

모두 1,000장의 복권 중 1등 50,000원이 1장, 2등 10,000원이 3장, 나머지는 낙첨인 복권을 생각해 봅시다. 이때 1장의 복권을 샀을 때 얻을 수 있는 당첨금을 확률변수 X(원)라 하면 X의 확률분포는 다음 표와 같습니다.

X	0	1000	50000
P	$\frac{996}{1000}$	$\frac{3}{1000}$	$\frac{1}{1000}$

이를 이용하여 X의 기댓값을 계산하면 다음과 같습니다.

$$E[X] = 0 \times \frac{996}{1000} + 10000 \times \frac{3}{1000} + 50000 \times \frac{1}{1000} = 30 + 50 = 80(원)$$

실제 이 기댓값은 복권을 데이터로 봤을 때의 평균입니다. 즉, 이 복권을 0의 도수가 996, 10000의 도수가 3, 50000의 도수가 1인 데이터 $\{x_i\}$로 하여 평균을 계산하면 평균 $\bar{x}$는 다음과 같은 값이 됩니다.

$$\bar{x} = (0 \times 996 + 10000 \times 3 + 50000 \times 1) \div 1000 = 80(원)$$

데이터에서 무작위로 1개 추출한 값을 확률변수 X라 하면 데이터의 평균과 확률변수 X의 기댓값은 일치합니다. 확률변수 X의 기댓값은 데이터의 평균에 대응합니다. 그러므로 확률변수의 기댓값은 평균이라 부르기도 합니다.

분산도 마찬가지로 데이터 $\{x_i\}$의 분산 s_x^2과 확률변수 X의 분산 $V[X]$는 값이 일치합니다. 분산은 공식 $V[X] = E[X^2] - \{E[X]\}^2$을 이용하여 계산하면 다음과 같습니다.

$$E[X^2] = 0^2 \times \frac{996}{1000} + 10000^2 \times \frac{3}{1000} + 50000^2 \times \frac{1}{1000}$$
$$= 300000 + 2500000 = 2800000$$

$$V[X] = E[X^2] - \{E[X]\}^2 = 2800000 - 80^2 = 2793600$$

다트의 득점 기댓값 구하기

연속형 공식은 이산형 공식의 확률질량 p_i를 확률밀도함수 $f(x)$로, Σ 기호를 적분 기호 $\int dx$ 로 치환하기만 하면 만들 수 있습니다.

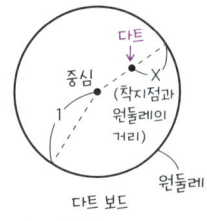

다트 게임을 예로 연속확률변수의 기댓값과 분산을 계산해 봅시다. 다트 보드의 반지름은 1, 다트를 던졌을 때 다트가 꽂힌 지점과 다트 보드 원둘레의 거리를 확률변수 X로 하여 X에 해당하는 점수가 주어진다고 합시다. X의 확률밀도함수가 $0 \leq X \leq 1$ 범위에서 $f(x) = 2x$라 할 때 점수 X의 기댓값과 분산은 다음과 같습니다.

$$E[X] = \int_0^1 x \cdot 2x dx = \left[\frac{2}{3}x^3\right]_0^1 = \frac{2}{3}, \ E[X^2] = \int_0^1 x^2 \cdot 2x dx = \left[\frac{2}{4}x^4\right]_0^1 = \frac{1}{2}$$

$$V[X] = E[X^2] - \{E[X]\}^2 = \frac{1}{2} - \left(\frac{2}{3}\right)^2 = \frac{1}{18}$$

BUSINESS 도박으로 돈을 벌고 싶다면 배당률부터 확인

기댓값 80원인 복권을 100원에 살 때 가격에 대한 기댓값의 비율 80%가 **배당률(환원율)**, 남은 100 − 80 = 20%가 **공제율**이 됩니다. 복권 매출의 80%가 당첨금이고 20%가 사업자의 이익이나 운영비라는 뜻입니다.

도박	배당률	공제율
연금복권	59%	41%
경마 등	73%	27%
복권(두바이)	66.70%	33.30%
룰렛(미국)	95%	5%
로또	50%	50%
스포츠 토토	62%	38%

배당률이 100%를 넘는 도박은 없으므로 도박을 오랫동안 계속하면 큰 수의 법칙(12절)에 따라 반드시 잃게 됩니다. 단, 무작위성이 무너진 도박에서 조건부확률(11장 01절)을 계산할 수 있는 사람은 배당률을 100%보다도 크게 만들 수 있으므로 프로 도박사가 될 수 있을 겁니다.

BUSINESS 금융 상품의 가격은 기댓값으로 정함

보험료는 기댓값으로 정합니다. 손해보험이라면 먼저 사고율과 보험금의 곱을 모두 더합니다. 이는 보험금을 확률변수 X라 했을 때의 기댓값 $E[X]$에 해당하며 $E[X]$를 순보험료라 합니다. 이에 부가보험료라 불리는 보험회사의 이익을 더한 금액이 계약자가 내는 보험료입니다. 생명보험이라면 사고율을 사망률, 보험금을 보험금의 현재 가치로 하여 계산합니다.

옵션의 이론 가격은 **블랙–숄즈 모형(공식)**을 이용하여 나타냅니다. 이 모델도 정규분포를 이용하여 기말 이익의 기댓값을 계산한 것입니다. 이처럼 금융 상품의 이론 가격은 기댓값으로 계산합니다.

보험 원가율(순보험료 / 지급 보험료)은 도박으로 말하면 배당률에 해당합니다. 보험의 원가율은 대형 생명보험에서 약 50%로 경륜, 경마보다도 환원율이 낮습니다. 여담으로 저자는 생명보험에 가입하지 않았습니다.

BUSINESS 평균·분산 모델로 억만장자 되기

도박이나 금융 상품을 선택할 때는 기댓값 외에 분산도 고려하는 것이 좋습니다. 수익률의 기댓값(리턴)이 연이율 7%라 하더라도 표준편차(위험)가 10%라면 손해 볼 확률도 높기 때문입니다. 수익률의 기댓값이 연이율 4%이고 표준편차가 1%인 금융 상품 쪽을 선택하는 사람도 많습니다. 이처럼 수익률의 기댓값이 같은 금융 상품이라면 분산이 작은 쪽을 선택해야 합니다.

지금 n개의 금융 상품 S_i(수익률 평균 μ_i, 분산 σ_i^2)를 조합하여 포트폴리오를 만든다고 합시다. 포트폴리오의 수익률 기댓값 μ(기댓값 공식으로 구함)가 일정하도록 투자 조합을 여러 가지로 바꿀 때 최소 분산(분산공분산행렬로 구함)을 σ^2이라 합시다.

다음으로 μ를 움직여 (σ, μ)를 그리면 오른쪽 그래프와 같은 곡선이 됩니다. 임의의 포트폴리오의 표준편차, 기댓값은 곡선의 오른쪽(칠한 부분)에 그려집니다.

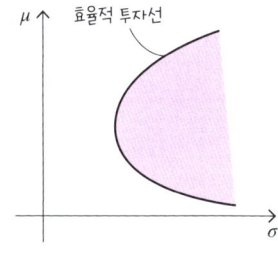

이 곡선을 **효율적 투자선**이라 부릅니다. 금융 상품의 수익률이 n변량정규분포를 따른다고 가정하고 최적의 포트폴리오를 구하는 것이 **마코위츠의 평균·분산 모델**입니다. 이것이 마코위츠가 1990년에 노벨 경제학상을 받은 「포트폴리오 이론」의 내용입니다.

| 난이도 ★★ | 실용 ★★★★ | 시험 ★★★★ |

07 사건의 독립과 확률변수의 독립

사건의 독립과 확률변수의 독립을 구별하여 기억해 둡시다.

독립일 때는 곱으로 나타낼 수 있음

사건 A, B의 독립

$$P(A \cap B) = P(A)P(B)$$

앞 식이 성립할 때 A와 B는 독립(independent)이라고 함

확률변수 X, Y의 독립

- 이산형
  임의의 x_i, y_j에 대해 다음 식이 성립할 때 확률변수 X, Y는 독립이라고 함
  $$P(X = x_i, Y = y_j) = P(X = x_i)P(Y = y_j)$$
  단, $P(X = \square, Y = \triangle)$는 (X, Y)의 결합확률, $P(X = \square)$, $P(Y = \triangle)$는 그 주변확률임

- 연속형
  임의의 수 x, y에 대해 다음 식이 성립할 때 확률변수 X, Y는 독립이라고 함
  $$f(x, y) = f_X(x)f_Y(y)$$
  단, $f(x, y)$는 (X, Y)의 결합확률밀도함수, $f_X(x)$, $f_Y(y)$는 그 주변확률밀도함수임

독립사건, 독립이 아닌 사건 구분하기

확률 2개의 상황이 서로 관계가 없을 때, 즉 서로 영향을 주지 않을 때 이를 **독립**이라 합니다. 주사위를 1회 던질 때 나올 눈이 짝수 [2, 4, 6]일 사건을 A, 나올 눈이 3의 배수 [3, 6]일 사건을 B, 나올 눈이 3 이하 [1, 2, 3]일 사건을 C라 할 때 다음 식과 같이 확률과 독립을 계산할 수 있습니다.

$$P(A) = \frac{3}{6} = \frac{1}{2}, \ P(B) = \frac{2}{6} = \frac{1}{3}, \ P(C) = \frac{3}{6} = \frac{1}{2}, \ P(A \cap B) = \frac{1}{6},$$

$$P(A \cap C) = \frac{1}{6}, \quad P(A)P(B) = \frac{1}{2} \times \frac{1}{3} = \frac{1}{6}, \quad P(A)P(C) = \frac{1}{2} \times \frac{1}{2} = \frac{1}{4}$$

$P(A \cap B) = P(A)P(B)$가 성립하므로 A와 B는 독립입니다. 또한 $P(A \cap C) \neq P(A)P(C)$가 성립하므로 A와 C는 독립이 아닙니다.

1~6(6개) 중 짝수는 3개이므로 1/2입니다. 3의 배수(2개) 중 짝수는 1개이므로 1/2입니다. 3의 배수로 한정해도 비율에는 영향을 주지 않습니다. 그러므로 짝수일 때(A)와 3의 배수일 때(B)는 독립입니다. 그러나 3 이하 중 짝수는 1개로 1/3이 되므로 3 이하로 한정하면 비율이 달라집니다. 짝수일 때(A)와 3 이하일 때(C)는 독립이 아니기 때문입니다.

카드를 무작위로 고를 때 십 단위와 일 단위 수는 독립?

11, 12, 13, 21, 22, 23이 표기된 6장의 카드에서 1장을 무작위로 고를 때 카드에 적힌 십 단위수를 X, 일 단위수를 Y라 합시다. 그러면 $k = 1, 2, l = 1, 2, 3$에 대해 $P(X = k, Y = l) = P(X = k)P(Y = l)$이 성립하므로 X와 Y는 독립입니다.

한편 22를 24로 바꾸어 11, 12, 13, 21, 23, 24라 적힌 6장의 카드에서 1장을 무작위로 고른다고 하면 $(X, Y) = (1, 2)$일 확률은 다음과 같습니다.

$$P(X = 1, Y = 2) = \frac{1}{6} \qquad P(X = 1)P(Y = 2) = \frac{3}{6} \times \frac{1}{6} = \frac{1}{12}$$

따라서 $P(X = 1, Y = 2) \neq P(X = 1)P(Y = 2)$이므로 X와 Y는 독립이 아닙니다.

그런데 독립 조건은 '임의의 x, y에 대해 $P(X \leq x, Y \leq y) = P(X \leq x)P(Y \leq y)$가 성립한다' 라는 누적분포함수에 관한 조건과 같습니다. 그러므로 이산형과 연속형 모두 $F(x, y) = F(x)F(y)$로 나타내도 좋습니다.

BUSINESS 예상해서 로또를 사는 것은 돈 낭비

주사위를 10번 연속으로 던져 모두 6이 나왔습니다. 이때 다음에도 6이 나올 확률이 낮을 것이라는 생각은 잘못입니다. 이를 도박사의 오류라 합니다. 주사위를 던져 6이 나올 사건은 매번 독립인 사건입니다. 그러므로 주사위, 룰렛 등의 독립 시행을 예상하는 것은 무의미합니다. 요컨대 로또 6/45 등 과거의 당첨 결과로 다음 당첨을 예상할 수는 없습니다.

확률변수의 덧셈과 곱셈

확률변수로 확률변수를 만드는 모습을 이해할 수 있으면 좋습니다.

표에 같은 값이 나온다면 정리하자

X, Y가 이산확률변수라면 표를 이용하여 덧셈과 곱셈의 확률변수 $X + Y$, XY를 만들 수 있음

BUSINESS 확률변수를 조합하여 수당의 기댓값 구하기

확률변수는 확률변수끼리 조합하여 새로운 확률변수를 만들 수 있습니다. 여기서는 이산확률변수를 이용하여 가장 간단한 덧셈과 곱셈으로 확률변수를 만들어 보겠습니다.

A씨가 근무하는 회사에서는 영업 계약 1건마다 수당을 지급합니다. 1건당 수당은 2만 원 또는 3만 원으로, 변덕이 심한 사장이 월초에 마음대로(확률은 모두 1/2) 정합니다. 2만 원 보다도 3만 원 쪽이 동기 부여가 되므로 A씨의 계약 건수의 확률분포는 다음과 같습니다. 1건당 수당을 확률변수 X(만 원), 그 달의 A씨 계약 건수를 Y(건)라 합시다. 이때 A씨가 1개월마다 받을 수당의 기댓값을 구해 보겠습니다. 먼저 현재 예에 따른 확률분포와 확률변수에 관한 표를 살펴보겠습니다.

확률분포

X \ Y	1	2	3
2	$\frac{2}{12}$	$\frac{2}{12}$	$\frac{2}{12}$
3	$\frac{1}{12}$	$\frac{2}{12}$	$\frac{3}{12}$

확률변수 XY

X \ Y	1	2	3
2	2	4	6
3	3	6	9

A씨가 1개월마다 받을 수당(만 원)은 확률변수 XY로 나타낼 수 있습니다. 확률변수 XY의 확률분포는 앞 표와 비교하여 다음 표처럼 됩니다. 단, 앞의 표에서 $XY = 6$이 2개이므로 $P(XY = 6) = \frac{2}{12} + \frac{2}{12} = \frac{4}{12}$ 임에 주의합시다.

XY	2	3	4	6	9	합계
P	$\frac{2}{12}$	$\frac{1}{12}$	$\frac{2}{12}$	$\frac{4}{12}$	$\frac{3}{12}$	1

따라서 A씨의 수당 기댓값은 다음과 같습니다.

$$E[XY] = 2 \cdot \frac{2}{12} + 3 \cdot \frac{1}{12} + 4 \cdot \frac{2}{12} + 6 \cdot \frac{4}{12} + 9 \cdot \frac{3}{12} = \frac{66}{12} = 5.5(만\ 원)$$

그러나 인사부에서 X + Y로 잘못 계산하는 바람에 다음과 같이 예상했습니다.

X \ Y	1	2	3
2	3	4	5
3	4	5	6

X + Y	3	4	5	6	합계
P	$\frac{2}{12}$	$\frac{3}{12}$	$\frac{4}{12}$	$\frac{3}{12}$	1

$$E[X+Y] = 3 \cdot \frac{2}{12} + 4 \cdot \frac{3}{12} + 5 \cdot \frac{4}{12} + 6 \cdot \frac{3}{12} = \frac{56}{12} = \frac{14}{3} \approx 4.7(만\ 원)$$

조금 적게 예상했군요.

덧붙여 X, Y의 주변확률로 X, Y의 기댓값을 계산하면 오른쪽 표와 같습니다.

X	2	3
P	$\frac{6}{12}$	$\frac{6}{12}$

X	1	2	3
P	$\frac{3}{12}$	$\frac{4}{12}$	$\frac{5}{12}$

$$E[X] = 2 \cdot \frac{6}{12} + 3 \cdot \frac{6}{12} = \frac{5}{2} \qquad E[Y] = 1 \cdot \frac{3}{12} + 2 \cdot \frac{4}{12} + 3 \cdot \frac{5}{12} = \frac{26}{12} = \frac{13}{6}$$

따라서 $E[XY] \neq E[X]E[Y]$, $E[X+Y] = E[X] + E[Y]$임을 확인할 수 있습니다. X, Y가 독립일 때 X, Y로 만든 확률변수 XY에 관해 $E[XY] = E[X]E[Y]$가 성립합니다만, 앞의 예에서는 독립이 아니므로 성립하지 않습니다. 한편 X + Y에 관해서는 항상 $E[X+Y] = E[X] + E[Y]$가 성립합니다.

통계학에서 가장 중요한 확률분포는 정규분포입니다. 여기서 파생한 확률분포를 생각할 때는 확률변수끼리를 조합하여 확률분포를 만듭니다. 모두 연속형이므로 적분 관련 지식이 필요합니다. 그러나 이산형의 덧셈과 곱셈이라면 여기서처럼 적분을 사용하지 않고도 계산할 수 있습니다.

09 2차원 이산확률변수

| 난이도 ★★ | 실용 ★★★★★ | 시험 ★★★ |

주변분포와 상관계수는 2차원의 특징입니다. 꼭 알아두도록 합시다.

1 Point : 2차원 확률변수를 알면 다차원 확률변수도 알 수 있음

2차원 확률변수 (X, Y)에 대해 $X = x_i$, $Y = y_j$가 되는 확률이 p_{ij}일 때

$$P(X = x_i, Y = y_j) = p_{ij}$$

로 나타냄. p_{ij}를 **결합확률질량**, $P(X = \square, Y = \triangle)$를 **결합확률질량함수**(joint probability mass function), (X, Y)가 나타내는 확률분포를 **결합확률분포**라고 함. 각 p_{ij} 사이에는 $\sum_{i,j} p_{ij} = 1$이라는 관계가 성립함

$$p_{Xi} = P(X = x_i) = \sum_j p_{ij} \qquad p_{Yj} = P(Y = y_j) = \sum_i p_{ij}$$

이 중 앞 식을 X의 **주변확률질량함수**(marginal probability mass function), X가 나타내는 확률분포를 주변확률분포라고 함. 기댓값은 다음 식과 같음

- 기댓값: $E[X] = \sum_i x_i p_{Xi} \qquad E[Y] = \sum_j y_j p_{Yj}$

  $E[g(X, Y)] = \sum_{i,j} g(x_i, y_j) p_{ij}$ $\quad g(x, y)$는 x, y의 함수

여기서 $\mu_X = E[X]$, $\mu_Y = E[Y]$라 두면 분산, 공분산, 상관계수는 다음 식과 같음

- 분산: $V[X] = E[(X - \mu_X)^2] \qquad V[Y] = E[(Y - \mu_Y)^2]$
- 공분산: $\text{Cov}[X, Y] = E[(X - \mu_X)(Y - \mu_Y)] = E[XY] - E[X]E[Y]$ ←공식
- 상관계수: $r[X, Y] = \dfrac{\text{Cov}[X, Y]}{\sqrt{V[X]}\sqrt{V[Y]}}$

$r[X, Y] = 0(\text{Cov}[X, Y] = 0)$일 때 X와 Y는 무상관이라고 함

무상관이라도 반드시 독립은 아님

무상관과 독립의 관계는 다음과 같습니다.

$$X와\ Y는\ 무상관이다 \Leftarrow X와\ Y는\ 독립이다$$

독립 쪽이 더 엄격한 조건입니다. X와 Y가 무상관이라도 독립이 아닐 때가 있습니다.

예를 들어 다음의 결합확률분포표에서는 $P(X = 0, Y = -1) \neq P(X = 0)P(Y = -1)$에 따라 독립이 아니지만 $E[XY] = 0$, $E[Y] = 0$에 따라 $\text{Cov}[X, Y] = E[XY] - E[X]E[Y] = 0$이 되므로 무상관입니다.

X \ Y	−1	0	1	합계
0	$\frac{2}{9}$	$\frac{1}{9}$	$\frac{2}{9}$	$\frac{5}{9}$
1	$\frac{1}{9}$	$\frac{2}{9}$	$\frac{1}{9}$	$\frac{4}{9}$
합계	$\frac{3}{9}$	$\frac{3}{9}$	$\frac{3}{9}$	1

BUSINESS A씨는 돈에 낚일 사람일까?

08절 A씨의 확률분포표를 X, Y의 2차원 확률변수의 분포 예로 하여 상관계수를 계산해 봅시다. 다음 표의 오른쪽 합계는 X의 주변확률질량함수를, 아래쪽 합계는 Y의 주변확률질량함수를 나타냅니다.

X \ Y	1	2	3	합계
2	$\frac{2}{12}$	$\frac{2}{12}$	$\frac{2}{12}$	$\frac{6}{12}$
3	$\frac{1}{12}$	$\frac{2}{12}$	$\frac{3}{12}$	$\frac{6}{12}$
합계	$\frac{3}{12}$	$\frac{4}{12}$	$\frac{5}{12}$	1

※ 왼쪽 표의 보라색 글씨는 $P(X = 3, Y = 2) = \frac{2}{12}$ 임을 나타냅니다.

'표의 주변에 있으므로 주변확률'이며, 주변확률을 취하면 1차원 확률변수가 됩니다. 주변확률질량함수를 얻는다면 1차원일 때와 마찬가지로 기댓값, 분산을 계산할 수 있습니다.

$$E[X] = 2 \cdot \frac{6}{12} + 3 \cdot \frac{6}{12} = \frac{5}{2} \qquad \mu_X = E[X] = \frac{5}{2}$$

$$V[X] = E[(X - \mu_X)^2] = \left(2 - \frac{5}{2}\right)^2 \cdot \frac{6}{12} + \left(3 - \frac{5}{2}\right)^2 \cdot \frac{6}{12} = \frac{1}{4}$$

마찬가지로 $E[Y] = \frac{13}{6}$, $V[Y] = \frac{23}{36}$ 또한 08절에 따라 공분산과 상관계수는 다음 식과 같습니다.

$$E[XY] = \frac{11}{2}, \quad \text{Cov}[X, Y] = E[XY] - E[X]E[Y] = \frac{11}{2} - \frac{5}{2} \cdot \frac{13}{6} = \frac{1}{12}$$

$$r[X, Y] = \text{Cov}[X, Y] \div \sqrt{V[X]}\sqrt{V[Y]} = \frac{1}{12} \div \left(\sqrt{\frac{1}{4}}\sqrt{\frac{23}{36}}\right) = \frac{1}{\sqrt{23}} = 0.209$$

상관계수가 0.2라면 거의 상관이 없다고 할 수 있습니다. A씨는 수당과 상관없이 열심히 일한다는 생각이 드네요.

 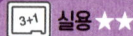 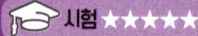

10 2차원 연속확률변수

이산형을 이해했다면 연속형은 직접 식을 작성해 봅시다.

> **Point**
>
> ### 이산형 식의 Σ를 $\int$로 하면 됨
>
> 2차원 확률변수 (X, Y)에 대해 $a \leq X \leq b, c \leq Y \leq d$가 되는 확률을
>
> $$P(a \leq X \leq b, c \leq Y \leq d) = \int_a^b \int_c^d f(x, y) dx dy$$
>
> 로 나타냈을 때의 $f(x, y)$를 **결합확률밀도함수**(joint probability density function)라고 함
>
> $f(x, y)$에는 다음과 같은 관계가 성립함
>
> $$\int_{-\infty}^{\infty} \int_{-\infty}^{\infty} f(x, y) dx dy = 1$$
>
> - X의 주변확률밀도함수: $f_X(x) = \int_{-\infty}^{\infty} f(x, y) dy$
> - Y의 주변확률밀도함수: $f_Y(y) = \int_{-\infty}^{\infty} f(x, y) dx$
> - X의 기댓값: $E[X] = \int_{-\infty}^{\infty} x f_X(x) dx = \int_{-\infty}^{\infty} x \left(\int_{-\infty}^{\infty} f(x, y) dy \right) dx$
> - Y의 기댓값: $E[Y] = \int_{-\infty}^{\infty} y f_Y(y) dy = \int_{-\infty}^{\infty} y \left(\int_{-\infty}^{\infty} f(x, y) dx \right) dy$
> - $g(X, Y)$의 기댓값: $E[g(X, Y)] = \int_{-\infty}^{\infty} \int_{-\infty}^{\infty} g(x, y) f(x, y) dx dy$
> - X의 분산: $V[X] = \int_{-\infty}^{\infty} (x - \mu_X)^2 f_X(x) dx$ $\mu_X = E[X], \mu_Y = E[Y]$라 둠
> - Y의 분산: $V[Y] = \int_{-\infty}^{\infty} (y - \mu_Y)^2 f_Y(y) dy$
> - **공분산**: $\text{Cov}[X, Y] = \int_{-\infty}^{\infty} \int_{-\infty}^{\infty} (x - \mu_X)(y - \mu_Y) f(x, y) dx dy$
> - **상관계수**: $r[X, Y] = \dfrac{\text{Cov}[X, Y]}{\sqrt{V[X]} \sqrt{V[Y]}}$ 데이터에 대한 피어슨의 상관계수에 대응함

주변확률밀도함수 해석

xyz 공간에서 $z = f(x, y)$는 곡면으로 표현됩니다. 이 곡면을 $x = a$로 잘랐을 때 절단면의 넓이를 구해봅시다. 곡면과 평면 $x = a$가 교차하는 곡선은 $z = f(a, y)$로 나타낼 수 있으므로 절단면의 넓이는 다음과 같습니다.

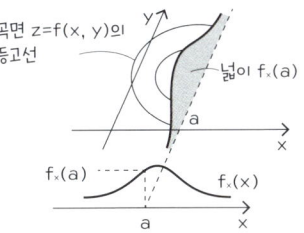

$$\int_{-\infty}^{\infty} f(a, y) dy$$

$f(x, y)$를 결합확률밀도함수라 하면 이 적분은 $f_X(a)$와 같습니다. 따라서 **주변확률밀도함수 (marginal probability density function)**의 $x = a$에서 값은 곡면 $f(x, y)$와 xy 평면으로 둘러싼 영역을 평면 $x = a$로 잘랐을 때 절단면의 넓이와 같습니다.

BUSINESS 다트 게임 상금의 기댓값 구하기

연말 사내 이벤트로 정사각형 보드를 사용한 다트 게임을 합니다. 다트가 꽂힐 위치를 연속확률변수 (X, Y)로 놓았을 때 다트가 꽂힐 결합 확률밀도함수를 다음과 같이 나타낸다고 합시다.

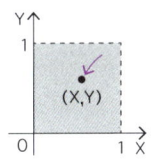

$$f(x, y) = \begin{cases} \dfrac{2}{3}(x + 2y) & (0 \leq x \leq 1, \, 0 \leq y \leq 1) \\ 0 & \text{(이외 부분)} \end{cases}$$

상금을 X(만 원)라 했을 때와 XY(만 원)라 했을 때의 상금 기댓값을 각각 구해봅시다.

$$f_X(x) = \int_0^1 f(x, y) dy = \int_0^1 \frac{2}{3}(x + 2y) dy = \frac{2}{3}x + \frac{2}{3} \quad \text{X의 주변확률밀도함수}$$

$$E[X] = \int_0^1 x f_X(x) dx = \int_0^1 x\left(\frac{2}{3}x + \frac{2}{3}\right) dx = \frac{5}{9} = 0.55 \cdots (\text{만 원})$$

$$E[XY] = \int_0^1 \int_0^1 xy f(x, y) dx dy = \int_0^1 \int_0^1 xy \frac{2}{3}(x + 2y) dx dy$$
$$= \int_0^1 \left(\int_0^1 \frac{2}{3}x^2 y + \frac{4}{3}xy^2 dx\right) dy = \int_0^1 \left(\frac{2}{9}y + \frac{2}{3}y^2\right) dy = \frac{1}{3}$$
$$= 0.33 \cdots (\text{만 원})$$

  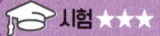

11 기댓값과 분산 공식

모두 기본입니다. ④와 ⑥의 차이에 주의하고 ⑤와 ⑧은 함께 기억합시다.

> **Point**
>
> **분산형, 연속형 모두에서 성립**
>
> X, Y, X_i를 확률변수, $a \sim f$를 상수라 할 때 다음이 성립함
>
> ① $E[aX + b] = aE[X] + b$
>
> ② $V[aX + b] = a^2 V[X]$
>
> ③ $V[X] = E[X^2] - \{E[X]\}^2$
>
> ④ $E[X + Y] = E[X] + E[Y]$
>
> ⑤ $E[X_1 + X_2 + \ldots + X_n] = E[X_1] + E[X_2] + \ldots + E[X_n]$
>
> ⑥ X와 Y가 독립일 때 $E[XY] = E[X]E[Y]$
>
> ⑦ X와 Y가 무상관일 때 $V[X + Y] = V[X] + V[Y]$
>
> ⑧ X_i와 $X_j (i \neq j)$가 무상관일 때
> $V[X_1 + X_2 + \ldots + X_n] = V[X_1] + V[X_2] + \ldots + V[X_n]$
>
> ⑨ $V[aX + bY + c] = a^2 V[X] + 2ab\,\text{Cov}[X, Y] + b^2 V[Y]$
>
> ⑩ $\text{Cov}[aX + bY + e, cX + dY + f] = ac V[X] + (ad + bc)\text{Cov}[X,Y] + bd V[Y]$
>
> ⑪ $\{E[XY]\}^2 \leq E[X^2]E[Y^2]$　(코시–슈바르츠 부등식)
>
> ⑫ $\{\text{Cov}[X, Y]\}^2 \leq V[X]V[Y]$

확률변수 합의 기댓값은 각 확률변수 기댓값의 합과 같음

확률변수 X, Y의 합 $X + Y$, 곱 XY의 기댓값 공식 ④와 ⑥의 차이에 주의합시다. ④는 무조건 성립하나 ⑥에서는 X, Y가 독립일 때만 성립합니다.

또한 $X_1 + X_2 + \ldots + X_n$의 기댓값과 분산 공식 ⑤, ⑧에서도 ⑤는 무조건 성립하나 ⑧은 X_i와 X_j가 무상관일 때만 성립합니다. ⑤는 "합의 기댓값은 기댓값의 합이다"라는 내용을 나타내는 식으로, 다양한 응용 방법이 있습니다.

BUSINESS 캐러멜을 몇 개 사야 컬렉션을 완성할 수 있을까?

캐러멜에는 장난감이 하나 들어 있습니다. 캐러멜을 사면 n종류의 장난감 중 무작위로 1종류 얻을 수 있습니다. n종류의 모든 장난감을 모으려면 평균 몇 개의 캐러멜을 사야 할까요? 이 문제는 **쿠폰 모으기 문제**라 부릅니다.

$i-1$개째의 장난감을 모은 다음, 새로운 장난감을 얻을 때까지 산 장난감의 개수를 확률변수 X_i로 둡니다. n종류의 장난감을 얻을 때까지 산 캐러멜의 개수를 확률변수 Y라 두면 Y는 다음 식과 같이 나타낼 수 있습니다.

$$Y = X_1 + X_2 + \dots + X_n$$

$i-1$개째의 장난감을 얻은 다음 캐러멜을 1개 샀더니 아직 갖지 못한 장난감이 나올(성공할) 확률은 $\frac{n-(i-1)}{n}$, 나오지 않을(실패할) 확률은 $\frac{i-1}{n}$입니다. i개째의 장난감이 나올 때까지 이 확률은 변하지 않습니다.

X_i는 나올(성공할) 때까지의 횟수이므로 4장 02절 기하분포의 Business 부분에서도 언급했듯이 X_i의 기댓값은 확률의 역수를 취하여 다음 식과 같습니다.

$$E[X_i] = \frac{n}{n-(i-1)}$$

이것과 "합의 기댓값은 기댓값의 합이다"를 나타내는 ⑤를 이용하여 계산합니다.

$$\begin{aligned} E[Y] &= E[X_1 + X_2 + \dots + X_i + \dots + X_n] \\ &= E[X_1] + E[X_2] + \dots + E[X_i] + \dots + E[X_n] \\ &= \frac{n}{n} + \frac{n}{n-1} + \dots + \frac{n}{n-(i-1)} + \dots + \frac{n}{1} = n\left(1 + \frac{1}{2} + \frac{1}{3} + \dots + \frac{1}{n}\right) \end{aligned}$$

참고로 $n=48$일 때 $E[Y] \fallingdotseq 214$가 됩니다.

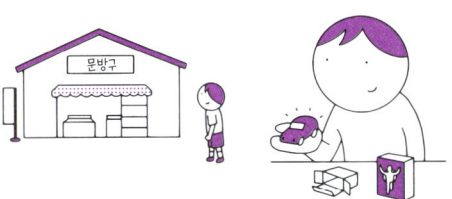

12 큰 수의 법칙과 중심극한정리

추정과 검정 이론의 바탕에는 이 정리가 있습니다.

>
>
> **X_i의 평균으로 $\bar{X}$의 분포를 알다**
>
> 독립인 확률변수 $X_1, X_2, ..., X_n$이 같은 분포를 따른다고 함. X_i의 평균을 μ라 했을 때 $X_1, X_2, ..., X_n$의 평균을 다음 식과 같이 둠
>
> $$\bar{X} = \frac{X_1 + X_2 + \cdots\cdots + X_n}{n}$$
>
> - **큰 수의 법칙**
> n이 커질수록 $\bar{X}$의 값은 μ에 가까워짐
>
> - **중심극한정리**
> n이 커질수록 $\bar{X}$의 확률분포는 정규분포에 가까워짐

확률을 보증하는 큰 수의 법칙

숟가락을 던져 앞이 나올 때와 뒤가 나올 때를 기록하기로 했습니다. 숟가락을 여러 번 던져 앞이 나온 비율을 계산합니다. 숟가락을 던지는 횟수가 많아지면 앞이 나올 확률은 일정한 값에 가까워집니다. 이 값이 숟가락을 던져 앞이 나올 확률임을 보증하는 것이 **큰 수의 법칙**(law of large numbers)입니다. 실험을 반복하여 데이터를 많이 모을수록 확률 값을 구할 수 있다고 선험적으로 생각한 사람도 많을 텐데, 이 확신을 뒷받침하는 것이 큰 수의 법칙입니다.

숟가락 던지기의 예를 Point의 큰 수의 법칙과 연결하여 설명해 보겠습니다. 숟가락 던지기에서 앞이 나올 확률을 p라 합시다. i번째 숟가락을 던져 앞이 나왔을 때 $X_i = 1$, 뒤가 나왔을 때 $X_i = 0$이라 하면, X_i는 확률 p로 1, 확률 $1-p$로 0이 되는 확률변수이므로 베르누이 분포 $Be(p)$를 따릅니다. $X_1, X_2, ..., X_n$ 중에 1이 되는 X_i의 개수, 즉 n번 숟가락을 던졌을 때 앞이 나올 횟수는 $X_1 + X_2 + ... + X_n$과 같고 $\bar{X}$는 앞이 나올 비율을 나타냅니다.

큰 수의 법칙에 따르면 n이 커질수록 $\bar{X}$값은 $\text{Be}(p)$의 평균인 p에 한없이 가까워집니다. **이것이 관측 수가 많아지면 확률을 구할 수 있다는 원리입니다.**

큰 표본은 중심극한정리에 따라 정규분포라 볼 수 있음

중심극한정리(central limit theorem)에서 $\bar{X}$가 가까워지는 정규분포의 평균을 m이라 하면 큰 수의 법칙은 $\bar{X}$값이 m에 한없이 가까워진다는 것을 시사하므로 중심극한정리는 큰 수의 법칙을 확장하여 정밀하게 만든 정리라 할 수 있습니다.

중심극한정리의 놀라운 점은 X_i의 분포와 관계없이 $\bar{X}$가 정규분포에 가까워진다는 점입니다. 이는 생태계에서 정규분포를 흔히 관찰할 수 있다는 사실을 근거 중 하나로 들 수 있습니다. 단, 정규분포에 가까워진다고는 해도 n이 커질수록 $\bar{X}$의 분산은 작아지므로 $\bar{X}$의 분포 형태는 첨탑처럼 뾰족하고 길어집니다. 분포의 폭이 너무 좁으면 사용하지 못할 것 같지만 그렇지는 않습니다. 중심극한정리에 따라 크기가 클 때의 표본평균 $\bar{X}$나 $X_1 + X_2 + \ldots + X_n$은 정규분포에 따른다고 보고 검정이나 추정을 수행합니다. n이 충분히 클 때 $\bar{X}$의 분포를 정규분포로 봐도 좋다는 것이 큰 표본 이론을 뒷받침해 줍니다.

BUSINESS 손해보험회사가 망하지 않는 것은 큰 수의 법칙 덕분

손해보험회사 수입의 약 절반은 자동차보험의 보험료입니다. 보험 가입자가 낸 보험료 총액보다도 보험 청구자에게 지급할 보험금의 총액이 크다면 보험회사는 적자가 되며 이것이 계속되면 회사는 존속할 수 없습니다. 그러나 손해보험회사가 보험금을 너무 많이 지급하는 바람에 망했다는 예는 없습니다.

만약 보험회사가 사고율을 5%로 하여 10명의 운전사를 상대로 손해보험을 팔고 우연히 그중 2명이 사고를 일으켰다고 한다면 사고율은 20%가 되므로 보험회사는 손해를 봅니다. 보험 가입자가 적다면 이러한 사고율의 차이는 클 것입니다. 그러나 몇만 명이나 되는 운전사에게 손해보험을 팔면 그곳에는 큰 수의 법칙이 작용하여 자동차 사고율은 5%가 됩니다. 지급할 보험금도 계산할 수 있으므로 손해를 보지 않도록 보험료를 설정하면 그만입니다.

13 체비쇼프 부등식

난이도 ★★★ 실용 ★ 시험 ★★★

이론으로는 중요하지만 실용에는 그다지 유용하지 않습니다.

> **Point** 평균에서 멀어진 곳은 확률이 낮음
>
> **체비쇼프 부등식(Chebyshev's inequality)**
>
> 확률변수 X의 평균을 μ, 분산을 σ^2이라 했을 때 임의의 양수 k에 대해 다음 식이 성립함
>
> $$P(|X-\mu| \geq k\sigma) \leq \frac{1}{k^2}$$

체비쇼프 부등식의 의미

k가 커질수록 우변은 작아집니다. 체비쇼프 부등식은 X가 평균에서 멀리 떨어진 값일 확률이 낮다는 것을 뜻합니다. X값이 평균에서 표준편차 k배 이상 떨어질 확률은 $\frac{1}{k^2}$ 이하임을 주장합니다(다음 그림 왼쪽). 예를 들어 $k=2$일 때 $P(|X-\mu| \geq 2\sigma) \leq 0.25$가 됩니다.

X가 정규분포 $N(\mu, \sigma^2)$을 따를 때는 $P(|X-\mu| \geq 2\sigma) \leq 0.0455$이므로 체비쇼프 부등식은 꽤 느슨한 부등식이 됩니다(다음 그림 오른쪽).

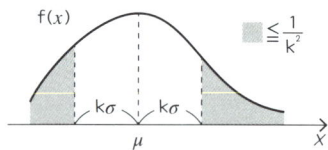
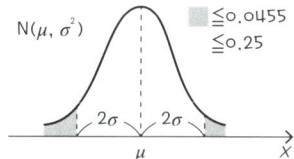

증명은 다음과 같습니다.

$$\sigma^2 = \int_{-\infty}^{\infty}(x-\mu)^2 f(x)dx$$
$$= \int_{-\infty}^{\mu-k\sigma}(x-\mu)^2 f(x)dx + \int_{\mu-k\sigma}^{\mu+k\sigma}(x-\mu)^2 f(x)dx + \int_{\mu+k\sigma}^{\infty}(x-\mu)^2 f(x)dx$$

여기서 제2항 전체를 뺍니다. 또한 제1항, 제3항의 적분 범위에서는 $|x-\mu| \geq k\sigma$를 만족하므로 $(x-m)^2 \geq k^2\sigma^2$이 성립합니다.

$$\geqq \int_{-\infty}^{\mu-k\sigma} k^2\sigma^2 f(x)dx + \int_{\mu+k\sigma}^{\infty} k^2\sigma^2 f(x)dx$$
$$= k^2\sigma^2 \left(\int_{-\infty}^{\mu-k\sigma} f(x)dx + \int_{\mu+k\sigma}^{\infty} f(x)dx \right) = k^2\sigma^2 P(|X-\mu| \geqq k\sigma)$$

그러므로

$$P(|X-\mu| \geqq k\sigma) \leqq \frac{1}{k^2}$$

제2항 전체를 없애는 과감함이 있으므로 느슨한 부등식이 된 것입니다. 그럼에도 논리적으로는 중요하므로 이를 이용하여 큰 수의 법칙을 증명할 수 있습니다.

큰 수의 법칙 증명

큰 수의 법칙의 자세한 내용은 12절에서 살펴봤으므로 여기서는 체비쇼프 부등식 응용의 하나로 큰 수의 법칙(이라지만 정리)을 증명해 보겠습니다.

독립인 확률변수 $X_1, X_2, ..., X_n$이 같은 분포(평균 μ, 분산 σ^2)를 따른다고 하고 평균을 $\bar{X} = \dfrac{X_1 + X_2 + \cdots\cdots + X_n}{n}$으로 둡니다. 이때 아무리 작은 ε에 대해서도

$$\lim_{n \to \infty} P(|\bar{X} - \mu| > \varepsilon) = 0 \quad \cdots\cdots \text{①}$$

이 성립한다는 것이 큰 수의 법칙입니다. 5장 01절에 따라 $E[\bar{X}] = \mu$, $V[\bar{X}] = \dfrac{\sigma^2}{n}$이 됩니다. $\bar{X}$에 관해 체비쇼프 부등식을 이용하면

$$P\left(|\bar{X} - \mu| > k\frac{\sigma}{\sqrt{n}}\right) \leqq \frac{1}{k^2}$$

$\varepsilon = k\dfrac{\sigma}{\sqrt{n}}$로 치환하면

$$P(|\bar{X} - \mu| > \varepsilon) \leqq \frac{\sigma^2}{n\varepsilon^2}$$

ε를 고정하고 $n \to \infty$로 하면 우변은 0에 수렴하므로 ①을 나타낼 수 있습니다.

더불어 여기서 살펴본 큰 수의 법칙은 정확히는 **큰 수의 약한 법칙**이라는 것으로, **큰 수의 강한 법칙**이라는 정리도 있습니다. 강한 법칙 쪽이 더 깊은 내용에까지 성립하는 정리이므로 증명도 그만큼 어렵습니다.

Column

한 반에 생일이 같은 사람이 2명 있을 확률 구하기

40명이 있는 반(출석번호 1번부터 40번까지)에서 생일이 같은 2명이 있을 확률을 구해 봅시다. 생일이 같은 사람이 1명도 없을 사건을 A라 하면 적어도 1명 이상 같은 생일인 사람이 있을 사건은 A의 여사건 $\bar{A}$가 됩니다.

이때 전체사건 U는 1명에 대해 365가지의 생일을 생각할 수 있으므로 $n(U) = 365^{40}$이 됩니다.

생일이 같은 사람이 1명도 없을 때 출석번호 1번의 생일 선택 수는 365가지, 2번의 생일 선택 수는 1번을 제외한 364가지, 3번의 생일 선택 수는 1번과 2번의 생일을 제외한 363가지, …, 40번의 생일 선택 수는 1~39번의 생일을 제외한 326가지입니다.

따라서 $n(A) = 365 \times 364 \times 363 \times \ldots \times 326$이고 생일이 같은 사람이 있을 확률은 다음과 같습니다.

$$P(\bar{A}) = 1 - P(A) = 1 - \frac{365 \times 364 \times \cdots \times 326}{365^{40}} \fallingdotseq 0.89$$

결과를 보니 뜻밖에 높다는 것에 놀라게 됩니다.

참고로 한 반의 사람 수가 22명을 넘으면 생일이 같은 사람이 있을 확률은 50%를 넘습니다.

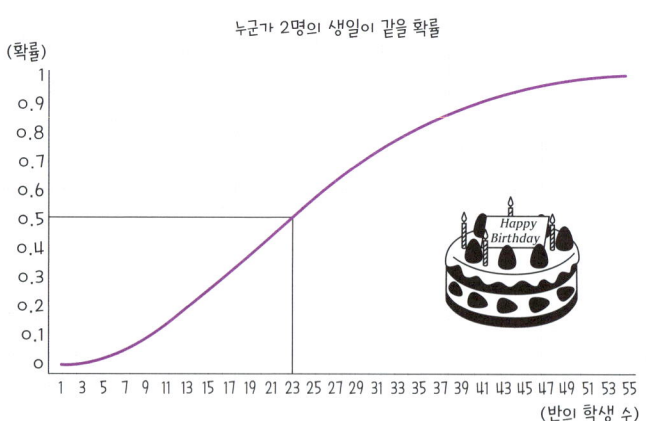

Chapter

04

확률분포

Introduction

확률분포의 종류가 다양한 이유

확률변수를 이용하여 나타낸 확률 상황을 **확률분포**라 합니다. 통계학에서 여러 가지 확률분포를 다루는 것은 데이터의 분포 모델로서 확률분포를 이용하기 때문입니다. 단순히 데이터 모델에만 이용하는 것이라면 이렇게까지 다양한 확률분포는 필요 없을 겁니다. 데이터로 계산한 값(평균값 등)이 따르는 분포나 추정하고자 하는 모수가 따르는 분포까지 다루기 위해 다양한 확률분포가 필요한 것입니다.

확률분포는 크게 **이산확률분포**와 **연속확률분포**로 나눌 수 있습니다. 이산이나 연속은 수학 용어로, 여기서 잠시 살펴보겠습니다.

이산이란 수학에서는 '하나하나'라는 의미로, '정수가 수직선 위에 이산적으로 있다'와 같이 사용합니다. 한편 **연속**이란 '틈 없이 연결된 것'이라는 의미로, '수직선 위에 실수(혹시 이 용어를 모른다면 0.001 같은 소수를 포함한다고 생각하면 됩니다)가 연속적으로 있다'와 같이 사용합니다.

구체적인 예를 들어 보겠습니다. 집합 A와 집합 B를 다음 식과 같이 정하고 수직선 위에 표시하면 다음 그림과 같이 됩니다.

$$A = \{1, 2.5, \pi, 4\} \qquad B = \{x \mid -1 \leq x < 2\}$$

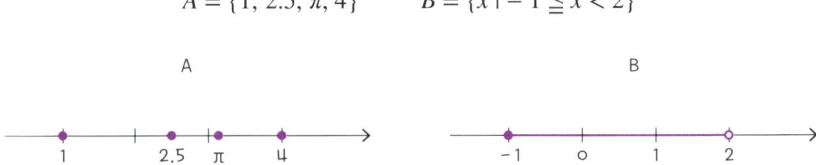

A는 수직선 위에 따로따로 4개의 점으로 그린 것입니다. 1과 1.5, 2.5와 π, π와 4 사이에 다른 요소는 없습니다. 즉, A는 이산 집합입니다.

B에서는 수직선 위의 -1부터 2 바로 앞까지 선으로 이어졌습니다. 그러므로 -1 이상 2 미만의 수는 모두 이 집합의 요소입니다. 즉, B는 연속 집합입니다.

이산확률분포의 이항분포, 다항분포 등에서는 고등학교 과정에서 배운 '조합(combination)'을 이용하여 표현합니다.

연속확률분포의 구체적인 예를 이해하려면 고등학교 3학년이나 대학 1학년 때 배우는 미분·적분 지식이 필요합니다. 지금부터 통계학을 위해 미분·적분을 공부하려는 사람은 지수법칙이나 지수함수에 관한 미분·적분 계산 방법부터 확인하면 좋을 것입니다. 정규분포 공식은 자연로그의 밑 e를 밑으로 하는 지수함수로 나타냅니다. 즉, 지수함수를 알면 정규분포에 관한 계산을 이해할 수 있고 통계학의 큰 흐름을 따라갈 수 있을 것입니다.

특히 중요한 확률분포 네 가지

다양한 확률분포 중에서 통계학에 가장 중요한 분포를 하나 고르라면 **정규분포**를 들 수 있습니다. 정규분포가 없었다면 통계학은 발전하지 못했을 정도로 중심적인 존재입니다. 정규분포는 실제 생태계의 데이터에 자주 나타나는 분포이므로 자세하게 연구해왔습니다. 이 배경에는 중심극한정리가 있습니다. 또한 정규분포는 이론적으로도 중요한 분포입니다. 네이만과 피어슨이 만든 검정 원리에서는 모집단분포를 정규분포라고 가정하고 이론을 만들어갑니다. 정규분포가 없었다면 베이즈 통계학 이전의 통계학 발전은 없었다고 해도 과언이 아닙니다.

다음으로 통계학의 중요한 분포로는 추정·검정에서 이용하는 t**분포**, χ^2**(카이제곱)분포**, F**분포**가 있습니다. 참고로 세 가지 모두 정규분포를 바탕으로 정의한 확률분포입니다.

이 책에는 표준정규분포, t분포, χ^2분포, F분포의 표를 부록에 실었습니다. 네 가지 확률분포는 자주 사용하므로 값을 확인하는 방법은 다양합니다. 여기에 실리지 않은 값은 엑셀(Excel)이나 R 등의 계산 소프트웨어나 인터넷 검색을 이용하면 쉽게 알 수 있습니다.

이 장을 읽으면서 모든 확률분포는 홀로 존재하는 것이 아니라 서로서로 관계가 있다는 것을 느끼게 될 것입니다.

01 베르누이 분포와 이항분포

| 난이도 ★★ | 실용 ★★★★★ | 시험 ★★★★★ |

이항분포는 이산확률분포 중 가장 중요한 것입니다.

Point! 베르누이 분포를 여러 개 더한 분포가 이항분포

베르누이 분포

시행에서 사건 A와 사건 $\bar{A}$에 다음과 같은 확률을 지정했을 때 이 시행을 확률 p인 **베르누이 시행**이라고 함

$$P(A) = p \qquad P(\bar{A}) = 1 - p$$

A가 일어날 때 $X = 1$, A가 일어나지 않을 때 $X = 0$이라고 확률변수를 정하면 X의 확률질량함수는 다음 식과 같음

$$P(X = k) = p^k(1-p)^{1-k} \qquad (k = 0, 1)$$

계산하면 $P(X = 1) = p$, $P(X = 0) = 1 - p$

확률변수 X로 나타낸 확률분포를 확률 p인 **베르누이 분포**(Bernoulli distribution) Be(p)라고 함. Be(p)의 평균은 p, 분산은 $p(1-p)$임

이항분포

확률 p인 베르누이 시행($P(A) = p$)을 n번 반복할 때 A가 일어날 횟수를 확률변수 X로 둠. 그러면 X의 확률질량함수는 다음 식이 됨

$$P(X = k) = {}_nC_k p^k (1-p)^{n-k} \quad (k = 0, 1, \ldots, n)$$

이처럼 확률변수 X로 나타낸 확률분포를 **이항분포**(binomial distribution) Bin(n, p)라고 함. Be(p)는 Bin($1, p$)와 같음. Bin(n, p)의 평균은 np, 분산은 $np(1-p)$임

※ $\dfrac{p}{1-p}$를 **오즈**(odds)라고 함

n이 충분히 크다면 정규분포로 근사할 수 있음

확률 p값과는 상관없이 횟수 n이 충분히 크다면 Bin(n, p)는 정규분포에 가까워집니다(다음 그림 오른쪽). 즉, X가 Bin(n, p)를 따를 때 n을 크게 하면 X의 분포는 정규분포 $N(np, np(1-p))$에 가까워집니다. n이 크면 정의에 따라 ${}_nC_k$를 계산하는 것이 번거로워집니다

만, 정규분포로 근사하면 거꾸로 간단히 값을 구할 수 있습니다.

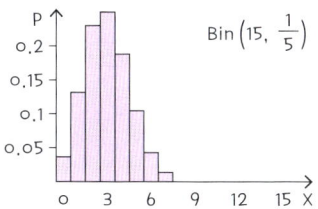
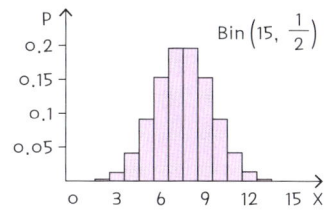

BUSINESS 5번의 방문으로 계약 X건을 맺을 확률을 이항분포로 구하기

방문 영업 중인 K씨의 방문 1건당 계약 성공률은 1/3입니다. K씨가 5번 영업을 했을 때의 계약 성공률을 확률변수 X라 하면 X는 이항분포 $\mathrm{Bin}\left(5, \dfrac{1}{3}\right)$을 따릅니다. 왜 이항분포가 되는지 설명해 보겠습니다.

$p = \dfrac{1}{3}$이라 둡니다. 한 곳을 방문하여 계약을 맺을 사건을 A라 하면 $P(A) = p$(계약 성공 확률), $P(\overline{A}) = 1 - p$가 되므로 이 시행은 베르누이 시행 $\mathrm{Be}(p)$가 됩니다.

이때 5번 방문하여 2번은 계약을 맺고 3번은 계약을 맺지 못할 확률을 구해 봅시다. 5번 중 1번째와 3번째에 계약 성공, 2번째, 4번째, 5번째는 계약 실패가 될 확률은 다음과 같습니다.

$$p(1-p)p(1-p)^2 = p^2(1-p)^3 = p^2(1-p)^{5-2}$$

5번 중 계약에 성공한 곳(방문한 곳)을 선택하는 방법은 5개 중 2개를 고르는 경우의 수이므로 ${}_5C_2$가 됩니다.

따라서 5번 중 2번은 계약 성공이고 3번은 계약 실패일 확률은 ${}_5C_2 p^2(1-p)^{5-2}$입니다. 이는 X가 $\mathrm{Bin}(5, p)$를 따를 때 $X = 2$에서의 확률질량함숫값 $P(X = 2) = {}_5C_2 p^2(1-p)^{5-2}$와 일치합니다. $5 \to n$, $2 \to k$로 치환하면 Point의 식이 됩니다.

일반적으로 1번 시행으로 사건 A가 일어날 확률이 p인 시행을 n번 반복할 때, n번 중 사건 A가 일어날 횟수를 확률변수 X라 하면 X는 $\mathrm{Bin}(n, p)$를 따릅니다.

독립확률변수 $X_1, X_2, \ldots, X_n$이 각각 $\mathrm{Be}(p)$를 따를 때 $Y = X_1 + X_2 + \ldots + X_n$은 이항분포 $\mathrm{Bin}(n, p)$를 따릅니다.

02 기하분포와 음이항분포

기하분포는 기본 중 기본입니다. 시험을 준비하려면 평균, 분산까지 계산할 수 있어야 합니다.

Point 1. 기하분포의 확률은 등비수열

기하분포

1번의 시행으로 성공할 확률은 p임. 이 시행을 성공할 때까지 몇 번이든 반복할 때 처음으로 성공할 때까지의 실패 횟수를 확률변수 X로 두면 다음 식과 같음

$$P(X = k) = p(1 - p)^k \ (k = 0, 1, 2, \ldots)$$

이러한 확률변수 X로 나타낸 확률분포를 **기하분포**(geometric distribution) $\text{Ge}(p)$라고 함. $\text{Ge}(p)$의 평균은 $\dfrac{1-p}{p}$, 분산은 $\dfrac{1-p}{p^2}$임

음이항분포, 파스칼 분포

1번의 시행으로 성공할 확률은 p임. 이 시행을 n번 성공할 때까지 반복한다고 할 때 n번째 성공까지의 실패 횟수를 확률변수 X로 두면 다음 식과 같음

$$P(X = k) = {}_{n+k-1}C_k p^n (1 - p)^k \ (k = 0, 1, 2, \ldots)$$

이러한 확률변수 X로 나타낸 확률분포를 **음이항분포**(negative binomial distribution) $\text{NB}(n, p)$ 또는 **파스칼 분포**라고 함. $\text{Ge}(p)$는 $\text{NB}(1, p)$와 같음. $\text{NB}(n, p)$의 평균은 $\dfrac{n(1-p)}{p}$, 분산은 $\dfrac{n(1-p)}{p^2}$임

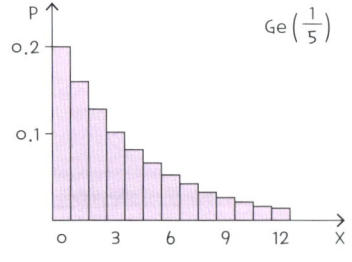
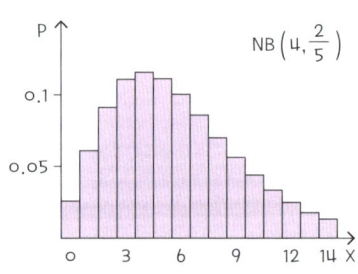

※ 참고로 기하분포의 정의 중에는 성공할 때까지의 모든 횟수를 확률변수 X로 두는 것도 있음

s + 1번째 이후에 처음으로 성공할 확률은 이력과 관계없음

Ge(p)에서 성공이 $t+1$번째 이후가 될 확률 $S(t)$를 구해봅시다. 이는 t번째까지 계속 실패할 확률과 같으므로 $S(t) = (1-p)^t$이 됩니다. $t+1$번째 이후에 처음으로 성공한다는 조건이므로 $t+s+1$번째 이후에 처음으로 성공할 조건부확률을 구하면 다음과 같습니다.

$$P(X > s+t \mid X > t) = \frac{P(X > s+t \text{이고 } X > t)}{P(X > t)} = \frac{P(X > s+t)}{P(X > t)} = \frac{S(s+t)}{S(t)}$$

$$= \frac{(1-p)^{s+t}}{(1-p)^t} = (1-p)^s = S(s)$$

앞 식의 좌변에는 t가 있지만 우변에는 t가 없습니다. 이 조건부확률은 t값에 상관없이 $s+1$번째 이후에 처음으로 성공할 확률과 같습니다. 이러한 성질을 **무기억성(lack of memory)**이라 합니다.

음이항분포라 부르는 이유

n번 성공할 때까지의 실패 횟수를 k번이라 하겠습니다. n번째의 성공까지 $n+k-1$번의 시행 중 실패인 k번의 시행을 고르는 경우의 수는 $_{n+k-1}C_k$가지입니다. $_{(-n)}C_k$에서 $(-n)$은 음수지만 공식대로 계산하면 다음과 같습니다.

$$_{(-n)}C_k = \frac{(-n)(-n-1)\cdots(-n-k+1)}{k(k-1)\cdots 2 \cdot 1}$$

$$= (-1)^k \frac{(n+k-1)(n+k-2)\cdots(n+1)n}{k(k-1)\cdots 2 \cdot 1} = (-1)^k {}_{n+k-1}C_k$$

$q = 1-p$라 두면 확률질량함수는 $_{n+k-1}C_k p^n (1-p)^k = (-1)^k {}_{(-n)}C_k p^n q^k = {}_{(-n)}C_k p^n (-q)^k$과 같이 나타낼 수 있습니다. 이런 표현이 가능하므로 음이항분포라 부릅니다.

BUSINESS '당첨인 뽑기가 나올 때까지의 횟수'가 갖는 진정한 의미

확률 p로 성공하는 시행에서 성공할 때까지의 평균 횟수는 Ge(p)의 기댓값(실패 횟수의 기댓값)에 1을 더한 $\frac{1-p}{p} + 1 = \frac{1}{p}$로 p의 역수가 됩니다. 이는 당첨 확률이 $p = 0.001$인 뽑기에서 당첨될 때까지의 평균 횟수가 1,000번이라는 말입니다. **1,000번 뽑으면 반드시 당첨된다는 뜻이 아닙니다.**

03 푸아송 분포

난이도 ★★★　**실용** ★★★★★　**시험** ★★★★

이론과 실용 모두에서 자주 사용하는 분포입니다.

드물게 일어나는 사건의 확률분포

$\lambda > 0$일 때 0 이상의 정수 k에 대해 다음과 같은 확률질량함수를 가진 확률변수 X가 나타내는 확률분포를 강도 λ의 **푸아송 분포**(Poisson distribution) $\mathrm{Po}(\lambda)$라고 함

$$P(X = k) = \frac{\lambda^k e^{-\lambda}}{k!} \quad (k = 0, 1, 2, \cdots)$$

e는 자연로그의 밑으로 $e = 2.718281\ldots$

$\mathrm{Po}(\lambda)$의 평균은 λ, 분산은 λ임

드문 현상의 횟수에 관한 확률분포

차 1대가 1일 중 사고를 일으킬 확률은 매우 낮지만 4,000만 대의 차를 모아 관찰하면 그중 몇 대는 1일 중 사고를 일으킵니다. 1일에 사고를 일으킬 차의 대수를 확률변수 X라 하면 X는 푸아송 분포를 따릅니다.

이처럼 시행 T에서 드물게 일어나는 사건 A가 있고 시행 T를 충분히 많이 반복할 때 사건 A가 일어날 횟수를 확률변수 X로 두면 X는 푸아송 분포를 따릅니다.

> **문제** 어떤 사무실에서는 1시간당 평균 4통의 전화가 옵니다. 임의의 1시간을 관찰했을 때 전화가 3통 걸려 올 확률을 구하세요. 단, 이 사무실에서 1시간에 걸려 오는 전화 통수를 X로 하면 X는 푸아송 분포를 따르는 것으로 합니다.

1시간당 '평균 4통'의 전화가 걸려 온다고 해도 어디까지나 평균이므로 임의의 1시간을 관찰하면 2통이나 3통, 5통일 때도 있을 겁니다. 즉, 걸려 올 전화 통수를 X라 하면 X는 확률변수가 됩니다.

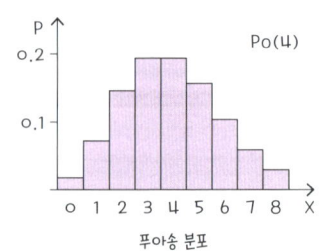

푸아송 분포

X가 Po(λ)를 따른다면 푸아송 분포의 성질에 따라 X의 평균은 λ입니다. 여기서는 1시간당 평균이 4통이므로 $\lambda = 4$가 됩니다. 따라서 구하는 확률은 다음과 같습니다.

$$P(X = 3) = \frac{4^3 e^{-4}}{3!} = \frac{64}{6e^4} = 0.195\cdots$$

확률질량함수 $P(X = k)$를 그래프로 그리면 94쪽의 그림과 같습니다.

푸아송의 극한정리

이항분포 Bin(n, p)의 확률질량함수에서 $np = \lambda$로 두고, λ가 일정하면서 $n \to \infty$로 하면 다음 식과 같이 푸아송 분포의 확률질량함수가 됩니다. 이를 **푸아송의 극한정리**라 합니다. $n \to \infty$일 때 $p \to 0$이 되므로 사건은 드문 것이 됩니다.

$$P(X = k) = {}_nC_k p^k (1-p)^{n-k} = {}_nC_k \left(\frac{\lambda}{n}\right)^k \left(1 - \frac{\lambda}{n}\right)^{n-k} \to \frac{\lambda^k e^{-\lambda}}{k!} \quad (n \to \infty)$$

BUSINESS 일상 어디서나 보는 푸아송 분포

푸아송 분포의 예로는 다음과 같은 것을 들 수 있습니다.

- 책 1쪽당 오탈자의 수
- 전국 1일당 교통사고 건수
- 단위 시간당 가이거 계수기 측정값
- 단위 면적과 단위 시간당의 빗방울 개수(비가 내리기 시작할 무렵)
- 프로이센 육군(1년당, 1군단당)에서 말에 차여 죽은 병사의 수(보르트키에비치가 책에서 언급하는 바람에 유명해짐)
- 고속도로 요금소에 도착하는 자동차 수(정체는 없는 것으로 함)

은행 창구나 유원지 매표소 등에서는 기다리는 사람의 행렬이 생깁니다. 이때 1분당 이 행렬에 늘어나는 사람 수는 푸아송 분포를 따릅니다. 이처럼 기다리는 사람의 행렬을 예상하고 해석하는 이론을 **대기행렬이론(queueing theory)**이라 하며, 이 이론은 운용과학(operations research)의 한 분야입니다.

 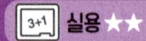 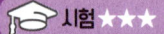

04 초기하분포

공식을 기억하는 것이 아니라 상황 설정에서 이를 유도할 수 있도록 합시다.

'조합'을 사용하여 표현

초기하분포

주머니 안에 빨간 구슬과 흰 구슬을 합해 모두 N개의 구슬이 들었으며 빨간 구슬은 M개임. 주머니에서 무작위로 n개의 구슬을 동시에 꺼낸다고 할 때 n개 중 빨간 구슬 개수를 확률변수 X라 두면 확률질량함수는 다음 식과 같음

$$P(X=k) = \frac{{}_M C_k \times {}_{N-M} C_{n-k}}{{}_N C_n} \quad \begin{pmatrix} M<N, \, n<N \\ k=0, 1, \cdots, n \end{pmatrix}$$

앞 식과 같은 확률질량함수를 갖는 확률분포를 **초기하분포**(hypergeometric distribution) HGe(N, M, n)이라고 함. HGe(N, M, n)의 평균은 $\dfrac{nM}{N}$, 분산은 $\dfrac{nM}{N}\left(1-\dfrac{M}{N}\right)\left(\dfrac{N-n}{N-1}\right)$임

초기하분포 공식 이해하기

주머니 안 N개의 구슬 모두를 구별하여 확률질량함수를 구합니다. N개의 구슬 중 n개를 동시에 꺼낼 경우의 수(비복원추출법, 5장 01절 참고)는 ${}_N C_n$가지입니다. 이것은 전체사건의 경우의 수로, 분모가 됩니다.

꺼낸 n개 중 k개가 빨간 구슬이라면 $n-k$개는 흰 구슬입니다. 주머니 안 M개의 빨간 구슬에서 k개를 꺼낼 경우의 수는 ${}_M C_k$가지, 주머니 안의 $N-M$개 흰 구슬에서 $n-k$개를 꺼낼 경우의 수는 ${}_{N-M} C_{n-k}$가지입니다. 꺼낸 n개 중 빨간 구슬이 k개, 흰 구슬이 $n-k$개일 경우의 수는 이를 곱한 ${}_M C_k \times {}_{N-M} C_{n-k}$가지로 분자가 됩니다.

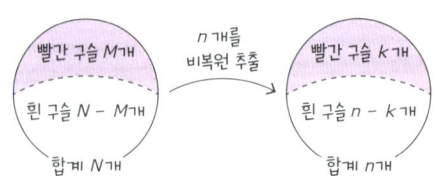

n이 커질수록 이항분포, 푸아송 분포에 가까워짐

N과 M의 비율이 일정($p = \dfrac{M}{N}$이 일정)한 상태에서 N과 M이 커질수록 HGe(N, M, n)은 Bin(n, p)에 가까워집니다. 또한 p가 충분히 작을 때 n이 커질수록 HGe(N, M, n)은 Po(p)에 가까워집니다.

N이 작으면 유한모집단수정이 효과가 있음

분산의 마지막에 곱한 $\dfrac{N-n}{N-1}$을 **유한모집단수정(finite population correction)**이라 부릅니다.

크기 N, 모평균 μ, 모분산 σ^2인 모집단에서 비복원추출로 크기 n인 표본 $X_1, X_2, ..., X_n$을 꺼낸다고 합시다. 이때 $\bar{X}$의 평균과 분산은 각각 $E[\bar{X}] = \mu$, $V[\bar{X}] = \dfrac{N-n}{N-1} \cdot \dfrac{\sigma^2}{n}$이 됩니다. N이 커질수록 $\dfrac{N-n}{N-1}$ 값은 1에 가까워지므로 모집단의 크기가 충분히 크다면 분산을 $\dfrac{\sigma^2}{n}$으로 봐도 됩니다. 이는 복원추출에서 $X_1, X_2, ..., X_n$이 독립일 때와 같습니다.

BUSINESS 어떤 생물의 개체 수를 추정하는 방법

초기하분포는 생태학에서 동물의 개체 수를 추정(**표지 재포획법, mark and recapture**)할 때 이용합니다. 연못에 있는 잉어의 수를 추정할 때를 예로 들어 설명해 보겠습니다.

잡은 M마리의 잉어에 표시를 하고 다시 연못으로 보냅니다. 그런 다음 n마리를 잡았더니 그중 k마리에 표시가 있다고 합시다. 처음 연못에 있던 잉어의 수를 N마리라고 하면 $P(X = k)$는 HGe(N, M, n)을 따릅니다. 최대가능도 방법(5장 03절)을 이용하면 다음 식이 성립합니다.

$$\dfrac{M}{N} = \dfrac{k}{n}$$ 이는 연못 전체의 잉어와 잡은 잉어에서 표시한 잉어의 비율이 같다는 것을 나타내는 식

이를 N에 관해 풀면 $N = \dfrac{n}{k} M$이라 추정할 수 있습니다.

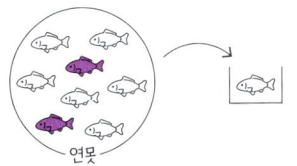

05 균등분포와 지수분포

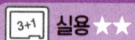 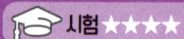

지금부터는 연속확률분포입니다. 간단한 것부터 살펴봅시다.

> **Point**
>
> ### 균등분포는 상수, 지수분포는 지수함수
>
> **균등분포**
>
> 확률밀도함수가 다음 식과 같을 때, 확률변수 X로 나타낸 확률분포를 **균등분포**(uniform distribution) 또는 **연속균등분포**라 하며 $U(a, b)$로 나타냄
>
> $$f(x) = \begin{cases} 0 & x < a \\ \dfrac{1}{b-a} & a \leq x \leq b \\ 0 & b < x \end{cases}$$
>
> 균등분포의 예는 3장 04절을 참고
>
> $U(a, b)$의 평균은 $\dfrac{a+b}{2}$, 분산은 $\dfrac{(b-a)^2}{12}$ 임
>
> **지수분포**
>
> $\lambda > 0$에 대해 확률밀도함수가
>
> $$f(x) = \lambda e^{-\lambda x} \ (x \geq 0)$$
>
> 이 되는 확률변수로 나타낸 확률분포를 **지수분포**(exponential distribution)라 하며 $\text{Ex}(\lambda)$로 나타냄. $\text{Ex}(\lambda)$의 평균은 $\dfrac{1}{\lambda}$, 분산은 $\dfrac{1}{\lambda^2}$ 임

※ 지수분포의 모수(파라미터)를 얻는 방법으로 λ의 역수를 취하여 확률밀도함수를 $f(x) = \dfrac{1}{\lambda} e^{-\frac{x}{\lambda}}$라 할 때도 있으므로 주의해야 함

지수분포는 무기억성이 있는 연속확률분포

예를 들어 시각 0일 때에 정상으로 움직이는 제품이 고장 날 시각을 확률변수 X로 둡니다. 이때 X는 지수분포 $\text{Ex}(\lambda)$를 따른다고 합시다. 그러면 이 제품이 시각 t에서도 정상으로 움직일 확률은 다음과 같습니다.

$$P(X > t) = \int_t^\infty \lambda e^{-\lambda x} dx = \left[-e^{-\lambda x} \right]_t^\infty = e^{-\lambda t}$$

여기서 $L(t) = P(X > t) = e^{-\lambda t}$로 두고 이를 **생존함수**라 부르겠습니다.

이 제품이 시각 t에서 정상으로 움직인다는 것을 조건으로 시각 $t + s$에서도 정상으로 움직일 조건부확률을 구하면 다음과 같습니다.

$$P(X > s+t \mid X > t) = \frac{P(X > s+t \text{ 이고 } X > t)}{P(X > t)} = \frac{P(X > s+t)}{P(X > t)} = \frac{L(s+t)}{L(t)}$$

$$= \frac{e^{-\lambda(s+t)}}{e^{-\lambda t}} = e^{-\lambda s} = L(s)$$

이 식의 좌변에는 t가 있으나 우변에는 t가 없습니다. 즉, 이 조건부확률은 t의 값에 상관없이 시각 0에서 정상으로 움직이던 제품이 시각 s에서도 정상으로 움직일 확률과 같습니다. 이러한 성질을 **무기억성**이라 합니다.

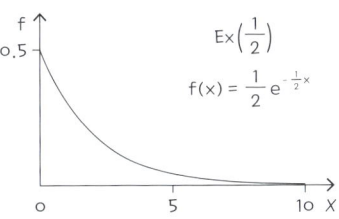

지수분포는 이산확률분포인 기하분포를 연속화한 확률분포입니다.

BUSINESS 20년 이내에 지진이 일어날 확률을 지수분포로 구하기

지진이 일어날 확률은 정확하게는 BPT(Brownian Passage Time) 분포라는 확률 모델로 계산합니다만, 이전 지진에서 충분히 시간이 지났다고 가정하여 여기서는 지수분포를 이용하여 계산해 보겠습니다.

120년에 1번 일어나는 지진의 발생 시각이 $\text{Ex}\left(\dfrac{1}{120}\right)$을 따른다고 하겠습니다. 20년 이내에 지진이 일어날 확률은 다음과 같이 계산할 수 있습니다.

$$\int_0^{20} \frac{1}{120} e^{-\frac{x}{120}} dx = \left[-e^{-\frac{x}{120}}\right]_0^{20} = -e^{-\frac{20}{120}} + 1 = 1 - 0.846 = 0.154$$

지수분포를 이용했으므로 그 후 10년간 지진이 일어나지 않았다 하더라도 그 지점에서 20년 이내에 지진이 일어날 확률은 똑같습니다.

 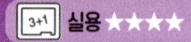 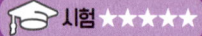

06 정규분포

통계학에서 가장 중요한 분포입니다. 대표적인 % 지점(3장 05절)은 꼭 기억하도록 합시다.

> **Point 정규분포는 이항분포의 극한**
>
> 확률밀도함수가 다음과 같은 확률변수 X가 따르는 확률분포를 **정규분포**(normal distribution)라 하고 $N(\mu, \sigma^2)$으로 나타냄
>
> $$f(x) = \frac{1}{\sqrt{2\pi}\sigma} e^{-\frac{(x-\mu)^2}{2\sigma^2}}$$
>
> 특히 $N(0, 1^2)$을 **표준정규분포**라고 함

어쨌든 정규분포

정규분포는 수학자이자 물리학자인 카를 프리드리히 가우스(1777~1855)가 천문학 관측 데이터의 측정 오차를 수학적으로 분석하던 중 발견한 것으로, **가우스 분포**라 부르기도 합니다.

관측 오차나 생물 데이터 등 **대칭적인 형태나 선천적인 요소가 강한 상황에서는 정규분포를 따를 때가 흔합니다**. 물론 체중 분포와 같이 후천적인 요소가 크면 정규분포를 따르지 않습니다.

정규분포를 따르는 예

- 장어의 몸 길이 분포
- 30cm 플라스틱 자의 오차
- 혈중의 나트륨 농도

정규분포로 근사할 수 있는 분포가 많은 이유 중 하나는 모집단이 정규분포가 아니더라도 표본 크기가 클 때 표본평균이 따르는 분포가 정규분포이기 때문입니다(중심극한정리). 확률변수 X가 $N(\mu, \sigma^2)$을 따를 때 X를 표준화한 확률변수 $Y = \dfrac{X - \mu}{\sigma}$가 따르는 확률분포가 표준정규분포 $N(0, 1^2)$입니다.

표준정규분포의 확률밀도함수 그래프는 다음 그림과 같습니다. 왼쪽 그림은 1.96 이상인 부분의 넓이가 곡선과 가로축으로 둘러싼 부분의 넓이를 100%라 했을 때 2.5%가 된다는 것을 나타내며, 오른쪽 그림은 −1부터 1까지의 넓이가 68%가 된다는 것을 나타냅니다. 다음과 같은 대표적인 % 지점과 확률을 기억하도록 합시다.

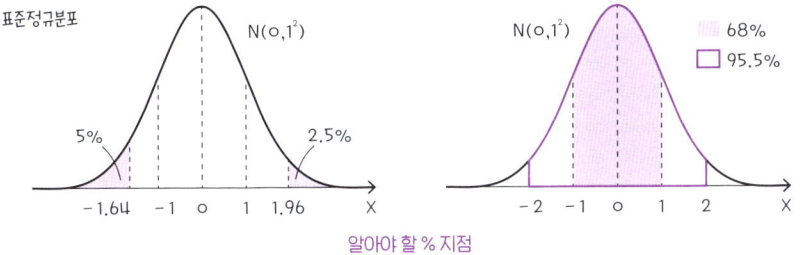

알아야 할 % 지점

정규분포에는 재생성이 있습니다. 즉, 독립인 확률변수 X, Y가 각각 $N(\mu_1, \sigma_1^2)$, $N(\mu_2, \sigma_2^2)$을 따를 때 $X + Y$는 $N(\mu_1 + \mu_2, \sigma_1^2 + \sigma_2^2)$을 따릅니다. 확률변수의 합을 구해도 정규분포라는 성질은 유지합니다. 이 때문에 정규분포라는 이론은 다루기가 쉽습니다.

BUSINESS 갈톤 보드로 정규분포 실감하기

정규분포는 이항분포의 극한입니다. 이를 실감할 수 있는 예로 갈톤 보드(Galton Board)라 불리는 장난감이 있습니다. 보드 위에서 떨어진 구슬이 못에 닿으면 1/2 확률로 오른쪽 또는 왼쪽으로 갑니다. n개의 못에 닿아 떨어졌을 때 구슬이 들어간 위치를 확률변수 X라 하면 X는 이항분포 Bin(n, 0.5)를 따릅니다.

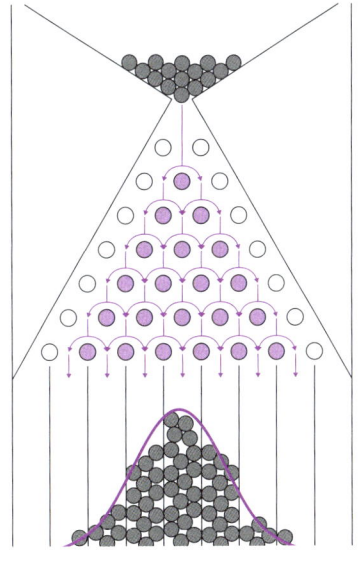

많은 구슬을 위에서 떨어뜨릴 때 특정 위치에 들어가는 구슬의 개수는 이항분포 확률에 비례합니다. 이항분포의 극한이 정규분포가 되므로 못의 개수가 많을수록 구슬이 쌓인 형태는 정규분포 곡선에 가까워집니다. 유튜브 등의 동영상을 보면 실감할 수 있을 겁니다.

07 χ^2분포·t분포·F분포

추론 통계에서 자주 이용하는 세 가지 분포입니다. 여기서는 통계학을 실용적으로 이용하는 사람을 위해 대략적인 내용을 설명합니다.

> **Point**
> ### 표본으로 만든 통계량이 따르는 분포
> 모집단은 정규분포를 따르는 것으로 함
>
> **χ^2분포(카이제곱분포)**
> 표본의 편차제곱합이 따르는 확률분포 χ는 '엑스'가 아닌 그리스 문자 카이
>
> **t분포**
> 표본평균을 표본분산으로 표준화한 값이 따르는 확률분포
> (정확하게는 표본평균의 분산추정값)
>
> **F분포**
> 모분산이 같은 표본분산 2개의 비율이 따르는 확률분포

표본에서 모집단을 알고자 할 때 필요한 분포

저자는 χ^2분포, t분포, F분포를 추론 통계 3총사라 부릅니다. 여기서는 χ^2분포, t분포, F분포가 어떻게 추론 통계에서 중요한 역할을 하게 되었는지를 설명하겠습니다. 추론 통계 관련 용어에 익숙하지 않은 사람은 5장의 Introduction 등을 참고하세요.

추론 통계에서는 표본으로 모집단의 평균이나 분산을 추론하고자 합니다. 여기서 모집단은 정규분포를 따른다고 가정합니다. 모집단의 평균이나 분산을 추론하려면 표본 쪽에서도 평균이나 분산을 계산합니다. 표본의 평균이나 분산을 그대로 모집단의 평균이나 분산의 예상값이라 생각해도 됩니다만, 추론 통계학에서는 '95% 신뢰구간'이나 '유의수준 5%' 등 조금은 정밀하게 표현합니다. 그러므로 표본의 평균이나 분산을 확률분포로 다룰 필요가 있습니다.

모집단이 정규분포를 따를 때 표본의 편차제곱합이 따르는 확률분포가 χ^2**분포**(chi-squared distribution)입니다. 표본평균의 분포는 정규분포이지만 모집단의 분산을 알 수 없으면 사용하지 못합니다. 이에 표본평균을 표본분산(정확하게는 표본평균의 분산 추

정값)으로 표준화한 값을 생각합니다. 이것이 따르는 확률분포가 *t*분포(t-distribution)입니다.

모집단 2개의 분산이 같은가를 비교할 때나 분산분석에서 그룹간 변동과 오차 변동의 크기를 비교할 때는 표본분산의 비율이 따르는 확률분포를 생각해야 합니다. 이를 위해 고안한 확률분포가 ***F*분포**(F-distribution)입니다.

χ^2분포, *t*분포, *F*분포에는 모두 자유도라 불리는 변수가 있습니다. 자유도 3인 카이제곱분포 $\chi^2(3)$, 자유도 4인 *t*분포 *t*(4), 자유도 (5, 6)인 *F*분포 *F*(5, 6) 등입니다. 자유도란 (변수의 개수) − (제약 조건의 개수)를 나타냅니다. 그리고 자유도에 따라 분포를 나타내는 그래프의 모양이 달라집니다. 덧붙여 *t*분포만 좌우 대칭입니다.

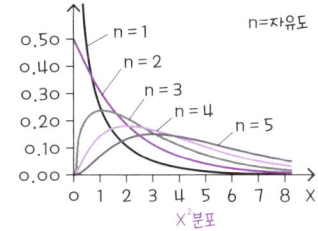

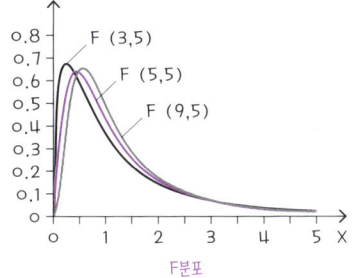

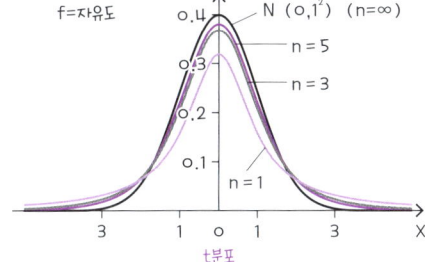

BUSINESS 사과 무게에 관한 추론 통계

농업법인이 사과를 출하하려 합니다. 이 예를 통해 각 분포는 어떤 추론 통계(5장 참고)에서 사용하는지 살펴봅니다.

*t*분포: 표본 20개에서 출하할 사과의 성분량을 추정(표본의 크기가 작을 때 모평균의 추정·검정)할 때와 품종 차이에 따라 무게에 차이가 있는지를 판정(모평균의 차이 추정·검정)할 때 사용합니다.

χ^2분포: 1상자의 무게를 모두 일정(모분산추정·검정)하게 하고 싶을 때 사용합니다.

*F*분포: 품종마다 무게가 제각각인지를 조사(등분산검정)할 때와 품종 개량을 위한 시험에서 일조량, 비료의 효과를 판정(분산분석)할 때 사용합니다.

08 χ^2분포·t분포·F분포 더 살펴보기

χ^2분포, t분포, F분포는 사회조사분석사 1급과 2급 모두에서 다루는 내용입니다.

Point 1. 표본의 무엇을 나타내려는 식인지를 생각

χ^2분포(카이제곱분포)

독립인 확률변수 $Y_1, Y_2, ..., Y_n$이 각각 표준정규분포 $N(0, 1^2)$을 따른다고 할 때 확률변수 X를 다음 식과 같이 둠

$$X = Y_1^2 + Y_2^2 + ... + Y_n^2$$

이때 X가 따르는 확률변수를 **자유도 n인 χ^2분포**라고 하며 $\chi^2(n)$으로 나타냄

t분포

독립인 확률변수 Y, Z가 있고 확률변수 Y가 표준정규분포 $N(0, 1^2)$을 따르고 Z가 자유도 n인 χ^2분포를 따른다고 할 때 확률변수 X를 다음 식과 같이 둠

$$X = \frac{Y}{\sqrt{\dfrac{Z}{n}}}$$

이때 X가 따르는 확률분포를 **자유도 n인 t분포**라고 하며 $t(n)$으로 나타냄

F분포

독립인 확률변수 Y, Z가 있고 Y가 자유도 m의 χ^2분포를 따르고 Z가 자유도 n인 χ^2분포를 따른다고 할 때 확률변수 X를 다음 식과 같이 둠

$$X = \frac{\left(\dfrac{Y}{m}\right)}{\left(\dfrac{Z}{n}\right)}$$

이때 X가 따르는 확률분포를 자유도 (m, n)인 F분포라고 하며 $F(m, n)$으로 나타냄

※ F분포는 스네데코르의 F분포(Snedecor's F-distribution) 또는 피셔–스네데코르 분포(Fisher–Snedecor distribution)라고도 함

정의식을 보고 어떤 통계량을 나타내는지를 상상

χ^2분포 정의식은 제곱합이므로 분산을 떠올립니다. t분포 정의식의 분모에는 제곱근이 있고 그 안에 χ^2분포가 있으므로 제곱근은 표준편차일 것입니다. 표준편차로 나눈 식이므로 t분포 정의식은 표준화한 식임을 예상할 수 있습니다. F분포 정의식은 분모분자에 χ^2분포가 있으므로 분산의 비율을 취한 식입니다. 이 모두를 볼 때 07절과 사용법이 같습니다.

t분포의 특징인 스튜던트화

정규분포 $N(\mu, \sigma^2)$을 따르는 모집단에서 얻은 표본을 $X_1, \ldots, X_n$이라고 할 때 $\dfrac{\bar{X} - \mu}{\sqrt{\dfrac{\sigma^2}{n}}}$는 표준정규분포 $N(0, 1^2)$을 따릅니다. 그러나 σ^2을 모르면 이 통계량은 사용할 수 없습니다. 이에 σ^2을 모를 때도 μ를 추정·검정할 수 있도록 고안한 것이 t분포입니다. 이는 고안자인 윌리엄 실리 고세트(1876~1937)의 논문 저자명을 따서 스튜던트의 t분포 (Student's tdistribution)라 부르기도 합니다. 고세트는 σ^2 대신 비편향분산(불편분산) $U^2 = \dfrac{1}{n-1}\sum_{i=1}^{n}(X_i - \bar{X})^2$ 을 이용한 식 $Y = \dfrac{\bar{X} - \mu}{\sqrt{\dfrac{U^2}{n}}}$ 가 따르는 분포를 자유도 $n - 1$인 t분포로 한 것입니다.

이처럼 σ^2 대신 $n \to \infty$일 때 σ^2에 수렴하는 U^2으로 치환하여 통계량을 만드는 것을 스튜던트화라 합니다.

$F(m, n)$과 $F(n, m)$의 관계가 도움이 됨

$F(m, n)$의 상위 $100a\%$ 지점을 $F_{m,n}(a)$로 나타내면 다음 식이 성립합니다.

$$F_{m,n}(a) = \dfrac{1}{F_{n,m}(1-a)}$$

이 관계를 이용하여 F분포표에 없는 값을 구할 때도 있습니다.

09 베이불 분포·파레토 분포·로그 정규분포

이 절에서 소개하는 분포는 주가나 보험료 등 다양한 장면에서 활용합니다.

> **Point**
> **베이불 분포는 지수분포를 확장한 분포**

베이불 분포

$$f(x) = \frac{\alpha x^{\alpha-1}}{\beta^\alpha} \exp\left\{-\left(\frac{x}{\beta}\right)^\alpha\right\} \quad (x \geq 0, \alpha, \beta > 0)$$

확률밀도함수가 앞 식과 같을 때 확률변수 X로 나타낸 확률분포를 **베이불 분포** (Weibull distribution, 와이블 분포)라고 하며 $Wb(\alpha, \beta)$라 표기함. α를 형상모수, β를 척도모수라 함. 이 분포의 평균과 분산은 각각 다음 식과 같음

$$E[X] = \beta\, \Gamma\left(\frac{1}{\alpha}+1\right) \qquad V[X] = \beta^2\left[\Gamma\left(\frac{2}{\alpha}+1\right) - \left\{\Gamma\left(\frac{1}{\alpha}+1\right)\right\}^2\right]$$

$\Gamma(x)$는 감마 함수

파레토 분포

$$f(x) = \frac{\alpha}{\beta}\left(\frac{\beta}{x}\right)^{\alpha+1} = \frac{\alpha\beta^\alpha}{x^{\alpha+1}} \quad (x \geq \beta)$$

확률밀도함수가 앞 식과 같을 때 확률변수 X로 나타낸 확률분포를 **파레토 분포** (Pareto distribution)라고 함. 이 분포의 평균과 분산은 각각 다음 식과 같음

$$E[X] = \frac{\alpha\beta}{\alpha-1} \quad (\alpha > 1) \qquad V[X] = \frac{\alpha\beta^2}{(\alpha-1)^2(\alpha-2)} \quad (\alpha > 2)$$

로그 정규분포

$$f(x) = \frac{1}{\sqrt{2\pi}\sigma x}\exp\left\{-\frac{(\log x - \mu)^2}{2\sigma^2}\right\} \quad (x > 0)$$

확률밀도함수가 앞 식과 같을 때 확률변수 X로 나타낸 확률분포를 **로그 정규분포** (log-normal distribution)라고 함. 이 분포의 평균과 분산은 각각 다음 식과 같음

$$E[X] = \exp\left(\mu + \frac{\sigma^2}{2}\right) \qquad V[X] = \{\exp(\sigma^2)-1\} \times \exp(2\mu + \sigma^2)$$

※ α가 클 때 베이불 분포는 정규분포로 근사할 수 있음. 특히 $Wb(2, \beta)$는 레일리 분포라고 함

생존함수와 위험함수

$t(>0)$을 시각, $F(t)$를 0부터 t까지 생명이 다하는(고장 나는) 확률로 하여 $F(0) = 0$, $\lim_{t \to \infty} F(t) = 1$이 성립한다고 할 때 $F(t)$의 미분을 $f(t) = F'(t)$로 둡니다. 그러면 $F(t)$는 다음 식과 같이 확률밀도함수 $f(t)$의 누적분포함수가 됩니다.

$$L(t) = 1 - F(t) = P(T > t)$$

이는 시각 t에서 생존(정상으로 작동)하는 확률을 나타내고 이를 **생존함수(survival function)** 또는 **신뢰도함수(reliability function)**라 합니다. 05절에서는 $f(t) = \lambda e^{-\lambda t}$로 하여 설명했습니다. 또한 다음 함수를 **위험함수(hazard function)** 또는 **고장률함수(failure rate function)**라 합니다.

$$h(t) = \frac{f(t)}{L(t)} = -\frac{d}{dt} \log L(t)$$

이는 시각 t까지 수명이 이어질 조건을 바탕으로 시각 t 순간에 고장 날 조건부확률밀도입니다. 또한 $f(t) = \lambda e^{-\lambda t}$(지수분포)일 때 $L(t) = e^{-\lambda t}$이므로 $h(t) = \lambda$로 상수가 됩니다. 지수분포는 고장률이 일정하다고 할 때의 수명 모델이 됩니다.

그러나 실제로는 사람의 사망률이나 기계의 고장률은 시간에 대해 일정하지 않습니다. 기계는 시간이 지날수록 상태가 나빠지므로 고장률은 점점 오릅니다. 이러한 고장률에서도 수명 모델을 적용할 수 있도록 한 것이 베이불 분포입니다. 베이불 분포 $Wb(\alpha, \beta)$의 고장률은 $h(t) = \frac{\alpha t^{\alpha-1}}{\beta^\alpha}$으로 나타냅니다. $Wb(1, \beta)$는 지수분포가 됩니다.

BUSINESS 소득이나 주가, 생명보험의 보험료에 적용

경제학자인 빌프레도 파레토(1848~1923)가 소득 분포 모델로서 경험적으로 이끌어낸 것이 파레토 분포입니다. 실제로는 로그 정규분포 쪽이 저소득층까지 더 잘 근사할 수 있습니다.

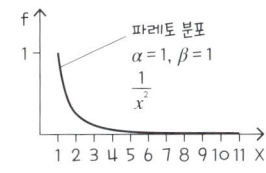

또한 금융공학에서 유명한, 옵션의 이론 가격을 나타내는 블랙-숄즈 모형은 주가가 로그 정규분포를 따른다고 보고 이끌어낸 것입니다. 베이불 분포는 생명보험의 보험료를 계산할 때도 사용합니다.

10 다항분포

이항분포를 확장한 다차원 확률분포입니다.

> **Point**
>
> **다항계수×(확률의 곱)**
>
> 1번 시행으로 사건 $A_1, A_2, \ldots, A_m$ 중 하나가 일어나며 사건이 일어날 각각의 확률을 $P(A_i) = p_i$로 둠(단, $\Sigma p_i = 1$).
>
> n번 시행에서 사건 A_i가 일어난 횟수를 X_i번이라 하면 $P(X_1 = k_1, X_2 = k_2, \ldots, X_{m-1} = k_{m-1})$은 다음 식과 같음
>
> $$\frac{n!}{k_1! k_2! \cdots k_m!} p_1^{k_1} p_2^{k_2} \cdots p_m^{k_m} \quad \left(단, \ k_m = n - \sum_{i=1}^{m-1} k_i\right)$$
>
> 이때 $m-1$차원 확률변수 $(X_1, X_2, \ldots, X_{m-1})$이 따르는 확률분포를 **다항분포 (multinomial distribution)**라고 하며 $M(n, p_1, p_2, \ldots, p_{m-1})$로 나타냄

주변확률질량함수, 공분산을 계산하면…

(X, Y)가 $M(n, p, q)$를 따를 때 확률질량함수는 다음 식과 같습니다.

$$P(X = k, Y = l) = \frac{n!}{k! l! (n-k-l)!} p^k q^l (1-p-q)^{n-k-l}$$

이에 대해 주변확률질량함수는 다음 식과 같이 이항분포가 됩니다.

$$P(X = k) = \frac{n!}{k!(n-k)!} p^k (1-p)^{n-k}$$

따라서 $E[X] = np$, $V[X] = np(1-p)$입니다. 또한 공분산은 $\text{Cov}(X, Y) = -npq$입니다.

BUSINESS 빨강 신호 4번, 파랑 신호 5번, 노랑 신호 6번으로 국도를 지날 확률

$m = 3$, 즉 2차원 확률변수일 때를 설명해 보겠습니다. 국도를 달릴 때 신호를 15번 받아야 한다고 가정합시다. 신호가 빨강, 파랑, 노랑일 사건을 각각 A, B, C로 하고 그 확률을 다음 식과 같이 정합니다.

$$P(A) = \frac{2}{6}, \quad P(B) = \frac{3}{6}, \quad P(C) = \frac{1}{6}$$

15번의 신호에서 A가 4번, B가 5번, C가 6번이 될 확률을 구해봅시다. 예를 들어 $A, A, A,$ $A, B, B, B, B, B, C, C, C, C, C, C$ 순서로 사건이 일어날 때의 확률은 곱의 법칙을 이용하여 다음 식과 같이 나타낼 수 있습니다.

$$\left(\frac{2}{6}\right)^4 \left(\frac{3}{6}\right)^5 \left(\frac{1}{6}\right)^6$$

A가 4번, B가 5번, C가 6번이라면 순서가 다르더라도 확률은 같습니다.

이에 A가 4번, B가 5번, C가 6번과 같이 15개의 문자 나열 방법이 모두 몇 가지인지를 구합니다. 문자를 나열할 15곳을 준비하고 이곳에 문자를 나열해 간다고 합시다. 처음 4개의 A를 나열하고 다음 5개의 B를 나열하고 남은 공간에 C를 나열합니다.

다항계수를 구하는 방법

15곳 중 A를 놓을 4곳을 선택하는 방법은 $_{15}C_4$(가지), 나머지 15 − 4 = 11곳 중 B를 놓을 5곳을 선택하는 방법은 $_{11}C_5$(가지)이므로 A가 4곳, B가 5곳, C가 6곳 등 합계 15개의 문자를 나열하여 만들 수 있는 순열의 모든 개수는 다음 식과 같이 $_{15}C_4 \times _{11}C_5$(가지)입니다.

$$_{15}C_4 \times _{11}C_5 = \frac{15!}{4!(15-4)!} \times \frac{11!}{5!(11-5)!} = \frac{15!}{4!11!} \times \frac{11!}{5!6!} = \frac{15!}{4!5!6!}$$

이를 이용하면 15번의 신호 중 빨강 4번, 파랑 5번, 노랑 6번일 확률은 다음과 같습니다.

$$\frac{15!}{4!5!6!} \left(\frac{2}{6}\right)^4 \left(\frac{3}{6}\right)^5 \left(\frac{1}{6}\right)^6$$

이는 Point에서 본 식입니다. 15번의 신호 중 빨강 신호가 나올 횟수를 X, 파랑 신호가 나올 횟수를 Y로 두면 (X, Y)는 $M\left(15, \frac{2}{6}, \frac{3}{6}\right)$을 따릅니다. 이렇게 하여 얻은 확률로 국도를 지나는 데 걸리는 시간도 확률을 기댓값으로 하여 계산할 수 있습니다. 또한 계수 $\frac{15!}{4!5!6!}$을 다항계수라 부르며 $(x + y + z)^{15}$을 전개했을 때 $x^4 y^5 z^6$의 계수가 됩니다.

  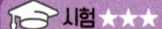

11 다변량정규분포

사회조사분석사 1급의 출제 범위에 포함됩니다. 2변량일 때를 예로 들어 살펴보겠습니다.

1변량일 때와 비교해보자

n차원 확률변수 $\mathbf{X} = (X_1, X_2, ..., X_n)^T$의 결합확률밀도함수를 다음과 같이 나타낼 때 $\mathbf{X}$가 따르는 확률분포를 n**변량정규분포**라고 하며 $N(\boldsymbol{\mu}, \boldsymbol{\Sigma})$로 나타냄

$$f(\mathbf{x}) = \frac{1}{(2\pi)^{\frac{n}{2}}|\boldsymbol{\Sigma}|^{\frac{1}{2}}} \exp\left[-\frac{1}{2}(\mathbf{x}-\boldsymbol{\mu})^T \boldsymbol{\Sigma}^{-1}(\mathbf{x}-\boldsymbol{\mu})\right]$$

^{T}는 전치를 나타냄. $|\boldsymbol{\Sigma}|$는 $\boldsymbol{\Sigma}$의 행렬식, $\boldsymbol{\Sigma}^{-1}$은 $\boldsymbol{\Sigma}$의 역행렬

여기서 $\boldsymbol{\mu}, \boldsymbol{\Sigma}$는 다음과 같음

$\boldsymbol{\mu} = (\mu_1, ..., \mu_n)^T$: 평균벡터

$\boldsymbol{\Sigma} = \begin{bmatrix} \sigma_{11} & \cdots & \sigma_{1n} \\ \vdots & & \vdots \\ \sigma_{n1} & \cdots & \sigma_{nn} \end{bmatrix}$: **공분산행렬**

2변량일 때를 순서대로 써 보기

2변량정규분포 (X, Y)의 결합확률밀도함수를 순서대로 써 봅시다. 평균벡터를 $\boldsymbol{\mu} = (\mu_x, \mu_y)^T$ 공분산행렬을 $\boldsymbol{\Sigma} = \begin{bmatrix} \sigma_x^2 & \sigma_{xy} \\ \sigma_{xy} & \sigma_y^2 \end{bmatrix}$라 하면 다음 식과 같이 됩니다.

$$f(x, y) = \frac{1}{2\pi\sigma_x \sigma_y \sqrt{1-\rho^2}}$$

$\rho = \frac{\sigma_{xy}}{\sigma_x \sigma_y}$ (상관계수)

$$\times \exp\left[-\frac{1}{2(1-\rho^2)}\left(\frac{(x-\mu_x)^2}{\sigma_x^2} - 2\rho\frac{(x-\mu_x)(y-\mu_y)}{\sigma_x \sigma_y} + \frac{(y-\mu_y)^2}{\sigma_y^2}\right)\right]$$

exp 안을 $g(x, y)$라 두면 $f(x, y)$가 일정할 때 $g(x, y) = c$(상수)가 되며 이는 xy 평면에서 타원을 나타냅니다. $z = f(x, y)$를 그리면 다음 그림처럼 됩니다.

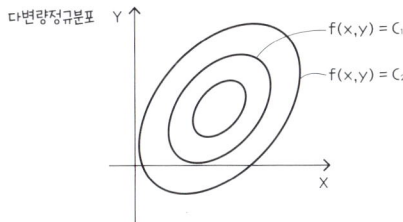
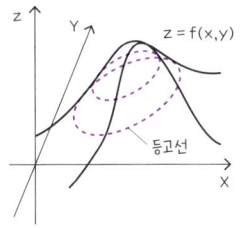

평균, 분산, 공분산을 계산하면…

n차원 확률변수 $X = (X_1, X_2, …, X_n)^T$이 n변량정규분포를 따를 때 기댓값, 분산, 공분산을 계산하면 $E[X_i] = \mu_i$, $V[X_i] = \sigma_{ii}$, $\text{Cov}[X_i, X_j] = \sigma_{ij}$와 같습니다. 이는 정확히 평균벡터의 성분, 공분산행렬의 성분이 됩니다. 거꾸로 이러한 계산 결과가 있기 때문에 $\boldsymbol{\mu}$를 **평균벡터**, $\boldsymbol{\Sigma}$를 공분산행렬이라 부릅니다.

일반적으로 확률변수 X, Y가 서로 독립이라면 X, Y는 무상관이지만, 그 역은 성립하지 않습니다. 그러나 X_i와 X_j에 관해서는 다음 식이 성립합니다.

$$\sigma_{ij} = 0 \ (X_i\text{와 } X_j\text{는 무상관}) \Leftrightarrow X_i\text{와 } X_j\text{는 서로 독립}$$

2차원 예로 확인해 봅시다. $\sigma_{xy} = 0$일 때 $\rho = 0$이므로 다음 식이 성립합니다.

$$f(x, y) = \frac{1}{\sqrt{2\pi}\sigma_x} \exp\left(-\frac{(x-\mu_x)^2}{2\sigma_x^2}\right) \times \frac{1}{\sqrt{2\pi}\sigma_y} \exp\left(-\frac{(y-\mu_y)^2}{2\sigma_y^2}\right)$$

$$= f_X(x)f_Y(y) \quad \text{3장 07절에서 본 확률변수의 독립 정의를 만족합니다.}$$

주변결합확률변수 $(X_1, X_2, …, X_{n-1})$은 $n - 1$변량정규분포가 됩니다.

BUSINESS 접대 골프는 2변량정규분포로 대처하자!

골프공의 착지점은 2변량정규분포를 따릅니다. 영업팀의 K씨는 거래처 부장이 골프를 좋아한다는 소식을 듣고 골프 연습장을 방문해 부장의 데이터를 얻은 다음 2변량정규분포의 σ_x, σ_y, ρ를 알아냈습니다. 접대 골프 시 결합확률밀도함수를 D로 중적분하여 그린(영역 D라 함)에 오를 확률을 계산하였고 그 결과 부장의 마음에 들 수 있었습니다.

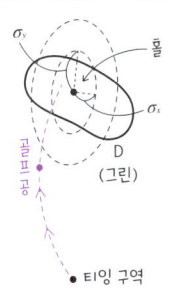

Column

확률분포 값을 소프트웨어로 구하기

이 책의 부록에 표준정규분포, χ^2분포, t분포, F분포의 각 표를 실었습니다. 여기에 없는 값이나 다른 분포값은 엑셀이나 R 등의 통계 소프트웨어를 이용하면 알 수 있습니다.

자유도 (5, 8)인 F분포가 오른쪽 그림과 같을 때 엑셀이나 R의 명령을 이용하면 다음 표와 같은 값을 얻을 수 있습니다. 엑셀의 퍼센트 지점 명령 INV는 누적분포함수의 역함수(inverse function)에서 비롯합니다.

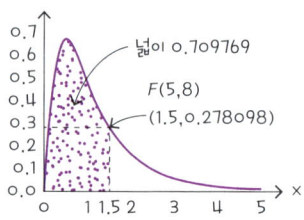

	엑셀	R	값
누적분포함수	F.DIST(1.5, 5, 8, TRUE)	pf(1.5, 5, 8)	0.709769
확률밀도함수	F.DIST(1.5, 5, 8, FALSE)	df(1.5, 5, 8)	0.278098
퍼센트 지점	F.INV(0.709, 5, 8)	qf(0.709, 5, 8)	1.497238

엑셀에서는 '='' 다음, R에서는 '>'(프롬프트)' 다음에 이 내용을 입력하면 값을 얻을 수 있습니다. 다른 확률분포라면 F나 f를 다음 표의 내용처럼 바꾸고 필요한 인수를 입력합니다.

분포	표준정규	t	χ^2	푸아송	로그 정규
엑셀	NORM.S	T	CHISQ	POISSON	LOGNORM
R	norm	t	chisq	pois	lnorm

분포	지수분포	이항분포	베이불	초기하
엑셀	EXPON	BINOM	WEIBULL	HYPGEOM
R	exp	binom	weibull	hyper

Chapter 05

추정

Introduction

추론 통계란 데이터로 예측하고 판단하는 것

추론 통계(statistical inference, 통계적 추론)란 추출한 데이터 일부를 이용해 데이터 전체를 예측하고 판단하는 방법입니다. 이 장에서는 추론 통계의 추정을 다룹니다.

예를 들어 일부 가구의 시청률을 조사하여 전국 모든 가구의 시청률을 추산하거나 선거 투표 결과를 출구 조사로 예측하거나 하는 것이 추정입니다. 이상적인 시청률 조사라면 전국의 모든 가구를 대상으로 조사하는 것이 좋습니다. 이를 전수조사(census)라 합니다. 그러나 전수조사에는 비용이 많이 소요되므로 일부 가구만을 조사하여 전체의 시청률을 예측하게 됩니다.

통계학에서는 전체 가구와 같이 조사 대상이 되는 집단을 모집단(population)이라 하고 실제로 조사하는 일부 가구를 표본(sample)이라 합니다. 추론 통계란 모집단 분포의 특징을 표본 데이터를 이용해 예측하고 판단하는 것이라 할 수 있습니다.

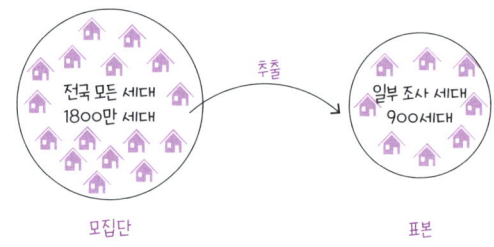

모집단의 평균을 모평균(population mean), 분산을 모분산(population variance), 표준편차를 모표준편차(population standard deviation)라 합니다. 이와 같은 모집단 분포의 특징을 나타내는 것을 모수(population parameter)라 합니다. 모집단의 분포를 모수를 이용한 모델로 설정할 때 표본 데이터를 이용하여 모수를 예측하는 것을 추정(estimation)이라 합니다. 표본도 모집단을 따라 표본의 평균을 표본평균(sample mean), 표본의 분산을 표본분산(sample variance), 표본의 표준편차를 표본표준편차(sample standard deviation)라 합니다.

예측하는 방법에는 두 가지가 있는데, 콕 집어 1개의 값으로 예측하는 것을 점추정(point estimation), 범위로 예측하는 것을 구간추정(interval estimation)이라 합니다. 또한 가정한 모수의 값이 올바른지를 판단하는 방법이 검정입니다(6장에서 살펴봄).

결과만 알고 싶을 때는 구간추정보다는 점추정이 간단합니다만, 점추정의 기반이 되는 이론까지 이해하려면 구간추정보다 훨씬 어렵습니다. 처음 추정을 배우는 사람, 사회조사분석사 2급을 준비하는 사람은 구간추정 원리부터 읽고 추정 순서를 알아두도록 합시다.

큰 표본이론과 작은 표본이론

검정과 추정에서 소개할 추론 통계학의 방법은 피셔, 네이만, 피어슨 등이 만든 것입니다. 이는 검정과 추정 실행에 충분한 표본이 있을 때 사용하는 이론입니다. 표본 크기(개수)가 30 이상일 때를 논하는 이론은 큰 표본이론(large sample theory, 대표본이론), 30 미만일 때는 작은 표본이론(small-sample theory, 소표본이론)이라 합니다. 예를 들어 모평균을 추정할 때 큰 표본이론에서는 정규분포를 이용하지만, 작은 표본이론에서는 t분포를 이용합니다.

표본이 없을 때는 베이즈 통계학(Bayesian statistics)을 이용하여 추정할 수 있습니다. 이는 11장 베이즈 통계에서 소개합니다. 참고로 피셔, 네이만, 피어슨은 베이즈 통계를 눈엣가시로 여기고 이를 인정하지 않았습니다.

비편향분산과 표본분산

이론에 따라서는 크기 n인 표본 $(x_1, x_2, ..., x_n)$의 표본분산을 다음 식과 같이 정의할 수도 있습니다.

$$\frac{1}{n-1}\sum_{i=1}^{n}(x_i - \bar{x})^2$$

이 책에서는 이를 비편향분산이라 부릅니다.

표본의 분산을 계산할 때는 $n - 1$로 나누어야 한다고 통째로 암기하는 사람도 있을 겁니다. 비편향성이 있는 추정량으로 모수를 추정하고 싶을 때는 $n - 1$로 나눈 비편향분산을 이용합니다. 사회조사분석사 2급을 준비하는 사람이라면 $n - 1$로 나누는 이유까지 알아두는 것이 좋습니다.

 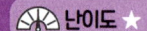  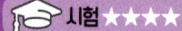

복원추출과 비복원추출

확률 문제를 풀 때는 어느 쪽인지에 주의해야 합니다.

>
> **추출한 것을 되돌리는지 되돌리지 않는지의 차이**
> - 복원추출(sampling with replacement): 추출한 것을 원래대로 되돌림
> - 비복원추출(sampling without replacement): 추출한 것을 되돌리지 않음

비복원추출이라도 모집단이 크다면 독립으로 간주

색깔이 다른 구슬이 충분히 많이 들은 상자에서 구슬 2개를 꺼낸다고 합시다. 먼저 구슬 1개를 꺼내 색깔을 확인하고 꺼낸 구슬은 일단 상자에 다시 넣은 후 다음으로 구슬을 1개 꺼냅니다. 이러한 순서로 구슬 2개를 꺼내는 것을 **복원추출**이라 합니다. 처음 상태로 복원한 다음 다시 꺼내기 때문입니다. 이와는 달리 처음 꺼낸 구슬을 상자에 되돌리지 않고 2번째 구슬을 꺼내는 것을 **비복원추출**이라 합니다.

1부터 10까지 표기된 10장의 카드를 주머니에 넣고 여기서 2장을 꺼낼 때를 생각해 봅시다. 복원추출이든 비복원추출이든 1장째에 5가 나올 확률은 1/10입니다. 그러나 1장째 5가 나오고 2장째에 4가 나올 확률은 다음 식과 같습니다.

$$\text{복원추출} \quad \frac{1}{10} \times \frac{1}{10} = \frac{1}{100} \qquad \text{비복원추출} \quad \frac{1}{10} \times \frac{1}{9} = \frac{1}{90}$$

복원추출에서는 1장째의 카드가 □일 사건과 2장째의 카드가 △일 사건은 독립(3장 07절)입니다만, 비복원추출에서는 독립이 아닙니다. 유한인 모집단에서 표본을 추출하는 방법은 비복원추출에 해당합니다. 그러나 모집단에서 추출한 표본을 확률변수 $X_1, X_2, \ldots, X_n$이라 할 때는 독립으로 간주하여 이론을 만듭니다. 모집단이 충분히 클 때는 거의 독립이라 간주해도 괜찮기 때문입니다. 앞 카드 예에서 카드 수가 많으면 복원추출일 때와 비복원추출일 때 확률의 비율이 1에 가까워집니다.

또한 모집단의 크기가 작을 때는 복원추출과 비복원추출의 차가 커집니다. 이때는 **유한모집단**(finite population)이라 부르며 모집단의 크기 N과 표본의 크기 n을 이용하여 통계량을 보정합니다(4장 04절 유한모집단수정 참고).

표본평균의 기댓값과 분산 계산

n개의 확률변수 $X_1, X_2, ..., X_n$이 독립이고 같은 분포를 따른다($i.i.d.$)*고 합시다. $E[X_i] = \mu$, $V[X_i] = \sigma^2$일 때 확률변수 X_i의 평균은 다음 식과 같습니다.

$$\bar{X} = \frac{1}{n}(X_1 + X_2 + \cdots + X_n)$$

이때 기댓값과 분산은 각각 다음 식과 같습니다.

$$E[\bar{X}] = \mu \qquad V[\bar{X}] = \frac{\sigma^2}{n}$$

이 결과는 추론 통계에서 표본평균의 분포를 알 수 있는 단서가 됩니다.

확인   파란색 번호는 3장 11절의 공식 번호임

$$E[\bar{X}] = E\left[\frac{1}{n}(X_1 + X_2 + \cdots + X_n)\right] \underset{①}{=} \frac{1}{n}E[X_1 + X_2 + \cdots + X_n]$$
$$\underset{⑤}{=} \frac{1}{n}\{E[X_1] + E[X_2] + \cdots + E[X_n]\} = \frac{1}{n} \cdot n\mu = \mu$$

$$V[\bar{X}] = V\left[\frac{1}{n}(X_1 + X_2 + \cdots + X_n)\right] \underset{②}{=} \frac{1}{n^2}V[X_1 + X_2 + \cdots + X_n]$$
$$\underset{⑧}{=} \frac{1}{n^2}\{V[X_1] + V[X_2] + \cdots + V[X_n]\} = \frac{1}{n^2} \cdot n\sigma^2 = \frac{\sigma^2}{n}$$

BUSINESS 프로 도박사가 되고자 비복원추출로 승부

트럼프 게임인 블랙잭에는 카운팅이라는 필승법이 있습니다. 현재 열린 카드로부터 이길 확률을 계산하고 베팅 금액을 늘리거나 줄이는 방법입니다. 카드의 수는 유한이며 비복원추출이므로 이길 확률(조건부확률, 11장 01절)은 계속 달라집니다. 이 변화를 확실히 파악하여 최적의 베팅을 제어할 수 있는 사람이 프로입니다. 독립사건인 복권으로 밥을 먹고 사는 사람은 없으나, 독립이 아닌 사건의 확률을 다루는 것은 비복원추출이므로 블랙잭이나 마작에는 프로 도박사가 있습니다.

---

* $i.i.d.$는 독립항등분포(independent and identically distributed)의 첫 글자를 딴 것입니다.

02 표본추출

난이도 ★ 실용 ★★★ 시험 ★★★★

통계 조사의 기본입니다. 분산 계산법은 기억해 두기 바랍니다.

Point 모집단의 특성에 맞는 효율적인 추출법 선택하기

- 단순 무작위추출법: 표본 전부를 무작위로 추출
- 계통추출: 처음 1개를 무작위로 고른 뒤 나머지는 같은 간격으로 추출
- 2단계추출: 먼저 여러 개의 집단을 추출하고 다음으로 그곳에서 한 번 더 추출
- 층화추출: 모집단을 몇 개의 층으로 나누고 층별로 추출. 비례추출, 네이만 배분법, 데밍 추출법이 있음

추출은 무작위로

모집단에 번호를 붙이고 주사위나 난수표 등을 이용하여 무작위(랜덤)로 번호를 선택하여 추출하는 방법을 **단순 무작위추출법**(simple random sampling, 단순표본추출, 단순임의표집)이라 합니다. 최초 1개만 무작위로 고른 다음 같은 간격(등차수열)으로 추출하는 방법을 **계통추출**(systematic sampling)이라 합니다.

2단계추출(two-stage sampling)이란 예를 들어 전국의 가구를 대상으로 조사할 때 기초 지자체 중 20개를 고른 다음, 이 기초 지자체에서 30가구를 추출하는 방법을 말합니다. 이때 기초 지자체를 **제1추출단위**(primary sampling unit, 1차추출단위) 또는 집락(cluster, 군집)이라 하며 가구를 **제2추출단위**(secondary sampling unit, 2차추출단위)라 합니다. 3단 이상의 다단 추출법도 있습니다.

층화추출로 분산 줄이기

모집단 π를 몇 개의 집단(층, strata)으로 나누고 집단마다 표본을 추출하는 것을 **층화추출**(stratified sampling, 층화표집)이라 합니다.

예를 들어 전국 단위의 통계를 조사할 때 시도별로 통계를 수집하고 이를 정리하는 것이 층화추출입니다. 층을 $\pi_1, ..., \pi_k$, 각 층에 속한 대상의 개수를 $N_1, ..., N_k$, 각각의 층에서 골라낸 표본의 크기를 $n_1, ..., n_k$, 표준편차를 $\sigma_1, ..., \sigma_k$라 할 때 모집단 π 변량의 통계는

다음 식과 같이 추정할 수 있습니다.

$$Z = \sum_{i=1}^{k} \frac{N_i}{n_i} \times (\pi_i \text{ 표본의 변량 총합})$$

적절한 속성을 선택해 층을 나누어 층별로 추출하면 단순 무작위추출법에 비하여 추정의 정밀도가 높아질 수 있습니다(추정값 Z의 분산를 작게 함). 이것이 층화추출의 효과입니다.

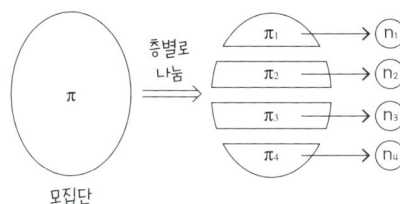

층화추출은 $n_1, ..., n_k$를 어떻게 결정하느냐에 따라 몇 가지로 나눌 수 있습니다.

① 비례추출(proportional sampling)
각 층에 대해 일정한 비율로 추출(n_i가 N_i에 비례함)

② 네이만 배분법(Neyman sampling)
표본 크기의 합계 $n(= \sum_{i=1}^{k} n_i)$이 일정하다고 할 때 n_i와 $N_i \sigma_i$가 비례하도록 추출. 이때 Z의 분산은 최소가 됩니다.

③ 데밍 추출법(Deming sampling)
π_i가 속한 개체당 조사 비용이 c_i이며 총비용 $C = \sum_{i=1}^{k} n_i c_i$가 일정하다고 할 때 n_i가 $N_i \sigma_i / \sqrt{c_i}$에 비례하도록 추출합니다. 이때 Z의 분산은 최소가 됩니다.

BUSINESS 옛날에는 주사위, 오늘날은 소프트웨어 – 진정한 무작위 추구

가위바위보에서 가위, 바위, 보를 1/3의 확률로 내는 사람은 없을 것입니다. 아무리 해도 버릇이 나오기 마련입니다. 그러므로 표본을 추출할 때는 버릇에 영향받지 않도록 난수를 이용하여 추출합시다. 옛날에는 주사위나 난수표와 같은 아날로그 도구밖에 없었습니다만, 오늘날에는 엑셀의 셀에 '=RAND( )'라는 함수를 입력하기만 하면 간단하게 난수를 얻을 수 있습니다.

 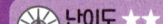  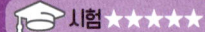

03 최대가능도 방법

추정값을 구하는 방법 중 가장 자주 사용합니다. 추론 통계에서는 필수입니다.

> **Point**
>
> ### 결합확률함수를 θ의 함수로 보고 최댓값이 되는 θ를 구함
>
> 확률밀도(질량)함수 $f(x\,;\,\theta)$를 따르는 모집단에서 n개의 표본 $x_1, x_2, ..., x_n$을 골랐을 때의 결합확률밀도(질량)함수를 θ의 함수로 만든 다음 식을 **가능도 함수(likelihood function)**라고 함
>
> $$L(\theta) = \prod_{k=1}^{n} f(x_k;\theta) \qquad \prod_{k=1}^{n} 은\ a_1 \times a_2 \times ... \times a_n 을\ 나타냄$$
> $$= f(x_1;\theta)f(x_2;\theta)\cdots f(x_n;\theta)$$
>
> $L(\theta)$를 최대로 하는 θ를 표본 $x_1, x_2, ..., x_n$에서 구한 것을 **최대가능도 추정값(maximum likelihood estimate)**이라고 함. 이와 함께 이 표본값을 확률변수로 봤을 때는 **최대가능도 추정량(maximum likelihood estimator)**이라고 함. 또한 이와 같은 추정 방법을 **최대가능도 방법(maximum likelihood method)** 또는 **최대가능도 추정**이라고 함

가능도가 최대가 되는 θ(모델) 선택

가능도에는 '가장 그럴싸한'이라는 의미가 있습니다. $L(\theta)$를 θ에 관해 $(-\infty, \infty)$에서 적분(또는 θ에 대한 전체 합을 계산)해도 1이 되지는 않습니다. 그러므로 $L(\theta)$는 확률밀도(질량)함수가 아닙니다. 확률이 아니므로 피셔는 **가능도(likelihood)**라는 이름을 붙였던 것입니다. $L(\theta)$를 최대로 하는 θ를 추정값으로 하는 이유는 "가장 확률이 높은 일이 지금 눈앞에서 일어났다"라고 보기 때문입니다.

모집단에 관해 θ값마다 모집단의 분포 모델이 있다고 가정합시다. 가능도 함수 $L(\theta)$는 각 모델에서 $x_1, x_2, ..., x_n$이 되는 결합확률의 값입니다. **$L(\theta)$를 최대로 하는 θ를 고른다는 것은 모델 안에서 일어날 확률이 가장 높은 모델을 고른다는 것입니다.** θ값마다 모집단의 분포 모델이 있다고 이해하는 방식은 베이즈 통계의 사전분포에도 통하는 중요한 방식입니다.

BUSINESS 방문 영업 성공 확률을 최대가능도 방법으로 추정

> **문제** 영업팀 K씨의 계약 성공 확률은 θ라고 한다. 5번의 방문 영업에서 성공, 성공, 실패, 실패, 실패였을 때 최대가능도 방법을 이용하여 θ를 추정하라.

계약 성공 확률이 θ이고 성공, 성공, 실패, 실패, 실패가 될 확률은 $\theta^2(1-\theta)^3$이므로 가능도 함수 $L(\theta)$는 $L(\theta) = \theta^2(1-\theta)^3$입니다. 이를 θ로 미분하면 다음과 같습니다.

$$L'(\theta) = 2\theta(1-\theta)^3 + \theta^2 \cdot 3(1-\theta)^2(-1)$$
$$= \theta(1-\theta)^2\{2(1-\theta) - 3\theta\}$$
$$= \theta(1-\theta)^2(2-5\theta)$$

이를 이용하여 $L(\theta)$의 $0 < \theta < 1$에서의 증감을 조사하면 $\theta = \dfrac{2}{5}$일 때 $L(\theta)$가 최대가 됩니다. 따라서 θ의 최대가능도 추정값은 $\hat{\theta} = \dfrac{2}{5}$입니다.

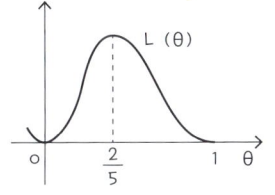

이 문제를 Point의 $f(x;\theta)$ 표기에 맞추려면 베르누이 분포를 이용합니다. 성공일 때 $X = 1$, 실패일 때 $X = 0$으로 하여 X가 베르누이 분포 $\text{Be}(\theta)$(확률질량함수는 $f(x;\theta) = \theta^x(1-\theta)^{1-x}$)를 따른다고 할 때 가능도 함수 $L(\theta)$는 다음 식과 같습니다.

$$L(\theta) = f(x_1;\theta)f(x_2;\theta)f(x_3;\theta)f(x_4;\theta)f(x_5;\theta)$$
$$= \theta^{x_1}(1-\theta)^{1-x_1}\theta^{x_2}(1-\theta)^{1-x_2}\theta^{x_3}(1-\theta)^{1-x_3}\theta^{x_4}(1-\theta)^{1-x_4}\theta^{x_5}(1-\theta)^{1-x_5}$$
$$= \theta^{x_1+x_2+x_3+x_4+x_5}(1-\theta)^{5-(x_1+x_2+x_3+x_4+x_5)}$$

성공, 성공, 실패, 실패, 실패 순서이므로 각 $x_1, \ldots, x_5$값과 총합은 다음 식과 같습니다.

$$(x_1,\ x_2,\ x_3,\ x_4,\ x_5) = (1,\ 1,\ 0,\ 0,\ 0) \qquad x_1 + x_2 + x_3 + x_4 + x_5 = 2$$

따라서 $L(\theta) = \theta^2(1-\theta)^{5-2} = \theta^2(1-\theta)^3$이 되어 문제의 예와 일치합니다. 문자대로 풀면 최대가능도 추정량은 $\hat{\theta} = \dfrac{1}{5}(X_1 + X_2 + X_3 + X_4 + X_5)$입니다.

04 구간추정의 원리

구간추정을 처음 접하는 사람이 읽으면 도움이 될 내용입니다.

> **Point** 구간추정 순서를 확인
>
> 모집단 분포의 모수 θ를 신뢰계수(confidence coefficient) p를 이용해 $a \leq \theta \leq b$라고 추정하는 것을 구간추정이라 함

표본추출에 따른 어긋남을 고려한 구간추정

표본의 평균이 95일 때 모평균은 95라고 점추정합니다. 그러나 실제로 모평균이 95와 정확히 일치하는 일은 드뭅니다. 표본을 어떻게 추출하는지에 따라 확률적인 어긋남이 생기기 때문입니다. 이에 점추정이 아니라 모평균이 대체로 어느 정도의 범위에 있는가를 구간추정하는 것이 바람직합니다.

간단한 예를 들어 구간추정의 원리를 설명해 보겠습니다.

> **문제** 모집단의 분포를 균등분포 $U(\theta - 30, \theta + 30)$이라 한다. 모집단에서 표본(크기 1)을 선택했더니 75였을 때 모평균 θ를 신뢰계수 90%로 구간추정하라.

표본의 확률변수를 X라 할 때 X는 $U(\theta - 30, \theta + 30)$을 따릅니다.

$U(\theta - 30, \theta + 30)$의 분포는 다음 그림과 같이 직사각형이 됩니다.

구간 $[\theta - 30, \theta + 30]$의 양 끝을 잘라 이를 $[c, d]$라 하고 $c \leq X \leq d$일 확률이 90%가 되도록 합시다. 구간의 길이는 60이므로 양쪽에서 5%씩, 즉 $60 \times 0.05 = 3$씩 자릅니다. 그러면 $\theta - 27 \leq X \leq \theta + 27$일 확률이 90%가 됩니다.

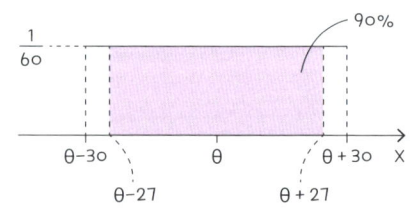

이 식에서 X는 확률변수입니다만, 지금 표본의 추정값은 75입니다. 그러므로 X에 대입하면 $\theta - 27 \leq 75 \leq \theta + 27$이 됩니다. 이를 θ에 관해 정리하면 다음 식과 같습니다.

$$75 - 27 \leq \theta \leq 75 + 27 \qquad 48 \leq \theta \leq 102$$

이에 따라 θ(모평균)은 신뢰계수 90%로 구간 [48, 102]에 속한다(90% 구간추정이라고도 함)라고 할 수 있습니다. 추정 순서를 정리하면 다음과 같습니다.

① 모집단의 모수를 이용하여 표본의 통계량 분포를 구합니다. 앞 예에서 통계량은 X 그 자체였으나 일반적으로는 표본 $X_1, X_2, \ldots, X_n$의 함수(예를 들어 표본평균 $\bar{X}$)가 됩니다.
② 확률 p가 되는 통계량의 범위를 구합니다.
③ 이 범위에 통계량의 실현값(표본값)이 있다고 하고 부등식을 모수에 대해 정리하면 신뢰계수 p의 구간추정이 됩니다.

△%의 확률로 구간에 있다는 것은 정확하지 않음

"90%의 확률로 θ가 [48, 102]에 속한다"라는 표현은 잘못된 것입니다. 확률 90%라고 표현하면 안 되고 신뢰계수 90%로 바꿔 표현해야 합니다. X는 확률변수지만, θ는 모집단의 모델을 정하는 모수이므로 마치 θ의 확률분포를 다루는 것처럼 표현해서는 안 됩니다. 만약 확률 90%라고 표현하고 싶다면

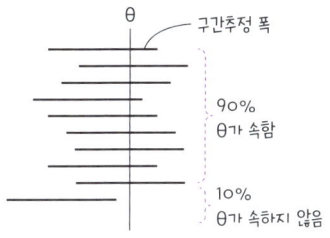

"신뢰계수 90%의 구간추정을 여러 번 수행했을 때 θ가 추정한 구간에 속할 확률이 90%다"라고 해야 합니다. 덧붙여 일반적으로 신뢰계수는 95%입니다.

05 정규모집단의 모평균 구간추정

①은 실제로 잘 사용하지는 않지만 이론의 하나로 이해하도록 합시다.

> **Point**
> **σ^2을 알 때와 모를 때 사용하는 분포가 다름**
>
> 모집단이 정규분포 $N(\mu, \sigma^2)$을 따른다고 할 때 표본의 크기를 n, 표본평균을 $\bar{x}$라 하고 모평균 μ를 구간추정함
>
> **① σ^2을 알 때**
>
> μ의 95% 신뢰구간은
>
> $$\left[\bar{x} - 1.96 \times \frac{\sigma}{\sqrt{n}},\ \bar{x} + 1.96 \times \frac{\sigma}{\sqrt{n}} \right] \quad \text{1.96은 정규분포의 상위 2.5% 지점}$$
>
> **② σ^2을 모를 때**
>
> μ의 95% 신뢰구간은
>
> $$\left[\bar{x} - \alpha \times \frac{u}{\sqrt{n}},\ \bar{x} + \alpha \times \frac{u}{\sqrt{n}} \right]$$
>
> $u^2 = \dfrac{1}{n-1} \sum_{i=1}^{n} (x_i - \bar{x})^2$ (비편향분산)
>
> α: 자유도 $n-1$인 t분포 $t(n-1)$의 상위 2.5% 지점

구간추정 원리

① 식에서는 표본평균 $\bar{X}$(확률변수)가 $N\left(\mu, \dfrac{\sigma^2}{n}\right)$을 따른다는 것을 이용합니다.

$$\mu - 1.96 \times \frac{\sigma}{\sqrt{n}} \leqq \bar{X} \leqq \mu + 1.96 \times \frac{\sigma}{\sqrt{n}}$$

앞 식과 같이 될 확률은 95%입니다. $\bar{X}$에 표본평균의 실현값을 대입하고 μ에 대해 정리하면 95% 신뢰구간을 구할 수 있습니다.

② 식에서는 $Y = (\bar{X} - \mu) \div \dfrac{U}{\sqrt{n}}$가 자유도 $n-1$인 t분포 $t(n-1)$을 따른다는 것을 이용합니다. 따라서 $-\alpha \leqq \dfrac{\bar{X} - \mu}{\dfrac{U}{\sqrt{n}}} \leqq \alpha$ (α는 $t(n-1)$의 상위 2.5% 지점)가 될 확률은 95%입니다.

$\bar{X}$에는 표본평균, U에는 비편향분산 제곱근의 실현값 u를 대입하여 μ에 대해 정리하면 95%의 신뢰구간을 구할 수 있습니다. 참고로 $\dfrac{u}{\sqrt{n}}$ 대신 $\dfrac{s_x}{\sqrt{n-1}}$를 이용해도 됩니다.

BUSINESS 사과의 평균 무게를 구간추정하기

문제 상자에서 사과를 무작위로 5개 꺼내어 무게를 잰 결과가 다음과 같았다.

292, 270, 294, 306, 298(g)

과수원 전체 사과 무게의 평균을 다음 ①, ② 각각의 경우에 대해 95%의 신뢰계수로 구간추정하라.
① 사과 무게의 표준편차가 13.0g임을 알고 있을 때
② 사과 무게의 표준편차를 모를 때

표본의 평균은 $\bar{x} = (292 + 270 + 294 + 306 + 298) \div 5 = 292.0$

① 표본의 크기는 $n = 5$, 모표준편차 σ는 $\sigma = 13.0$입니다.
모평균의 95% 신뢰구간은 다음 식과 같습니다.

$$\left[\bar{x} - 1.96 \times \frac{\sigma}{\sqrt{n}},\ \bar{x} + 1.96 \times \frac{\sigma}{\sqrt{n}}\right] = \left[292 - 1.96 \times \frac{13}{\sqrt{5}},\ 292 + 1.96 \times \frac{13}{\sqrt{5}}\right]$$
$$= [281,\ 303] \quad \text{(280.6…, 303.3…을 소수점 첫 자리에서 반올림)}$$

② 각각의 편차는 0, −22, 2, 14, 6이므로 비편향분산 u^2은 다음 식과 같습니다.

$$u^2 = (0^2 + 22^2 + 2^2 + 14^2 + 6^2) \div (5-1) = 720 \div 4 = 180 \qquad u = \sqrt{180}$$

또한 자유도 4(= 5 − 1)인 t분포의 2.5% 지점은 2.78입니다. 따라서 모평균의 95% 신뢰구간은 다음과 같습니다.

$$\left[\bar{x} - 2.78 \times \frac{u}{\sqrt{n}},\ \bar{x} + 2.78 \times \frac{u}{\sqrt{n}}\right]$$
$$= \left[292 - 2.78 \times \frac{\sqrt{180}}{\sqrt{5}},\ 292 + 2.78 \times \frac{\sqrt{180}}{\sqrt{5}}\right]$$
$$= [292 - 6.00 \times 2.78,\ 292 + 6.00 \times 2.78]$$
$$= [275,\ 309] \quad \text{(275.3…, 308.6…을 소수점 첫 자리에서 반올림)}$$

06 모비율 구간추정

통계 검정에서도 자주 등장합니다. 공식을 기억해 두도록 합시다.

> **Point**
> **이항분포를 정규분포로 근사**
>
> 모집단 안에 속성 A를 가진 비율을 p(모비율, population proportion)라고 함
>
> p의 95% 신뢰구간은 표본의 비율 $\bar{x} = \dfrac{k}{n}$를 이용하여 다음 식과 같이 구함
>
> $$\left[\bar{x} - 1.96 \times \sqrt{\dfrac{\bar{x}(1-\bar{x})}{n}},\ \bar{x} + 1.96 \times \sqrt{\dfrac{\bar{x}(1-\bar{x})}{n}} \right]$$

가능하다면 모비율 추정 원리도 이해하도록 하자

모집단에서 표본 1개를 추출할 때 이것이 속성 A를 가질 확률은 p입니다. 따라서 모집단에서 표본 1개를 추출하는 시행은 베르누이 시행 $\mathrm{Be}(p)$입니다. 모집단에서 표본 n개를 선택해 그 중 속성 A가 있는 개체의 개수를 확률변수 X로 두면 X는 이항분포 $\mathrm{Bin}(n, p)$를 따릅니다.

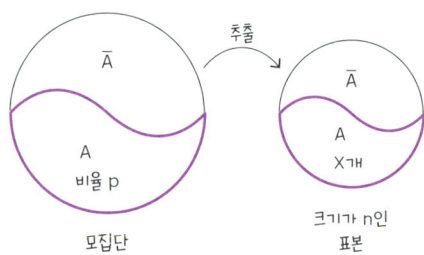

4장 01절에서 살펴본 대로 X의 평균과 분산은 각각 $E[X] = np$, $V[X] = np(1-p)$입니다. 속성 A를 가진 개체의 비율 $\dfrac{X}{n}$의 평균과 분산은 3장 11절의 공식을 이용하면 각각 다음 식과 같습니다.

$$E\left[\dfrac{X}{n}\right] \underset{①}{=} \dfrac{1}{n} E[X] = p,\quad V\left[\dfrac{X}{n}\right] \underset{②}{=} \dfrac{1}{n^2} V[X] = \dfrac{p(1-p)}{n}$$

n이 클 때 이항분포는 정규분포로 근사할 수 있기 때문에 표본의 비율 $\frac{x}{n}$는 정규분포 $N\left(p, \frac{p(1-p)}{n}\right)$를 따릅니다. 즉, $p - 1.96 \times \sqrt{\frac{p(1-p)}{n}} < \frac{x}{n} < p + 1.96 \times \sqrt{\frac{p(1-p)}{n}}$ 가 될 확률은 95%입니다. 이 식에서 $\frac{x}{n}$를 실현값 $\bar{x} = \frac{k}{n}$로 치환하고 루트 안의 모비율 p도 비율 $\bar{x} = \frac{k}{n}$로 치환하여 p에 대해 정리하면 다음 식과 같으므로 **모비율**(population proportion) **의 95% 신뢰구간을 구할 수 있습니다.**

$$\bar{x} - 1.96 \times \sqrt{\frac{\bar{x}(1-\bar{x})}{n}} < p < \bar{x} + 1.96 \times \sqrt{\frac{\bar{x}(1-\bar{x})}{n}}$$

BUSINESS 시청률 조사에서 1% 차이는 큰가?

속성 A를 '조사 대상 프로그램을 시청함'이라 하면 모비율은 전체 가구의 시청률, 표본의 비율은 시청률 조사에 협력한 조사 가구의 시청률이 됩니다.

> **문제** K 방송국의 편성국장 A씨는 K 방송국 사장으로부터 다음과 같은 질책을 들었습니다.
> "우리 프로그램의 시청률은 10%, M 방송국의 시청률은 11%군요. 경쟁에서 진 거 아닌가요?"
> A씨는 어떻게 변명할 수 있을까요? 시청률 조사 가구는 900가구라 하겠습니다.

모비율(시청률)의 95% 신뢰구간은 공식에 $\bar{x} = 0.1$, $n = 900$을 적용하면 다음 식과 같습니다.

$$\left[0.1 - 1.96 \times \sqrt{\frac{0.1(1-0.1)}{900}},\ 0.1 + 1.96 \times \sqrt{\frac{0.1(1-0.1)}{900}}\right] = [0.0804,\ 0.1196]$$

K 방송국 실제 시청률의 95% 신뢰구간은 8.04%부터 11.96%까지로, M 방송국의 11%를 포함합니다. 그러므로 M 방송국보다도 K 방송국 쪽이 실제 시청률이 더 높을 것으로 예상할 수도 있습니다. 이처럼 시청률 조사에서 1% 차이는 예측 오차 이내라 할 수 있습니다.

07 추정량의 평가 기준

 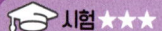

추정량에 타당성이 있는지의 기준입니다. 자세한 내용은 더 많습니다만, 먼저 네 가지 만이라도 알아둡시다.

> **Point 기댓값은 딱 맞는 것이, 분산은 작은 것이 좋음**
>
> 모집단에서 추출한 표본이 $X_1, X_2, ..., X_n$일 때 모수 θ의 추정량(estimator)은 $X = (X_1, X_2, ..., X_n)$의 함수 $T(X)$로 나타냄
>
> 추정량 T의 평가 기준에는 다음과 같은 것이 있음
> ① 비편향성(unbiasedness) ② 효율성(efficiency)
> ③ 일치성(consistency) ④ 충분성(sufficiency)

비편향성(기댓값이 추정하는 모수가 됨)

일반적으로 모수 θ의 추정량 T가 $E[T] = \theta$를 만족할 때 T를 θ의 **비편향추정량(unbiased estimator)**이라 합니다. T는 확률변수이므로 기댓값 $E[T]$를 생각합니다. 모분산 σ^2인 모집단에서 추출한 표본이 확률변수 $X_1, X_2, ..., X_n$일 때 다음을 **비편향분산**이라 합니다.

$$U^2 = \frac{1}{n-1} \sum_{i=1}^{n} (X_i - \bar{X})^2$$

$E[U^2] = \sigma^2$이 되므로 U^2은 σ^2의 비편향추정량이 됩니다. 표본 크기가 n이므로 $n-1$로 나눈다는 점이 핵심 개념입니다. n으로 나누면 보통의 분산이 되며 **표본분산**이라 합니다. 참고로 U^2을 표본분산이라 부르는 이론도 있으므로 주의하세요.

모평균 μ인 모집단에서 추출한 표본의 평균을 $\bar{X}$라 하면 $E[\bar{X}] = \mu$를 만족하므로 $\bar{X}$는 모평균 μ의 비편향추정량입니다. 자세한 내용은 08절에서 설명합니다.

효율성(비편향추정량 중에서도 분산은 작은 쪽이 좋음)

모수 θ의 비편향추정량이 T_1, T_2라고 할 때 $E[T_1] = E[T_2] = \theta$가 성립합니다. 분산에 대해 $V[T_1] > V[T_2]$가 성립할 때 **T_2는 T_1에 비해 효율적인 추정량**이라 할 수 있습니다.

비편향추정량의 분산은 다음 부등식에 의해 하한이 주어집니다.

$$V[T] \geqq \frac{1}{nE\left[\left(\dfrac{\partial}{\partial \theta}\log f(x\,;\theta)\right)^2\right]} \quad \text{(크라메르-라오 부등식)}$$

여기서 $f(x\,;\theta)$는 모집단의 분포를 표로 나타낸 확률밀도함수입니다. 비편향추정량 T가 크라메르-라오 부등식의 부호를 만족할 때 T를 **효율추정량(efficient estimator)**이라 할 수 있습니다. 모평균 μ, 모분산 σ^2의 정규모집단에서 추출한 표본으로 계산한 추정량은 다음 식과 같습니다.

$$S^2 = \frac{1}{n}\sum_{i=1}^{n}(X_i - \mu)^2$$

앞 식은 $E[S^2] = \sigma^2$을 만족하므로 모분산 σ^2의 비편향추정량이며, 크라메르-라오 부등식의 부호를 만족하므로 S^2은 σ^2의 효율추정량입니다.

일치성(극한을 취하면 모수가 됨)

표본의 크기가 n, 모수가 θ인 추정량을 T_n이라 합시다. n이 커질수록 확률변수 T_n의 분포가 θ 근처에서 거의 확률 1이 될 때 T_n을 **일치추정량(consistent estimator)**이라 합니다.

일치추정량에서는 표본의 크기를 크게 하면 얼마든지 추정의 정밀도를 높일 수 있습니다. 이를 수식으로 쓰면 ε가 임의의 작은 양수라 할 때 다음이 성립합니다.

$$\lim_{n\to\infty} P(|T_n - \theta| < \varepsilon) = 1$$

$\bar{X}$는 모평균 μ의 일치추정량, 표본분산 S^2은 모분산 σ^2의 일치추정량이 됩니다.

충분성(추정량을 정하면 모수와 관계없이 확률이 정해짐)

θ에 상관없이 $T(X)$값만으로 X의 분포(조건부 분포)가 $P(X = x | T = t\,;\theta) = P(X = x | T = t)$으로 정해질 때 T를 **충분통계량(sufficient statistic)**이라 합니다. T가 θ의 추정량일 때 T를 **충분추정량(sufficient estimator)**이라 합니다.

08 비편향추정량

난이도 ★★★★★　실용 ★　시험 ★★★

비편향분산의 비편향성을 설명할 수 있도록 충분히 이해합시다.

>
> **기댓값을 취하면 모수**
>
> 모집단에서 추출한 표본을 $X = (X_1, X_2, \ldots, X_n)$, 모수 θ의 추정량이 $T(X)$라면 $E[T(X)] = \theta$일 때 $T(X)$를 **비편향추정량**(unbiased estimator)이라고 함
>
> $T(X)$를 표본의 1차식으로 나타낼 수 있을 때 $T(X)$를 **선형비편향추정량**(linear unbiased estimator)이라고 함. 선형비편향추정량 중에서 분산이 최소인 것을 **최량선형비편향추정량**(best liner unbiased estimator, BLUE)이라고 함

모평균, 모분산의 비편향추정량 확인

모평균이 μ, 모분산이 σ^2일 때 $\bar{X}$, $U^2 = \dfrac{1}{n-1}\sum_{i=1}^{n}(X_i - \bar{X})^2$ 이 각각 비편향추정량이 된다는 것을 확인해 봅시다.

$E[\bar{X}] = \mu$　(이 장 01절)

$V[X_i] = E[X_i^2] - \{E[X_i]\}^2 = \sigma^2$(3장 06절)에 따라 $E[X_i^2] = \sigma^2 + \mu^2$

X_i와 X_j는 표본의 값이어서 독립으로 볼 수 있으므로 $E[X_i X_j] = E[X_i]E[X_j] = \mu^2$

$$E[(n\bar{X})^2] = E[(X_1 + X_2 + \cdots + X_n)^2] = E\left[\sum_{i=1}^{n}X_i^2 + \sum_{i \neq j}^{n}X_i X_j\right]$$
$$= n(\sigma^2 + \mu^2) + n(n-1)\mu^2 = n\sigma^2 + n^2\mu^2$$

$$\sum_{i=1}^{n}(X_i - \bar{X})^2 = \sum_{i=1}^{n}X_i^2 - 2\left(\sum_{i=1}^{n}X_i\right)\bar{X} + n(\bar{X})^2 = \sum_{i=1}^{n}X_i^2 - n(\bar{X})^2$$

$$E[U^2] = E\left[\frac{1}{n-1}\sum_{i=1}^{n}(X_i - \bar{X})^2\right] = \frac{1}{n-1}E\left[\sum_{i=1}^{n}X_i^2 - n(\bar{X})^2\right]$$
$$= \frac{1}{n-1}\{nE[X_i^2] - \frac{1}{n}E[(n\bar{X})^2]\}$$
$$= \frac{1}{n-1}\{n(\sigma^2 + \mu^2) - \frac{1}{n}(n\sigma^2 + n^2\mu^2)\} = \sigma^2$$

U^2은 σ^2의 비편향추정량이므로 **비편향분산** 또는 **표본비편향분산**이라 합니다. 이를 단순히 표본분산이라 부르는 경우도 있으므로 책을 읽을 때는 주의해야 합니다.

더불어 U는 σ의 비편향추정량이 아니라는 점을 기억합니다. 모집단이 정규분포를 따를 때라면 $\dfrac{\sqrt{n-1}\,\Gamma\left(\dfrac{n-1}{2}\right)}{\sqrt{2}\,\Gamma\left(\dfrac{n}{2}\right)}U$가 σ의 비편향추정량이 됩니다.

μ의 비편향추정량은 이 외에도 있습니다. 예를 들어 $Y = \dfrac{X_1 + 2X_2 + 3X_3}{6}$입니다. 요컨대 $X_1, X_2, \ldots, X_n$의 1차식(상수항 없음)에서 계수의 합이 1이 된다면 μ의 비편향추정량이 됩니다. $\bar{X}$와 Y 모두 μ의 선형비편향추정량입니다만, Y는 최량이 아닙니다. 이와는 달리 $\bar{X}$는 최량선형비편향추정량입니다.

오즈에 비편향추정량은 없음

모집단이 $\mathrm{Be}(p)$를 따를 때 성공할 확률이 실패할 확률의 몇 배인지를 나타내는 오즈(odds) $\dfrac{p}{1-p}$를 추정해 봅시다. 실제로 오즈의 비편향추정량은 없습니다. 혹시 비편향추정량 $f(X)$가 있다고 한다면, 예를 들어 $n = 1$일 때 $E[f(X)] = pf(1) + (1-p)f(0)$이 됩니다만, $p \to 1$일 때 오즈는 무한대가 되어도 $E[f(X)]$는 무한대가 되지 않습니다.

가우스-마르코프 정리로 최량선형비편향추정량을 설명

2차원 데이터 (x_i, y_i)의 단순회귀분석(8장 01, 05절)에서 모집단의 분석을 $Y_i = ax_i + b + \varepsilon_i$와 같이 둡니다. 여기서 x_i는 실현값, Y_i, ε_i는 확률변수, a, b는 상수입니다. 모회귀계수 a, b의 최소제곱추정량은 $\hat{a} = \dfrac{s_{xy}}{s_x^2}$, $\hat{b} = \bar{y} - \bar{x}\dfrac{s_{xy}}{s_x^2}$로 나타냅니다.

앞 식에서는 Y_i의 실현값 y_i를 사용합니다만, y_i를 Y_i로 바꿔 $\hat{a}[Y]$, $\hat{b}[Y]$라 합니다. $\hat{a}[Y]$, $\hat{b}[Y]$는 확률변수 Y_i를 이용한 a, b의 추정량이며 Y_i의 1차식으로 나타냅니다. **가우스-마르코프 정리**에 따르면 최소제곱추정량 $\hat{a}[Y]$, $\hat{b}[Y]$는 **최량선형비편향추정량**이 됩니다.

Column

헷갈리기 쉬운 표준편차와 표준오차의 차이

표본의 크기를 n, 표준편차(standard deviation)를 SD, 표준오차(standard error)를 SE로 했을 때 다음과 같은 식을 자주 봅니다.

$$SE = \frac{SD}{\sqrt{n}} \quad \cdots\cdots ①$$

여기서의 표준편차는 추정을 위한 것이므로 편차제곱합을 $n-1$로 나누어 계산한 것이 됩니다.

$$SD = \sqrt{\frac{1}{n-1}\sum_{i=1}^{n}(x_i - \bar{x})^2} \quad \cdots\cdots ②$$

이 책에서는 표본의 표준편차도 n으로 나누는 방식을 사용했으므로 이에 따르면 ②의 우변 루트 기호 안은 비편향분산 u^2이므로, $SD = u$라 할 수 있습니다.

모집단의 평균을 모를 때 모집단의 분산추정량은 비편향분산 U^2, 추정값은 데이터의 비편향분산 u^2입니다. 모집단분포의 분산을 U^2, 크기 n인 표본의 표본평균의 분산을 U_s^2이라 했을 때 5장 01절에 따라 U_s^2은 다음 식과 같습니다.

$$U_s^2 = \frac{U^2}{n} \quad \text{제곱근을 취하면} \quad U_s = \frac{U}{\sqrt{n}}$$

이 식에서 $U_s \to SE$, $U \to SD$로 치환한 것이 ① 식입니다. ① 식의 표준편차는 모평균의 추정량의 흩어짐 정도(표준편차)를 나타낸 것입니다. '05절 정규모집단의 모평균 구간추정'에 등장한 $\frac{u}{\sqrt{n}}$와 $\frac{s_x}{\sqrt{n-1}}$는 모두 표준오차입니다. 표준오차는 추정과 검정에서 큰 역할을 합니다.

또한 **표본평균 이외의 추정량을 얻었을 때 추정량의 흩어짐 정도(표준편차)를 표준오차라 부릅니다.** 이때는 오해를 피하고자 추정량을 명시하고 표준오차라는 용어를 사용하는 것이 좋습니다. 8장 05절에 나오는 표준오차가 이에 해당합니다.

요컨대 **표준편차는 데이터의 흩어짐 정도, 표준오차는 추정량의 흩어짐 정도**를 일컫습니다.

Chapter

06

검정

Introduction

검정을 학습하는 요령

"○○ 다이어트는 효과가 있다"라는 광고 문구를 자주 보게 되지만, 대부분 실제로 어떨지는 의심스럽습니다. 왜냐하면 적절한 방법으로 데이터를 모으고 올바르게 통계를 냈는지는 알 수 없기 때문입니다. 건강법이나 의료 정보에서는 증거의 유무가 정보의 신뢰성을 결정합니다. 증거란 '검정'의 결과입니다. "효과가 있다"라고 주장한다면 적어도 검정 과정은 거쳤기를 바랍니다.

"약 A보다 약 B가 혈압을 낮추는 데 효과가 있다"라는 주장이 올바른가를 데이터를 이용하여 확률적으로 판단하는 것이 검정(test)입니다. 확률적으로 판단한다는 것은 100% 단정까지는 못하지만 거의 올바르다고 말할 수 있는 판단을 말합니다.

이 장에서는 추론 통계 중에서 검정을 다룹니다. 검정 이론과 정규분포를 이용하는 구체적인 검정 방법을 소개합니다. 또한 검정이라 이름 붙인 여러 가지 방법이나 검정 사고방식을 이용한 통계 방법은 이 장 이외에도 다루므로 목차를 참고하기 바랍니다.

검정에는 여러 종류가 있습니다만, 모집단에 관한 가정(가설(hypothesis)이라 함)을 검정통계량을 이용하여 검정하는 흐름은 어느 것이든 마찬가지입니다. 그러므로 처음 배우는 사람이라면 먼저 01절의 검정 원리와 순서, 02절의 검정통계량을 읽고 검정 이론의 바탕이 되는 사고방식을 이해합시다. 그런 다음 대상 모집단의 가정마다 이에 대응하는 검정통계량으로는 무엇을 사용할 것인지, 검정통계량은 어떤 확률분포를 따르는지 등을 알아 두도록 합시다.

사회조사분석사 2급 이상을 준비하는 사람은 '검정' 문제를 풀 수 있도록 04절 '정규모집단의 모평균검정', 09절 '등분산검정', 7장 01절에서 설명할 '적합도검정', 7장 02절에서 설명할 '독립성검정'은 꼭 알아야 합니다. 데이터에 대해 어떤 검정을 이용하는 것이 좋은가 판단 능력을 기르도록 합시다.

검정 사고방식은 어떤 의미로 일상에서 자연스레 일어나는 사고 판단을 모방합니다. 그러나 그 결과를 표현하는 데는 검정 특유의 주장이 있습니다. 예를 들어 "일본 음식 낫토 성분의 하나인 '나토키나아제'에 혈전 용해 작용이 있다는 것이 통계적으로 유의하다"라는 주장은 검정의 결과를 표현한 것입니다. 이 장을 배우고 나면 이러한 표현이 주장하는 내용을 깊이 이해할 수 있습니다. 때에 따라서는 주장의 증거 등이 되는 논문도 이해할 수 있게 될 겁니다. 귀무가설, 대립가설, 유의수준 등을 이해하고 이에 익숙해질 때까지는 조금 시간이 걸릴지도 모릅니다. 사용하다 보면 알게 되는 내용도 많으므로 가능한 한 많은 문제를 풀어 보는 것이 좋습니다.

이 책에서는 다양한 검정을 소개할 때 Point에서는 검정통계량이 따르는 분포만 설명하며 문제에서 유의수준값을 구체적으로 정하고 예를 듭니다. 검정을 이용한 판정법을 매뉴얼화하여 내용을 구성할까도 생각했지만, 독자의 실력을 믿고 이와 같은 방식을 택했습니다.

네이만과 피어슨이 만든 가설검정

이 장에서 소개할 가설검정 이론은 예르지 네이만과 이건 피어슨이 완성한 것입니다. 칼 피어슨은 적합도검정을, 로널드 에일머 피셔는 분산분석을 만들었으므로 검정 원리 그 자체는 이해하고 응용했다 할 수 있습니다. 그러나 칼 피어슨도 로널드 에일머 피셔도 왜 특정 검정통계량을 선택했는가라는 문제에는 별 관심이 없었습니다.

이러한 문제에 관한 이론을 확립한 것이 예르지 네이만과 이건 피어슨입니다. 두 사람은 이 장에서 소개할 귀무가설, 대립가설, 기각역, 제1종 오류, 제2종 오류, 위험률, 검정력 등의 용어를 이론과 함께 정리했습니다.

"가설의 모수가 취할 수 있는 범위를 정하고 위험률을 일정하게 했을 때 가능한 한 검정력이 커지도록 기각역을 정해야 한다"라는 바람직한 가설검정 방향성을 주장한 것이 예르지 네이만과 이건 피어슨입니다. 이 두 사람이 만든 가설검정은 '가설의 모수(파라미터)'와 같이 모집단에 확률분포를 설정하고 검정을 진행하므로 이를 모수검정(parametric test)이라 부릅니다.

 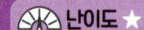  

검정의 원리와 순서

처음 검정을 배우는 사람을 위해 그 원리와 순서를 설명합니다.

일어나지 않을 듯한 일이 일어났을 때는 가설을 의심

검정 순서
① 귀무가설, 대립가설을 세움
② 귀무가설을 바탕으로 현실에서 일어난 일의 확률을 구함
③ 확률이 p 이하   → 귀무가설 기각. 유의수준 p로 대립가설을 채택
   확률이 p보다 큼 → 귀무가설 채택

BUSINESS 연말 제비뽑기가 눈속임인지를 검정

길을 걸으며 키가 2m쯤 되는 남성을 발견했다고 합시다. 여러분은 이 사람이 외국인이라고 생각했습니다. 한국인 20~30대 남성의 평균키는 174cm 정도인데 이에 비해 2m는 평균과 동떨어진 키이므로 한국인이 아니라고 생각한 것입니다. 이것이 **검정의 원리**입니다. 즉, 확률이 낮은 일이 일어났을 때(성인의 키가 2m)는 전제가 되는 가설(한국인)을 기각하고 전제를 부정하는 가설(외국인)을 선택합니다. 다음 문제를 이용해 자세히 살펴보겠습니다.

문제 행복 시장의 연말 제비뽑기는 2/3가 당첨이라 한다. 그런데 A씨가 3번 뽑았을 때 3번 모두 꽝이었다. 제비뽑기 당첨 확률이 2/3보다 낮은가를 유의수준 5%로 검정하라.

제비뽑기가 당첨일 실제 확률을 θ로 두고 **귀무가설(null hypothesis)**, **대립가설(alternative hypothesis)**이 각각 다음 식과 같다고 합시다.

$$\text{귀무가설 } H_0: \theta = \frac{2}{3} \qquad \text{대립가설 } H_1: \theta < \frac{2}{3}$$

보통 귀무가설은 H_0, 대립가설은 H_1로 두는 것이 관례입니다.

귀무가설을 이용하면 1번의 제비뽑기에서 꽝일 확률은 $1-\frac{2}{3}=\frac{1}{3}$입니다. 따라서 3번 모두 꽝일 확률은 $\frac{1}{3}\times\frac{1}{3}\times\frac{1}{3}=\frac{1}{27}=0.037$입니다. 즉, 귀무가설 H_0이 올바르다는 가정에 따라 실제로 일어난 일이 어느 정도의 확률로 일어났는가를 계산한 것이 0.037이라는 확률입니다. 3.7%라는 매우 낮은 확률이므로 귀무가설 H_0인 '제비뽑기는 2/3가 당첨'을 의심하는 것입니다.

낮은 확률인지를 판단하는 경계가 되는 것이 유의수준값으로, 이 문제에서는 5%입니다. 3.7%는 5%보다 낮으므로 귀무가설 H_0을 틀렸다고 보고 대신 대립가설 H_1을 올바르다고 봅니다. 이를 **귀무가설을 기각(reject)**하고 **대립가설을 채택**한다고 표현합니다.

이처럼 얻은 결론은 판단의 기준이 되는 5%(**유의수준, significance level**)까지를 포함하여 '**유의수준 5%로 제비뽑기가 당첨일 확률은 2/3보다 낮다고 할 수 있다**'라고 표현합니다. 이 5%라는 기준은 검정의 기준으로 자주 이용합니다만, 더욱 신중해야 할 때(예를 들어 의료 통계)라면 더 낮은 값을 설정해도 됩니다.

귀무가설을 수용(채택)할 때는 해석에 주의할 것

앞에서는 귀무가설을 기각했지만, 귀무가설로 구한 확률값이 유의수준보다 클 때는 귀무가설을 기각할 수 없습니다. 이럴 때를 **귀무가설을 채택** 또는 **수용**한다고 합니다. 영어로는 accept입니다.

귀무가설을 채택한다고 해도 현실에서 일어난 사건은 높은 확률로 일어날 것이 실제 일어난 것일 뿐이므로 귀무가설을 강하게 긍정할 수 있다는 것은 아닙니다. 그러므로 채택보다도 수용 쪽이 더 정확한 표현입니다.

앞 문제에서 귀무가설을 채택했을 때의 올바른 표현은 "**제비뽑기가 당첨일 확률은 2/3보다 낮다라고 말할 수 없다**"입니다. 이를 "제비뽑기가 당첨일 확률은 2/3보다 높다라고 말할 수 있다"라고 하는 것은 너무 앞서 나간 것이며, 잘못된 표현입니다.

02 검정통계량

검정마다 이용하는 통계량은 다릅니다. 여기서는 검정의 개요를 설명합니다.

 실현값의 확률을 계산하는 도구

모집단에서 추출한 표본의 값이 확률변수 $X_1, X_2, …, X_n$일 때 모집단의 모수(파라미터)를 검정하고자 $X_1, X_2, …, X_n$으로 만든 확률변수 $T(X_1, X_2, …, X_n)$을 **검정통계량**(test statistic)이라고 함. 모수를 검정할 때는 검정통계량 T가 따르는 분포를 이용하여 표본의 실현값이 일어날 확률을 계산함

BUSINESS 기억 속의 전국 평균값은 올바른 것이었나?

표본을 이용하여 모수를 검정하고자 검정통계량을 만듭니다. 검정통계량을 만드는 방법은 모집단의 분포나 검정할 모수에 따라 다릅니다. 시험을 앞두었다면 상황에 따른 검정통계량 작성 방법은 반드시 알아야 합니다.

문제를 이용하여 검정통계량 작성 방법과 이를 이용한 검정 방법을 설명해 보겠습니다. 다음은 표본 크기가 클 때 모평균을 검정하는 문제입니다.

> **문제** A군은 기록을 통해 전국 중학교 3학년 남학생의 공 던지기 거리 평균값이 23.3m, 표준편차는 5.7m라고 기억해 두었다. 그런데 A군이 다니는 중학교 3학년 남학생 100명의 공 던지기 평균값은 24.7m였다. 기억하고 있는 표준편차가 정확하다고 할 때 A군이 기억하고 있던 전국 평균 23.3m가 올바른지 그렇지 않은지를 유의수준 5%로 검정하라.

모집단은 전국 중학교 3학년 남학생의 공 던지기 기록입니다. 그리고 A군이 다니는 중학교 남학생 100명의 기록은 이 모집단에서 무작위로 추출한 표본이라 합시다. 따라서 표본평균이 24.7m 이상일 확률이 5% 이하인지를 판단합니다.

모집단에서 표본을 100개 추출했을 때의 값을 독립인 확률변수 $X_1, X_2, \ldots, X_{100}$으로 둡니다. 이때 표본평균 $\bar{X}$는 다음 식과 같이 나타냅니다.

$$\bar{X} = \frac{X_1 + X_2 + \cdots + X_{100}}{100}$$

앞 식은 이 검정에서의 검정통계량이 됩니다.

이 $\bar{X}$의 확률분포를 구해봅시다. 모집단의 평균(모평균) 실제 값을 μ로 둡니다. 모분산 σ^2은 $\sigma^2 = 5.7^2$입니다. 그럼 모집단에서 추출한 X_i의 평균과 분산은 각각 μ, 5.7^2이므로 $E[X_i] = \mu$, $V[X_i] = 5.7^2$(5장 01절), 따라서 $E[\bar{X}] = \mu$, $V[\bar{X}] = \frac{5.7^2}{100}$ 이 됩니다.

표본 크기 100은 충분히 크다고 보고 중심극한정리를 이용하면 $\bar{X}$의 분포를 정규분포로 볼 수 있습니다. 즉, $\bar{X}$는 $N\left(\mu, \frac{5.7^2}{100}\right)$을 따른다고 봐도 좋습니다. 여기서 귀무가설, 대립가설을 각각 다음과 같이 둡니다.

귀무가설 $H_0: \mu = 23.3$ 대립가설 $H_1: \mu \neq 23.3$

귀무가설을 이용한 $\bar{X}$의 분포는 $N\left(23.3, \frac{5.7^2}{100}\right)$이 됩니다.

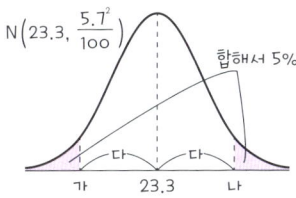

이때 오른쪽 그림처럼 평균에서 먼 곳(칠한 좌우 두 부분)이 5%가 되는 '가', '나'의 값을 구해봅시다. '가'는 하위 2.5% 지점, '나'는 상위 2.5% 지점입니다. 정규분포 표에서 0.025에 대응하는 값을 찾으면 1.96이므로 '다'의 길이는 표준편차 $\frac{5.7}{10} = 0.57$의 1.96배가 됩니다. 그러므로 다음 식과 같이 구할 수 있습니다.

가 $= 23.3 - 1.96 \times 0.57 = 22.2$ 나 $= 23.3 + 1.96 \times 0.57 = 24.4$

A군의 중학교 3학년 남학생 100명의 평균값(표본평균) 24.7은 24.4보다 크므로 확률 5% 범위에 들어갑니다. $\bar{X}$가 24.7 이상이 될 확률은 5%보다 낮은 것입니다. 즉, 귀무가설 H_0을 기각하므로 유의수준 5%에서 전국 중학교 3학년 남학생의 공 던지기 평균값이 23.3m가 아니라고 말할 수 있습니다. 22.2m 이하 또는 24.4m 이상을 유의수준 5%일 때의 **기각역**(rejection region)이라 합니다.

이 문제에서는 표본평균 $\bar{x}$가 24.7이었지만 이 외의 값일 때도 포함하여 검정 결과를 정리하면 다음과 같습니다.

$\bar{x} \leq 22.2$ 또는 $24.4 \leq \bar{x}$일 때   귀무가설 H_0을 기각한다.
$22.2 < \bar{x} < 24.4$일 때   귀무가설 H_0을 수용한다.

22.2보다 크고 24.4보다 작은 범위를 유의수준 5%일 때의 수용역(acceptance region)이라 합니다. 또한 $P(\bar{X} \geq 24.7)$이 되는 값을 계산하여 2.5%와 비교하는 방법으로도 검정할 수 있습니다. $P(\bar{X} \geq 24.7)$의 값을 ***p값***(p-value)이라 합니다.

양측검정, 단측검정이란?

앞에서는 기각역을 평균에서 떨어진 양쪽 모두에 설정했습니다. 이는 기억 속의 평균값이 '올바른지 올바르지 않은지'를 검정하기 위해서입니다. 기억 속의 평균값이 올바르지 않을 때, 즉 실제 평균값과 일치하지 않을 때는 다음 두 가지를 생각할 수 있습니다.

① (실제 평균값) < (기억 속의 평균값)
② (실제 평균값) > (기억 속의 평균값)

앞 문제의 해법에서 평균값에서 떨어진 양쪽에 2.5%씩 기각역을 설정한 것은 두 가지 경우를 모두 고려했기 때문입니다.

앞 문제에서는 A군이 다니는 중학교 3학년 남학생의 평균값(표본평균)이 24.7로, 기억 속의 평균값인 23.3보다 큰 값이었습니다. 그러므로 실제 평균값이 기억 속의 평균값보다 '큰가 크지 않은가'를 검정하는 것이 자연스러울 겁니다. 그럼 이번에는 문제를 "전국 중학교 3학년 남학생의 공 던지기 실제 평균값이 A군이 기억하던 평균값 23.3m보다 큰가 크지 않은가를 유의수준 5%로 검정하라"로 변경해 풀어봅시다.

이때 실제 평균값을 μ라 하면 귀무가설, 대립가설은 각각 다음과 같습니다.

귀무가설 $H_0: \mu = 23.3$ 대립가설 $H_1: \mu > 23.3$

이때도 표본평균 $\bar{X}$의 분포는 $N\left(23.3, \dfrac{5.7^2}{100}\right)$입니다만, 기각역이 앞과는 다릅니다. 이번에는 대립가설 H_1이 $\mu > 23.3$이므로 큰 쪽으로 벗어날 경우만 고려하면 됩니다. 대립가설을 채택한다는 것은 실제 표본평균 $\bar{x}$ 가 더 클 때입니다. 그러므로 오른쪽 그림과 같이 칠한 부분의 넓이가 5%가 되는 '가'의 값을 구해봅시다.

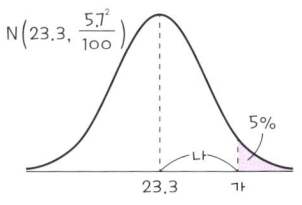

정규분포표에서 0.05에 대응하는 값을 찾으면 1.64이므로 '나'의 길이는 표준편차 $\dfrac{5.7}{10}$의 1.64배가 됩니다.
'가'의 값은 다음 식과 같습니다.

$$ 가 = 23.3 + 1.64 \times 0.57 = 24.2 $$

따라서 실제 평균값이 기억 속의 평균값보다도 '큰지 크지 않은지'를 유의수준 5%로 검정할 때의 기각역은 24.2 이하가 됩니다. 실제 표본평균이 24.7이므로 귀무가설 H_0을 기각하며 대립가설 H_1을 채택합니다.

1번째 문제와 같이 기각역을 양쪽에 두는 검정을 **양측검정(two-sided test)**, 이번 문제처럼 기각역을 오른쪽에만 두는 검정을 **우측검정(right-sided test)**이라 합니다. 우측검정과 **좌측검정(left-sided test)**을 모두 합쳐 **단측검정(one-sided test)**이라 합니다.

모수 θ의 검정에서 귀무가설이 $H_0: \theta = a$(a는 상수)일 때 대립가설 H_1의 설정 방법과 그에 따른 기각역의 설정 방법을 정리하면 다음과 같습니다.

$H_1: \theta \neq a$ 양측검정
$H_1: \theta > a$ 우측검정 ⎫
$H_1: \theta < a$ 좌측검정 ⎭ 단측검정

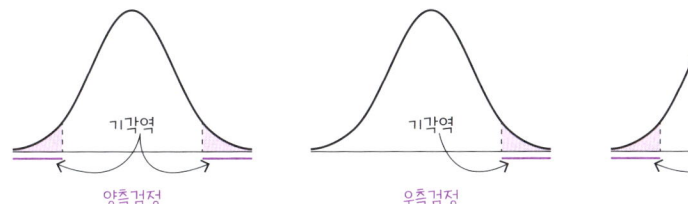

여기서는 문제에서 어떤 경우인지를 알 수 있었습니다만, 문제에 어떤 경우인지 나타나지 않을 때도 흔합니다. 또한 처음에는 양측검정을 생각했는데 데이터를 얻은 후 귀무가설을 기각하고자 단측검정으로 방향을 바꾸면 반칙입니다. 초심을 잊어서는 안 됩니다.

03 검정 오류

난이도 ★★★ 실용 ★★ 시험 ★★★

검정을 이용할 때는 검정의 한계도 함께 알아야 합니다.

> **제1종 및 제2종 오류 모두를 줄일 수는 없음**
>
> - **제1종 오류**(type I error): 귀무가설 H_0이 올바름에도 잘못하여 귀무가설 H_0을 기각하는 오류를 말하며, 제1종 오류가 일어나는 확률을 **위험률**(hazard rate, 유의수준과 같음)이라고 함
> - **제2종 오류**(type II error): 대립가설 H_1이 올바름에도 잘못하여 귀무가설 H_0을 수용하는 오류를 말하며, 대립가설 H_1이 올바를 때 귀무가설 H_0을 올바르게 기각하는 확률을 **검정력**(statistical power)이라고 함

제1종 오류와 제2종 오류의 확률 계산

	H_0 기각	H_0 수용
H_0이 올바름	제1종 오류	○
H_1이 올바름	○	제2종 오류

$\mu = a$와 같이 모수의 값이 하나만 주어졌을 때의 가설을 **단순가설**(simple hypothesis), $\mu \neq a$와 같이 범위로 주어진 가설을 **복합가설**(composite hypothesis)이라 합니다. H_1쪽도 단순가설로 하여 검정력을 구하는 문제를 풀어 봅시다.

> **문제** 모집단이 정규분포를 따르며 모분산 σ^2은 36이다. 표본평균 $\bar{X}$를 검정통계량으로 하여 모평균 μ를 유의수준 5%로 단측검정하고자 한다. 표본 크기는 64이고 귀무가설, 대립가설은 $H_0: \mu = 100$, $H_1: \mu > 100$이라고 하자.
>
> ① 위험률(제1종 오류가 일어날 확률) α를 구하라.
> ② $\mu = 102$일 때 제2종 오류가 일어날 확률 β, 검정력을 구하라.

① 유의수준 5%일 때 H_0이 올바름에도 잘못하여 H_0을 기각할 확률은 5%가 됩니다. 제1종 오류가 일어날 확률이 5%이므로 위험률은 5%가 됩니다. 이처럼 **위험률은 항상 유의수준과 같습니다**.

② 먼저 $H_0: \mu = 100$을 이용하여 수용역을 구합니다. 모집단이 정규분포 $N(100, 36)$을 따를 때 크기 64인 표본의 표본평균은 정규분포 $N\left(100, \dfrac{36}{64}\right)$을 따릅니다. 평균은 100, 표준편차는 $\dfrac{3}{4}$입니다. 이를 이용하여 수용역을 계산하면 $100 + 1.64 \times \dfrac{3}{4} = 101.23$ 이하입니다.

$\mu = 102$일 때 표본평균 $\bar{X}$는 $N\left(102, \dfrac{36}{64}\right)$을 따릅니다. 이를 이용하여 다음 식처럼 표본평균 $\bar{X}$가 수용역에 들어갈 확률을 계산합니다.

$$(102 - 101.23) \div \dfrac{3}{4} = 1.027$$

표준정규분포표에서 다음 왼쪽 그림의 색칠된 부분 넓이는 0.1515입니다. 표본평균 $\bar{X}$가 수용역에 들어갈 확률 β는 0.1515(15%), 검정력은 H_1이 올바를 때 H_0을 기각할 확률이므로 $1 - \beta = 0.8485(85\%)$입니다.

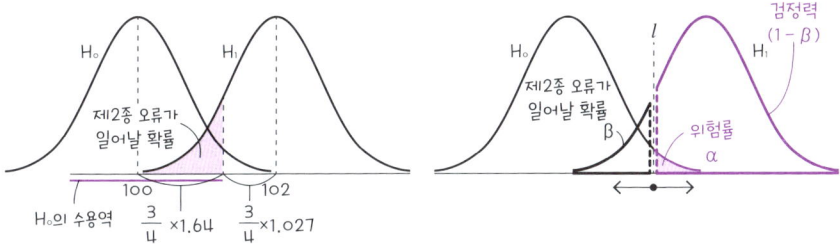

제1종 오류가 일어날 확률을 α, 제2종 오류가 일어날 확률을 β라 하면 위험률과 검정력은 다음과 같습니다.

$$\alpha = \text{유의수준} = \text{위험률} \qquad \text{검정력} = 1 - \beta$$

앞의 오른쪽 그림에서 색칠된 부분이 유의수준(위험률), 검은색 굵은 선 부분이 제2종 오류 확률, 보라색 굵은 선 부분이 검정력입니다. H_0, H_1의 분포를 고정한 채 직선 l을 왼쪽으로 움직이면 검정력 $1 - \beta$는 늘어나지만(β는 줄어듦), 위험률 α도 커집니다. 오른쪽으로 움직이면 위험률 α는 줄어들지만 검정력 $1 - \beta$도 줄어듭니다(β는 늘어남). 따라서 **위험률과 검정력은 상충(trade-off) 관계입니다.** 실무에서는 위험률과 검정력을 어떻게 조정하는지가 중요합니다.

 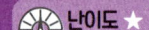  

04 정규모집단의 모평균검정

이 절부터 09절까지는 사회조사분석사 2급에 자주 등장하는 내용입니다.

> **Point**
>
> **모분산 σ^2을 모를 때 비편향분산을 이용하면 t검정이 된다**
>
> 모집단이 정규분포 $N(\mu, \sigma^2)$을 따를 때 모평균 μ의 검정을 수행함. 표본의 크기를 n, 추출한 표본을 $X_1, X_2, ..., X_n$, 표본평균을 $\bar{X}$로 둠
>
> **① 모분산 σ^2을 알 때**
>
> $\bar{X}$를 검정통계량으로 했을 때 $\bar{X}$는 $N\left(\mu, \dfrac{\sigma^2}{n}\right)$을 따름. 또는 $\bar{X}$를 표준화한 $Z = \dfrac{\bar{X} - \mu}{\dfrac{\sigma}{\sqrt{n}}}$가 $N(0, 1^2)$을 따름
>
> **① 모분산 σ^2을 모를 때**
>
> $$T = \dfrac{\bar{X} - \mu}{\dfrac{U}{\sqrt{n}}} = \dfrac{\bar{X} - \mu}{\sqrt{\dfrac{U^2}{n}}} \quad (U는 U^2 = \dfrac{1}{n-1}\sum_{i=1}^{n}(X_i - \bar{X})^2 의 제곱근)$$
>
> 를 검정통계량으로 함. T는 자유도 $n - 1$의 t분포 $t(n - 1)$을 따름

모평균을 검정할 때 검정통계량을 만드는 법

모집단의 분포가 정규분포라고 가정할 때 이를 **정규모집단(normal population)**이라 합니다. 02절에서는 모집단이 정규분포라고 가정하지 않았지만, 표본의 크기가 크므로 중심극한정리에 따라 $\bar{X}$를 정규분포로 근사할 수 있었습니다. 이 절에서는 정규모집단이므로 표본의 크기가 작아도 정규분포의 재생성에 따라 $\bar{X}$는 정규분포를 따릅니다.

Point의 ② 모분산을 모를 때는 ①의 모표준편차 σ를 비편향분산 U^2의 제곱근 U로 치환한 식 T를 검정통계량으로 하여 정규분포 대신 t분포 $t(n - 1)$을 이용합니다. U는 표본의 값만으로도 계산할 수 있으므로 모분산을 몰라도 검정할 수 있습니다.

BUSINESS 반복 옆 뛰기의 전국 평균 검정

문제 A군은 "전국 고등학교 1학년 남학생의 반복 옆 뛰기 통계에서 평균은 43.2회다"라고 들었다. 이에 같은 반 남학생 16명의 기록을 물어보고 이를 계산했더니 평균이 47회, 비편향분산이 60이었다. A군이 들었던 전국 평균이 올바른지, 올바르지 않은지를 유의수준 5%로 양측검정하라. 단, 전국 통계는 정규분포를 따른다고 한다.
① 전국 통계의 분산이 50임을 알았을 때
② 전국 통계의 분산을 모를 때

전국 통계의 분포는 $N(\mu, \sigma^2)$을 따른다고 하면 귀무가설과 대립가설은 다음과 같습니다.

$$\text{귀무가설 } H_0: \mu = 43.2 \qquad \text{대립가설 } H_1: \mu \neq 43.2$$

① $\sigma^2 = 50$, H_0에서 $\mu = 43.2$이므로 크기 16인 표본평균 $\bar{X}$는 $N\left(43.2, \dfrac{50}{16}\right)$을 따릅니다. 유의수준 5%로 양측검정할 때의 기각역은 $43.2 - 1.96 \times \dfrac{\sqrt{50}}{\sqrt{16}} = 39.7$ 이하, $43.2 + 1.96 \times \dfrac{\sqrt{50}}{\sqrt{16}} = 46.7$ 이상입니다. $\bar{X} = 47$은 기각역에 들어가므로 H_0은 기각합니다. 따라서 유의수준 5%에서 $\mu \neq 43.2$라고 말할 수 있습니다.

② $n = 16$, H_0에서 T는 자유도 $16 - 1 = 15$인 t분포를 따릅니다. $t(15)$에서 양측 5%의 기각역은 다음 식과 같이 -2.13 이하와 2.13 이상입니다.

$$T = \frac{\bar{X} - \mu}{\dfrac{U}{\sqrt{n}}} \leq -2.13 \quad \text{또는} \quad 2.13 \leq T = \frac{\bar{X} - \mu}{\dfrac{U}{\sqrt{n}}}$$

단측 2.5%인 지점

$\bar{X} = 47$, $\mu = 43.2$, $U = \sqrt{U^2} = \sqrt{60}$, $n = 15$를 대입하면 $T = 1.90$으로 기각역에 들어가지 않으므로 H_0은 수용합니다.

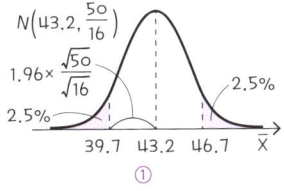
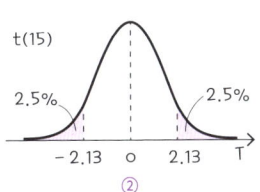

05 정규모집단의 모분산검정

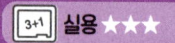 

04절의 모평균이 더 중요합니다만, 통계 검정을 준비하는 사람이라면 모분산도 알아 둡시다.

모평균 μ를 알 때와 모를 때는 카이제곱분포의 자유도가 다름

모집단이 정규분포 $N(\mu, \sigma^2)$을 따를 때 모분산 σ^2을 검정함. 표본의 크기를 n, 추출한 표본을 $X_1, X_2, \ldots, X_n$, 표본평균을 $\bar{X}$로 둠

① 모평균 μ를 알 때

$$T = \frac{nS^2}{\sigma^2}$$

앞 식을 검정통계량으로 함. 이때 S^2은 다음과 같음

$$S^2 = \frac{1}{n}\{(X_1 - \mu)^2 + (X_2 - \mu)^2 + \cdots + (X_n - \mu)^2\}$$

T는 자유도 n인 카이제곱분포 $\chi^2(n)$을 따름

② 모평균 μ를 모를 때

$$T = \frac{(n-1)U^2}{\sigma^2} \quad \left(U^2 = \frac{\sum_{i=1}^{n}(X_i - \bar{X})^2}{n-1} \right)$$

앞 식을 검정통계량으로 함. T는 자유도 $n-1$인 카이제곱분포 $\chi^2(n-1)$을 따름

모분산을 검정할 때 검정통계량을 만드는 법

X_i를 표준화한 $\frac{X_i - \mu}{\sigma}$는 $N(0, 1^2)$을 따르므로 $\frac{X_i - \mu}{\sigma}$의 제곱합은 다음 식과 같습니다.

$$T = \left(\frac{X_1 - \mu}{\sigma}\right)^2 + \left(\frac{X_2 - \mu}{\sigma}\right)^2 + \cdots + \left(\frac{X_n - \mu}{\sigma}\right)^2 = \frac{\sum_{i=1}^{n}(X_i - \mu)^2}{\sigma^2} = \frac{nS^2}{\sigma^2}$$

앞 식은 정의에 따라 자유도 n인 카이제곱분포 $\chi^2(n)$을 따릅니다. 모평균 μ를 알 때는 표본의 값과 μ를 이용하여 통계량을 계산할 수 있습니다. S^2을 이용하여 Point와 같이 정리

했습니다만, 가운데 항과 같이 '모평균과의 편차'의 제곱합 ÷ 모분산으로 기억하면 됩니다. 모평균 μ를 모를 때는 μ를 표본평균 $\bar{X}$로 치환하고 비편향분산 U^2을 이용하여 검정통계량을 만듭니다.

BUSINESS 전국 악력 통계의 분산을 검정

> **문제** B군은 '전국 중학교 3학년 여학생'의 악력 표준편차가 5.3kg이라고 들었다. 이때 B군의 같은 반 여학생 16명의 악력 데이터를 이용하여 B군이 들었던 전국 악력 표준편차가 올바른지, 올바르지 않은지를 유의수준 5%로 양측검정하라. 단, 전국 통계는 정규분포를 따른다고 한다.
> ① 전국 평균이 25.8kg이라는 것을 알고 있어 이를 이용하여 '전국 평균과의 편차'의 제곱합을 계산하니 756이었다.
> ② 전국 평균을 모르므로 비편향분산을 계산하니 56이었다.

전국 통계 분포는 $N(\mu, \sigma^2)$을 따른다고 하면 귀무가설과 대립가설은 다음과 같습니다.

$$\text{귀무가설 } H_0: \sigma^2 = 5.3^2 \qquad \text{대립가설 } H_1: \sigma^2 \neq 5.3^2$$

① $\dfrac{nS^2}{\sigma^2}$은 자유도 16인 $\chi^2(16)$을 따릅니다. 유의수준 5%의 기각역은 6.90 이하 또는 28.8 이상입니다. $nS^2 = 756$, $\sigma^2 = 5.3^2$이라고 하면 $T = \dfrac{nS^2}{\sigma^2} = \dfrac{756}{5.3^2} = 26.9$로, 기각역에 들어가지 않으므로 H_0을 수용합니다.

② $\dfrac{(n-1)U^2}{\sigma^2}$은 자유도 15인 $\chi^2(15)$를 따릅니다. 유의수준 5%의 기각역은 6.26 이하 또는 27.5 이상입니다. $n = 16$, $U^2 = 56$이므로 $T = \dfrac{(n-1)U^2}{\sigma^2} = \dfrac{(16-1) \times 56}{5.3^2} = 29.9$이고 이는 기각역에 들어가므로 H_0은 기각합니다. 즉, 유의수준 5%에서 $\sigma^2 \neq 5.3^2$이라 말할 수 있습니다.

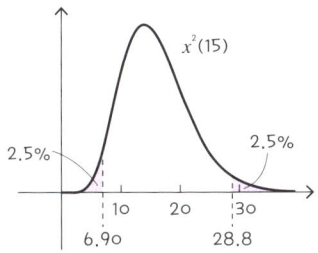
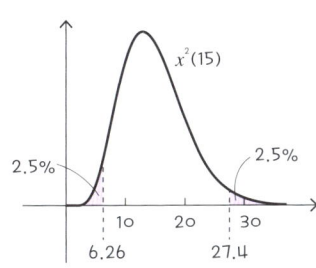

06 모평균 차이검정 ①

난이도 ★★　　실용 ★★★　　시험 ★★★★★

실용적인 면에서는 자주 사용하지 않으나 사회조사분석사 2급 이상에서는 등장합니다.

> **Point**
> **모분산을 모를 때는 식이 복잡하지만 순서를 알면 기억할 수 있음**
>
> 정규모집단 A, B가 있고 각각 $N(\mu_A, \sigma_A^2)$, $N(\mu_B, \sigma_B^2)$을 따른다고 할 때 모평균에 차이가 있는지를 검정. A, B에서 각각의 표본을 추출하고 표본 크기를 n_A, n_B, 표본의 평균을 $\bar{X}_A$, $\bar{X}_B$라고 함
>
> ① **모분산 σ_A^2, σ_B^2을 알 때**
>
> $$T = \frac{\bar{X}_A - \bar{X}_B}{\sqrt{\dfrac{\sigma_A^2}{n_A} + \dfrac{\sigma_B^2}{n_B}}}$$
>
> 앞 식을 검정통계량으로 함. $\mu_A = \mu_B$라는 가정에 따라 T는 표준정규분포 $N(0, 1^2)$을 따름
>
> ② **모분산은 모르지만 등분산임은 알 때**
>
> A에서 추출한 표본의 비편향분산을 U_A^2, B에서 추출한 표본의 비편향분산을 U_B^2이라고 하면 다음 식을 검정통계량으로 함
>
> $$T = \frac{\bar{X}_A - \bar{X}_B}{\sqrt{\left(\dfrac{1}{n_A} + \dfrac{1}{n_B}\right)\dfrac{(n_A-1)U_A^2 + (n_B-1)U_B^2}{(n_A-1)+(n_B-1)}}}$$
>
> $\mu_A = \mu_B$라는 가정에 따라 T는 자유도 $n_A + n_B - 2$인 t분포 $t(n_A + n_B - 2)$를 따름

모평균 차이를 검정할 때 검정통계량 만드는 법

Point처럼 '모분산 σ_A^2, σ_B^2을 알 때'와 '모분산은 모르지만 등분산임은 알 때'에 이용하는 검정통계량은 다릅니다.

5장 01절에서 본 것처럼 $\bar{X}_A$는 $N\left(\mu_A, \dfrac{\sigma_A^2}{n_A}\right)$을, $\bar{X}_B$는 $N\left(\mu_B, \dfrac{\sigma_B^2}{n_B}\right)$을 따릅니다. 또한

정규분포의 재생성에 따라 $\bar{X}_A - \bar{X}_B$는 $\left(\mu_A - \mu_B, \dfrac{\sigma_A^2}{n_A} + \dfrac{\sigma_B^2}{n_B}\right)$을 따릅니다. 이를 표준화하여 $\mu_A = \mu_B$로 한 것이 ①일 때의 검정통계량 T입니다.

②일 때의 검정통계량 T를 만들어 보겠습니다. 분산이 같다고 가정했으므로 ①의 통계량 식에서 $\sigma^2 = \sigma_A^2 = \sigma_B^2$으로 둡니다. 다음으로 σ^2을 σ^2의 비편향추정량으로 치환(스튜던트화)하면 ②의 검정통계량 식이 됩니다.

BUSINESS '두 대학의 평균점에 차이가 있다'라고 유의하게 말할 수 있는가를 검정

문제 A 대학과 B 대학의 학생 전원이 만점 990점인 시험을 치르고 A 대학, B 대학에서 무작위로 고른 각각의 표본(A 대학은 표본 A, B 대학은 표본 B)으로 점수를 조사한 바 다음과 같다.

	크기	평균점	비편향분산
표본 A	30명	760	160^2
표본 B	20명	659	200^2

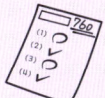

이 시험의 A 대학 평균점 μ_A와 B 대학의 평균점 μ_B 사이에 차이가 있는지를 ①, ② 각각의 조건을 이용하여 유의수준 5%로 양측검정하라.
① A 대학의 표준편차가 150, B 대학의 표준편차가 190임을 알 때
② A 대학과 B 대학의 표준편차가 같다는 것만 알 때

귀무가설, 대립가설은 ①, ②를 바탕으로 $H_0 : \mu_A = \mu_B$, $H_1 : \mu_A \neq \mu_B$와 같이 둡니다.

① $T = \dfrac{760 - 659}{\sqrt{\dfrac{150^2}{30} + \dfrac{190^2}{20}}} = 2.00$ 이고 $N(0, 1^2)$의 상위 2.5% 지점은 1.96이므로 2.00은 기각역에 들어갑니다. 따라서 H_0은 기각합니다. 유의수준 5%에서 'A 대학의 평균점과 B 대학의 평균점에는 차이가 있다'라고 말할 수 있습니다.

② $T = \dfrac{760 - 659}{\sqrt{\left(\dfrac{1}{30} + \dfrac{1}{20}\right)\left(\dfrac{29 \times 160^2 + 19 \times 200^2}{29 + 19}\right)}} = 1.98$ 이고 $t(48)$의 상위 2.5% 지점은 2.01이므로 1.98은 수용역에 들어갑니다. 따라서 H_0은 수용합니다. 'A 대학과 B 대학의 평균점에 차이가 있다'라고는 말할 수 없습니다.

 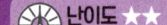  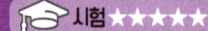

07 모평균 차이검정 ②

차이를 검정하려면 웰치의 t검정 하나면 충분하다고 말하는 사람이 있을 정도입니다.

Point! 대응 관계가 있을 때는 차이를 정규분포로 봄

모분산 σ_A^2, σ_B^2을 모르고 등분산이 아닐 수도 있을 때(웰치의 t검정)

모집단 A, B가 각각 정규분포 $N(\mu_A, \sigma_A^2)$, $N(\mu_B, \sigma_B^2)$을 따를 때 모평균에 차이가 있는지를 검정함. A에서 추출한 표본 크기를 n_A, 평균을 $\overline{X}_A$, 비편향분산을 U_A^2, B에서 추출한 표본 크기를 n_B, 평균을 $\overline{X}_B$, 비편향분산을 U_B^2이라고 하면 검정통계량 T는 다음 식과 같음

$$T = \frac{\overline{X}_A - \overline{X}_B}{\sqrt{\dfrac{U_A^2}{n_A} + \dfrac{U_B^2}{n_B}}}$$

$\mu_A = \mu_B$라는 가정에 따라 T는 자유도 f인 t분포를 근사적으로 따름. 여기서 f는 다음 식에 가장 가까운 정수로 함

$$\left(\frac{U_A^2}{n_A} + \frac{U_B^2}{n_B}\right)^2 \bigg/ \left(\frac{1}{n_A-1}\left(\frac{U_A^2}{n_A}\right)^2 + \frac{1}{n_B-1}\left(\frac{U_B^2}{n_B}\right)^2\right)$$

대응 관계가 있는 데이터의 차이검정

정규모집단 A, B에서 추출한 표본을 $(x_i, y_i)(i = 1, 2, …, n)$라는 대응 관계로 나타낼 때 모평균에 차이가 있는지를 검정함. $d_i = x_i - y_i$, d_i의 평균을 $\overline{D}$, 비편향분산을 U_D^2으로 두면 검정통계량 T는 다음 식과 같음

$$T = \frac{\overline{D}}{\sqrt{\dfrac{U_D^2}{n}}}$$

d_i에 대해 04절 ②의 검정을 수행하는 것과 같음

앞 식을 검정통계량으로 함. $\mu_A = \mu_B$라는 가정에 따라 T는 자유도 $n - 1$인 t분포 $t(n - 1)$을 따름

고민스러운 베렌스-피셔 문제

모분산이 서로 다르고 이를 모를 때 모평균을 검정하는 문제를 베렌스-피셔 문제라 부르며 지금으로선 엄밀한 검정이 없습니다. 이에 근사검정으로 웰치의 t검정(Welch's t-test)을 사용합니다. 모분산에 조건을 달지 않으므로 이른바 만능 검정이라 할 수 있습니다. 그러나 만능이라고는 해도 앞 절의 검정과 비교하면 검정력이 낮습니다.

검정통계량은 06절 ①의 모분산 σ_A^2, σ_B^2을 그 비편향추정량인 U_A^2, U_B^2으로 치환하여 만듭니다. 어려운 부분은 자유도를 구하는 식입니다.

BUSINESS '두 대학의 평균점에 차이가 있다'고 유의하게 말할 수 있는지를 나타내는 웰치의 t검정

06절의 문제에 웰치의 t검정을 해 봅시다. 귀무가설, 대립가설은 H_0: $\mu_A = \mu_B$, H_1: $\mu_A \neq \mu_B$와 같이 두며, 검정통계량 T값은 오른쪽과 같습니다.

$$T = \frac{\bar{X}_A - \bar{X}_B}{\sqrt{\frac{U_A^2}{n_A} + \frac{U_B^2}{n_B}}} = \frac{760 - 659}{\sqrt{\frac{160^2}{30} + \frac{200^2}{20}}} = 1.89$$

T가 따르는 t분포의 자유도는 다음 식과 같습니다.

$$\left(\frac{U_A^2}{n_A} + \frac{U_B^2}{n_B}\right)^2 \bigg/ \left(\frac{1}{n_A - 1}\left(\frac{U_A^2}{n_A}\right)^2 + \frac{1}{n_B - 1}\left(\frac{U_B^2}{n_B}\right)^2\right)$$

$$= \left(\frac{160^2}{30} + \frac{200^2}{20}\right)^2 \bigg/ \left(\frac{1}{30-1}\left(\frac{160^2}{30}\right)^2 + \frac{1}{20-1}\left(\frac{200^2}{20}\right)^2\right) = 34.55$$

34.55에 가장 가까운 정수는 35이므로 검정통계량 T가 자유도 35의 t분포를 근사적으로 따르는 것으로 합니다. $t(35)$의 유의수준 5% 기각역은 −2.03 이하, 2.03 이상입니다. 검정통계량의 값(1.89)은 기각역에 들어가지 않으므로 H_0을 수용합니다. 따라서 'A 대학과 B 대학의 평균점에 차이가 있다'라고 말할 수는 없습니다.

BUSINESS 다이어트 효과는 대응 관계가 있는 데이터의 차이검정으로 구함

50명의 다이어트 전 체중(x_i)과 후 체중(y_i)을 다이어트 효과 조사에 이용하는 것이 대응 관계가 있는 데이터의 차이검정입니다. 이때 06절 모평균 차이검정을 이용하면 안 됩니다. x_i와 y_i에 상관관계가 있어 다이어트 효과가 개인차에 흡수될 수 있기 때문입니다.

08 모비율 차이검정

사회조사분석사 2급 범위에 들어갑니다.

Point 1. 이항분포를 정규분포로 근사하여 차이를 얻음

모집단 A, B의 분포가 각각 베르누이 분포 $\text{Be}(p_A)$, $\text{Be}(p_B)$를 따른다고 할 때 모비율 p_A와 p_B에 차이가 있는지를 검정함

모집단 A에서 추출한 표본 크기를 n_A, 표본평균을 $\overline{X}$, 모집단 B에서 추출한 표본 크기를 n_B, 표본평균을 $\overline{Y}$라고 할 때 다음 식을 검정통계량으로 함

$$T = \overline{X} - \overline{Y}$$

$p_A = p_B$라는 가정에 따라 T는 근사적으로 다음 식과 같은 분포를 따름

$$N\left(0,\ p(1-p)\left(\frac{1}{n_A} + \frac{1}{n_B}\right)\right) \quad \left(p = \frac{n_A \overline{X} + n_B \overline{Y}}{n_A + n_B}\right)$$

모비율 차이검정의 원리

모집단 A의 분포가 베르누이 분포 $\text{Be}(p_A)$를 따를 때 표본평균 $\overline{X}$는 근사적으로 정규분포 $N\left(p_A,\ \frac{p_A(1-p_A)}{n_A}\right)$를 따릅니다. 마찬가지로 표본평균 $\overline{Y}$는 $N\left(p_B,\ \frac{p_B(1-p_B)}{n_B}\right)$를 따릅니다. $p_A = p_B (= p$로 둠$)$라는 가정에 따라 기댓값과 분산은 다음 식과 같습니다.

$$E[T] = p_A - p_B = 0 \qquad V[T] = \frac{p_A(1-p_A)}{n_A} + \frac{p_B(1-p_B)}{n_A} = p(1-p)\left(\frac{1}{n_A} + \frac{1}{n_B}\right)$$

정규분포의 재생성에 따라 T는 정규분포 $N\left(0,\ p(1-p)\left(\frac{1}{n_A} + \frac{1}{n_B}\right)\right)$을 따릅니다.

이 p의 추정값으로 표본평균의 실현값 $\overline{x}$, $\overline{y}$를 이용하여 다음 식과 같이 검정합니다.

$$p = \frac{n_A \overline{x} + n_B \overline{y}}{n_A + n_B} \quad \left(= \frac{[1\text{의 도수 합계}]}{[\text{표본 크기 합계}]} = \text{표본 전체에서의 비율}\right)$$

BUSINESS A시와 B시의 자동차 소유율 차이검정

> **문제** A시와 B시에서 각 세대의 자동차 소유 여부를 설문 조사했다. A시에서는 200세대 중 90세대가, B시에서는 150세대 중 50세대가 자동차를 소유했다고 한다. A시, B시의 자동차 소유율에 차이가 있는지를 유의수준 5%로 검정하라.

A시, B시의 자동차 소유율을 각각 p_A, p_B라 하고 귀무가설, 대립가설이 $H_0 : p_A = p_B$, $H_1 : p_A \neq p_B$와 같으면 다음이 성립합니다.

$$n_A = 200, \quad \bar{x} = \frac{90}{200} = 0.450, \quad n_B = 150, \quad \bar{y} = \frac{50}{150} = 0.333$$

$$n_A \bar{x} + n_B \bar{y} = 90 + 50 = 140, \quad p = \frac{n_A \bar{x} + n_B \bar{y}}{n_A + n_B} = \frac{140}{350} = 0.40$$

$$p(1-p)\left(\frac{1}{n_A} + \frac{1}{n_B}\right) = 0.40(1-0.40)\left(\frac{1}{200} + \frac{1}{150}\right) = 0.0028$$

$p_A = p_B$라 가정하면 $T = \bar{x} - \bar{y}$는 $N(0, 0.0028)$을 근사적으로 따릅니다. 표준화하여 $Z = \frac{\bar{X} - \bar{Y}}{\sqrt{0.0028}}$라 하면 Z는 $N(0, 1^2)$을 근사적으로 따릅니다. 소유율이 $\bar{x}$, $\bar{y}$일 때

$$Z = \frac{\bar{x} - \bar{y}}{\sqrt{0.0028}} = \frac{0.450 - 0.333}{\sqrt{0.0028}} = 2.21 > 1.96$$

이므로 H_0은 기각합니다. 유의수준 5%에서 A시와 B시의 자동차 소유율에는 차이가 있다고 말할 수 있습니다.

모비율 차이검정은 독립성검정과 동질성검정

앞 문제를 2×2의 교차표로 정리하면 다음과 같습니다.

	소유	소유하지 않음
A	90	110
B	50	100

독립성검정(7장 02절)을 위해 2×2 카이제곱통계량 T를 구하면

$$T = \frac{350 \times (90 \cdot 100 - 110 \cdot 50)^2}{140 \cdot 210 \cdot 200 \cdot 150} = 4.86 > 3.84$$

이므로 유의수준 5%에서 독립이 아니라 할 수 있습니다. 이 예에서는 $Z^2 \fallingdotseq T$가 성립합니다만, 문자식으로 계산하면 Z^2과 T는 항상 같음을 알 수 있습니다. $Z \sim N(0, 1^2)$일 때 정의에 따라 $Z^2 \sim \chi^2(1)$이므로 **모비율 차이검정과 2×2의 독립성검정은 같은 검정**입니다.

09 등분산검정

분산비의 검정은 F분포라 기억해 두면 분산분석까지 다룰 수 있습니다.

> **Point 비편향분산의 비율을 얻어 F분포에 적용**
>
> 정규모집단 A, B의 모분산이 같은지를 검정함. 모분산은 각각 σ_A^2, σ_B^2이라 함. A에서 추출한 표본의 크기를 m, 비편향분산을 U_A^2, B에서 추출한 표본 크기를 n, 비편향분산을 U_B^2이라 하면 검정통계량 T는 다음 식과 같음
>
> $$T = \frac{U_A^2}{U_B^2}$$
>
> $\sigma_A^2 = \sigma_B^2$이라는 가정에 따라 T는 자유도 $(m-1, n-1)$인 F분포 $F(m-1, n-1)$을 따름

분산비를 F분포로 검정하는 등분산검정

정규모집단을 따르는 표본 2개가 있을 때 각각의 모분산이 같은지를 검정하는 것이 **등분산 검정**(test of equal variances)입니다.

05절의 ②를 이용하면 $\dfrac{(m-1)U_A^2}{\sigma_A^2}$은 자유도 $m-1$인 카이제곱분포, $\dfrac{(n-1)U_B^2}{\sigma_B^2}$은 자유도 $n-1$인 카이제곱분포를 따릅니다. 따라서 다음 식은 자유도 $(m-1, n-1)$인 F분포 $F(m-1, n-1)$을 따릅니다.

$$\frac{\dfrac{(m-1)U_A^2}{\sigma_A^2} \Big/ (m-1)}{\dfrac{(n-1)U_B^2}{\sigma_B^2} \Big/ (n-1)} = \frac{\left(\dfrac{U_A^2}{\sigma_A^2}\right)}{\left(\dfrac{U_B^2}{\sigma_B^2}\right)}$$

귀무가설, 대립가설을 각각 $H_0: \sigma_A^2 = \sigma_B^2$, $H_1: \sigma_A^2 \neq \sigma_B^2$이라 하면 H_0에 따라 $\dfrac{U_A^2}{U_B^2}$은 $F(m-1, n-1)$을 따릅니다. 이처럼 **분산(비편향분산)비는 F분포로 검정할 수 있다**는 것을 기억합시다. 이는 9장의 분산분석으로도 이어집니다.

BUSINESS 남녀의 시험 결과 등분산검정

> **문제** 남학생 3,000명, 여학생 2,000명이 100점 만점인 시험을 치렀다. 시험을 치른 남학생 중 30명, 여학생 중 20명을 무작위로 골라 남학생, 여학생의 표본분산을 계산했더니 남학생이 268, 여학생이 113이었다. 이때 남녀의 모분산이 같은지를 유의수준 5%로 검정하라.

남학생, 여학생의 표본분산을 S_A^2, S_B^2, 비편향분산을 각각 U_A^2, U_B^2이라고 하면 검정통계량 T는 다음 식과 같습니다.

$$U_A^2 = \frac{30 S_A^2}{29} = \frac{30 \times 268}{29} \qquad U_B^2 = \frac{20 S_B^2}{19} = \frac{20 \times 113}{19}$$

$$T = \frac{U_A^2}{U_B^2} = \frac{30 \times 268 \times 19}{29 \times 20 \times 113} = 2.33$$

남학생, 여학생의 모분산을 σ_A^2, σ_B^2이라 하고 귀무가설, 대립가설을 각각 $H_0 : \sigma_A^2 = \sigma_B^2$, $H_1 : \sigma_A^2 \neq \sigma_B^2$이라 하면 H_0에 따라 검정통계량 T는 $F(29, 19)$를 따릅니다.

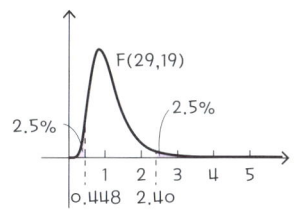

$F(29, 19)$의 하위 2.5% 지점은 0.448, $F(29, 19)$의 상위 2.5% 지점은 2.40입니다. 이에 따라 유의수준 5%의 기각역은 0.448 이하, 2.40 이상입니다. T값이 2.33이므로 귀무가설 H_0을 수용합니다. 그러므로 '유의수준 5%에서 남학생의 분산과 여학생의 분산은 다르다'라고 말할 수는 없습니다.

$F(29, 19)$를 구하는 방법

$F(29, 19)$ 분포의 값은 표에는 없으므로 엑셀을 이용하여 구하도록 합시다. 엑셀 함수 F.INV는 오른쪽 그림 색칠한 부분의 확률 (가)에 대한 눈금(나)을 반환합니다. '=F.INV(0.025, 29, 19)', '=F.INV(0.975, 29, 19)'를 셀에 입력하고 Enter 키를 누르면 하위 2.5% 지점, 상위 2.5% 지점을 각각 구할 수 있습니다.

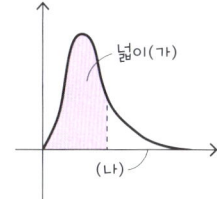

Column

의료 현장에서 이루어지는 검정

의료 정보에서 증거란 검정입니다. 신약 개발에서 약제의 유효성을 조사하는 것이라면 같은 조건의 피험자를 모으고 그 그룹을 무작위로 약제를 복용한 사람(처치군)과 플라세보(위약)를 복용한 사람(대조군)으로 나누어 그 차이를 검정합니다. 이러한 조사 방법을 무작위 배정 임상 시험(randomized controlled trial, RCT)이라 부르며 의료 분야나 경제 분야에서 사용합니다. 네이만-피어슨의 검정 이론에 따르면 RCT가 증거로 가장 신뢰할 수 있습니다.

다음으로 신뢰할 수 있는 증거는 의료 판단에 따라 치료를 시행한 사람과 시행하지 않은 사람의 데이터를 얻는 코호트 연구(cohort study)입니다. 의도적으로 환자를 선택해야 하고 피험자의 조건이 같지 않을 때도 있으므로 통계 데이터로서는 RCT보다 부족합니다.

RCT가 좋은 통계 데이터라고 하더라도 암환자 그룹에서 무작위로 치료 A를 실시한 사람과 실시하지 않은 사람으로 나누고 그 생존 확률을 조사하는 것은 현실적이지 않습니다. 경과를 보고 치료에 효과가 없을 때는 다른 치료법을 시도해 볼 수 있을 것이고 치료 A가 환자에게 신체적인 부담을 준다면 치료 A를 중지할 수도 있을 것입니다.

이에 리처드 페토(1943~)는 치료 방법이 관찰 도중에 변하더라도 처음에 나눈 방법대로 데이터를 집계하여 검정할 것을 주장했습니다. 이 해결법을 ITT(intention-to-treat) 분석이라 합니다. 치료 효과가 다르다는 것을 발견하는 것이 목적일 때는 ITT 분석을 사용할 수 있습니다. 또한 피험 실시 계획서대로의 사례만을 뽑아 도중에 치료법을 바꾼 사람은 제외하여 데이터를 모으는 것을 PP(per-protocol) 분석이라 합니다. ITT 분석과 PP 분석은 서로를 보완하는 정보라 할 수 있습니다.

새로운 암 치료약을 임상 시험으로 확인할 때는 다른 표준 치료법과 같은 정도의 효과가 있다는 것을 목적으로 실험을 계획합니다. 이 장 01절에서 귀무가설 H_0을 수용하더라도 H_0을 강하게 주장할 수는 없다는 원칙을 이야기했습니다만, 현장에서는 귀무가설을 수용했다는 것 자체에 큰 의미가 있는 상황도 있습니다.

Chapter

07

비모수검정

Introduction

비모수검정이란?

6장 04절부터 09절까지의 검정에서는 모집단이 정규분포를 따른다고 가정하거나 표본의 크기를 크게 하는 등으로 표본(평균)이 정규분포를 따른다는 것을 이용하여 검정을 수행했습니다. 그러나 **모집단에 정규분포를 가정하기 어려울 때나 질적 데이터일 때**는 이러한 검정을 할 수 없습니다. 이런 상황에서도 검정을 할 수 있도록 생각해 낸 것이 비모수검정입니다.

예를 들어 모집단의 데이터가 범주 데이터(명목척도)나 순위 데이터(서열척도)일 때는 정규분포나 푸아송 분포 등의 확률분포가 존재하지 않습니다. 이럴 때도 비모수검정이라면 분포에 차이가 있는가를 검정할 수 있습니다.

또한 **비율척도나 등간척도 데이터라도 벗어난 값이 있을 때** 등에는 비모수검정이 효과적입니다. 벗어난 값이 있으면 6장에서 소개한 모수검정으로는 검정력이 떨어지지만, 비모수검정이라면 검정력을 유지할 수 있습니다. 비율척도나 등간척도 데이터라도 일단 순위 데이터로 변환한 다음, 비모수검정을 이용하면 됩니다.

모수검정에 익숙한 사람이라면 분포를 가정하지 않고 어떻게 확률을 계산할 수 있는지 궁금해할지도 모르겠습니다. 비모수검정에서 확률을 계산할 수 있는 마법의 열쇠는 모집단을 순서집합으로 본다는 데 있습니다. 즉, 순위와 대소만으로 통계량을 만들고 표본의 실현값이 일어날 확률을 계산하는 것입니다.

비모수검정의 종류

각 비모수검정 방법에 대해 데이터가 범주 데이터인지 양적 데이터, 순위 데이터인지, 무리의 개수가 2개인지 여러 개(무리의 개수가 3개 이상)인지, 데이터가 쌍으로 이루어지는지(대응 관계가 있는지)에 따른 대응 관계가 있는 비모수검정을 정리하면 다음 표와 같습니다.

무리 수 \ 대응	없음	있음
2개	독립성검정(2×2) 정확검정(작은 표본)	맥니머 검정
여러 개	적합도검정 독립성검정	코크란 Q 검정

범주 데이터

무리 수 \ 대응	없음	있음
2개	맨–휘트니 U 검정 모평균 차이검정 ①, ②(6장 06, 07절)	윌콕슨 부호순위검정 모평균 차이검정 ②(6장 07절)
여러 개	크러스컬–월리스 검정 일원배치 분산분석(9장 02절)	프리드먼 검정 대응 관계가 있는 일원배치 분산분석 (9장 03절)

양적 데이터, 순위 데이터

'양적 데이터, 순위 데이터' 표에는 '평균의 차이를 검정하는 모수검정'에 해당하는 개념을 보라색 글씨로 함께 표시해 두었습니다. 해당 모수검정 대신 함께 표시한 비모수검정을 이용할 수 있습니다. 이때 모수검정에서는 차이의 평균이 같은지를 검정하는 데 비해 비모수검정에서는 분포에 차이가 있는가를 검정한다는 점에서 다르므로 주의하기 바랍니다.

크러스컬–월리스 검정은 대응 관계가 없는 일원배치 분산분석의 비모수 버전, 프리드먼 검정은 대응 관계가 있는 일원배치 분산분석의 비모수 버전이라 할 수 있습니다.

01 적합도검정

난이도 ★ 실용 ★★★★★ 시험 ★★★★★

실용적이면서도 시험에 자주 등장하는 검정입니다. 적용 사례를 통해 순서와 원리를 기억해 둡시다.

> **Point**
>
> 검정통계량 $\sum \dfrac{(\text{관측도수}-\text{기대도수})^2}{\text{기대도수}}$ 이 카이제곱분포를 따름
>
> 모집단의 개체 속성을 k개로 나누었을 때 이를 $A_1, A_2, \ldots, A_k$라고 함. 표본 크기를 n으로 했을 때 각각의 속성 개수를 $X_1, X_2, \ldots, X_k$로 둠($\sum_{i=1}^{k} X_i = n$). 다음 식의 T를 검정통계량으로 하여 모집단의 분포가 모델에 적합한지를 검정함
>
> $$T = \dfrac{(X_1 - np_1)^2}{np_1} + \dfrac{(X_2 - np_2)^2}{np_2} + \cdots\cdots + \dfrac{(X_k - np_k)^2}{np_k}$$
>
> 모집단 안의 속성 A_i를 가진 개체의 비율이 p_i라는 가정에 따라 앞 식은 근사적으로 자유도 $k-1$인 카이제곱분포 $\chi^2(k-1)$을 따름
>
> | | A_1 | A_2 | $\cdots$ | A_k | 합계 |
> |---|---|---|---|---|---|
> | 관측도수 | X_1 | X_2 | $\cdots$ | X_k | n |
> | 기대도수 | np_1 | np_2 | $\cdots$ | np_k | n |

※ np_i에 1 미만인 것이 있을 때나 20% 이상의 i(속성)에서 np_i가 5 미만일 때는 T를 χ^2분포로 근사하면 오차가 커지므로 이 검정을 사용할 수 없다고 함

BUSINESS 올바른 주사위인가를 검정

적합도검정(goodness of fit test)에서는 모집단이 모델로 하는 분포에 적합한지 아닌지를 검정합니다. n개의 표본 중 속성이 A_i인 개수는 n에 $P(A_i) = p_i$를 곱한 np_i라고 기대할 수 있습니다. np_i는 이른바 **기대도수**(expected frequency)입니다. 이것과 확률변수 X_i의 **실현값**(관측도수, observed frequency) x_i를 이용하여 검정통계량 T를 다음 식과 같이 계산합니다.

$$T = \sum \dfrac{(\text{관측도수} - \text{기대도수})^2}{\text{기대도수}}$$

[문제] 사면체 주사위(눈이 1~4)를 80번 던져 다음과 같은 결과를 얻었다. 이 주사위에서 어떤 눈도 같은 확률로 나오는지(올바른 주사위인지)를 유의수준 5%로 검정하라.

	1	2	3	4	합계
횟수	14	23	27	16	80

i인 눈이 나올 확률을 p_i라 할 때 귀무가설 H_0와 대립가설 H_1은 다음 식과 같습니다.

$$H_0: p_1 = p_2 = p_3 = p_4 = \frac{1}{4} \quad H_1: p_i \neq p_j \text{인 } i, j \text{가 있음} \quad (H_1 \text{은 } H_0 \text{의 부정})$$

H_0을 이용하여 T값을 계산해 봅시다. 표본 크기 n은 $n = 80$, 모든 i에서 $p_i = \frac{1}{4}$이므로 $np_i = 20$입니다. 이는 H_0에서라면 1, 2, 3, 4의 눈이 나올 횟수의 기댓값이 80번 중 각각 20번이라는 것입니다. 이는 H_0의 가정에 따른 이론값(기대도수)이라 할 수 있습니다. 직접 계산할 때는 이것까지 포함하여 표로 만드는 것이 좋습니다.

	1	2	3	4	합계
횟수(관측도수)	14	23	27	16	80
횟수(기대도수)	20	20	20	20	80

나온 눈이 1이라면 검정통계량의 일부는 다음 식과 같습니다.

$$\frac{(관측도수 - 기대도수)^2}{기대도수} = \frac{(14-20)^2}{20}$$

이를 나온 눈 1, 2, 3, 4일 때에 모두 적용하면 검정통계량 T는 다음과 같습니다.

$$T = \frac{(x_1 - np_1)^2}{np_1} + \frac{(x_2 - np_2)^2}{np_2} + \frac{(x_3 - np_3)^2}{np_3} + \frac{(x_4 - np_4)^2}{np_4}$$
$$= \frac{(14-20)^2}{20} + \frac{(23-20)^2}{20} + \frac{(27-20)^2}{20} + \frac{(16-20)^2}{20} = 5.5$$

H_0의 가정을 따르면 T는 자유도 $4 - 1 = 3$인 카이제곱분포 $\chi^2(3)$을 따릅니다.

관측도수가 기대도수와 일치할 때 $T = 0$이므로 H_0을 기각하려면 큰 쪽에서 T를 우측검정합니다. T가 $\chi^2(3)$을 따를 때 $P(7.81 \leq T) = 0.05$이므로 기각역은 $7.81 \leq T$입니다. 여기서는 $T = 5.5$이므로 귀무가설을 수용합니다.

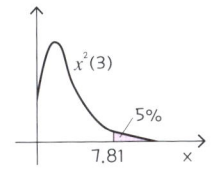

02 독립성검정(2×2 교차표)

공식을 외우고 싶지 않다면 03절의 일반론만으로 끝내도 됩니다.

> **Point**
>
> **T는 분모가 4차식, 분자가 3차식**
>
> 데이터를 2×2 교차표로 정리하면 다음과 같음
>
> | | B_1 | B_2 | 합계 |
> |---|---|---|---|
> | A_1 | a | b | $a+b$ |
> | A_2 | c | d | $c+d$ |
> | 합계 | $a+c$ | $b+d$ | n |
>
> $n = a+b+c+d$
>
> 행 머리글 속성 (A_1, A_2)과 열 머리글 속성 (B_1, B_2)이 독립인지를 검정함. 독립이라는 가정에 따라 다음 식은 자유도 1인 카이제곱분포 $\chi^2(1)$을 따름
>
> $$T = \frac{n(ad-bc)^2}{(a+c)(b+d)(a+b)(c+d)}$$

BUSINESS 입시가 남녀에게 공평한지를 검정

한 의대의 입학시험에서 남녀별 합격자, 불합격자는 다음 표와 같습니다. 이 예로 독립성 검정을 실시해 봅시다.

	합격자	불합격자	합계
남자	132	541	673
여자	68	378	446
합계	200	919	1119

남자의 합격률은 132 ÷ 673 = 0.1961이므로 19.6%, 여자의 합격률은 68 ÷ 446 = 0.1524이므로 15.2%입니다. 그러므로 남자의 합격률이 높다고 할 수 있습니다. 남녀 모두 같은 수준의 학생이 시험을 본다고 하면 남녀 합격률은 같아야 할 것입니다. 그러나 실제로 합격률에는 4.4%의 차이가 있습니다. 이 합격률 차이가 통계적인 오차에 따른 것인지 아니면 특별한 사정이 있기 때문인지를 검정해 봅시다. 검정통계량 T값은 다음과 같습니다.

$$T = \frac{1119(132 \cdot 378 - 541 \cdot 68)^2}{200 \cdot 919 \cdot 673 \cdot 446} = 3.49$$

그리고 귀무가설, 대립가설은 다음과 같습니다.

H_0: 남녀의 합격률에는 차이가 없다(남녀와 합격률은 독립이다).
H_1: 남녀의 합격률에 차이가 있다(남녀의 합격률은 독립이 아니다).

H_0(남녀와 합격률은 독립)이라 가정하면 T는 자유도 1인 카이제곱분포 $\chi^2(1)$을 따릅니다. 합격률이 같을 때 T의 계산식에서 $ad - bc = 0$이 되므로 $T = 0$입니다. 독립에서 멀어지면 T값은 커지므로 T가 큰 쪽에서의 단측검정이 됩니다. $\chi^2(1)$의 상위 5% 지점은 3.84이므로 기각역은 3.84 이상이 됩니다.

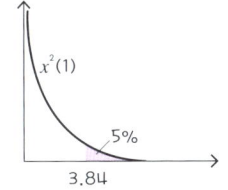

이 시험에서는 $T = 3.49$이므로 H_0은 기각할 수 없습니다. 즉, 이 정도의 합격률 차이라면 통계적인 오차로 볼 수 있다는 것입니다.

관측도수가 작을 때는 검정통계량을 보정

2×2 교차표에서 a, b, c, d 중 어느 하나가 10 미만일 때는 검정통계량 T를 다음 식으로 계산하는 것이 좋다고 합니다.

$$T = \frac{n\left(|ad - bc| - \frac{n}{2}\right)^2}{(a+c)(b+d)(a+b)(c+d)}$$

이는 $k \times l$ 집계표의 독립성검정(03절)에서 다음 식으로 계산하는 것에 해당합니다.

$$\sum \frac{(관측도수 - 기대도수)^2}{기대도수} \quad 대신 \quad \sum \frac{(|관측도수 - 기대도수| - 0.5)^2}{기대도수}$$

이를 예이츠의 보정(예이츠의 수정, Yates's correction)이라 합니다.

  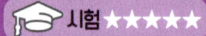

03 독립성검정($k \times l$ 집계표)

적합도검정과 검정통계량을 만드는 방법은 같습니다. 새로운 내용은 자유도를 구하는 방법입니다.

> **Point**
>
> 검정통계량 $\sum \dfrac{(관측도수 - 기대도수)^2}{기대도수}$ 은 χ^2분포를 따름
>
> 데이터를 $k \times l$ 집계표로 정리하면 다음과 같음
>
> | | B_1 | $\cdots$ | B_l | 합계 |
> |---|---|---|---|---|
> | A_1 | x_{11} | $\cdots$ | x_{1l} | a_1 |
> | $\vdots$ | $\vdots$ | $\ddots$ | $\vdots$ | $\vdots$ |
> | A_k | x_{k1} | $\cdots$ | x_{kl} | a_k |
> | 합계 | b_1 | $\cdots$ | b_l | n |
>
> (행 머리글: A_1, A_k / 열 머리글: B_1, B_l)
>
> 앞 표를 이용하여 $y_{ij} = \dfrac{a_i b_j}{n}$로 두었을 때 x_{ij}를 **관측도수**, y_{ij}를 **기대도수**라고 함. 행 머리글 $A_1, \ldots, A_k$와 열 머리글 $B_1, \ldots, B_l$이 독립인지를 검정함. 독립이라는 가정에 따라 검정통계량 T는 다음 식과 같음
>
> $$T = \sum_{\substack{1 \le i \le k \\ 1 \le j \le l}} \dfrac{(x_{ij} - y_{ij})^2}{y_{ij}} \quad \left(\sum \dfrac{(관측도수 - 기대도수)^2}{기대도수} \right)$$
>
> 앞 식은 자유도 $(k-1)(l-1)$인 카이제곱분포 $\chi^2((k-1)(l-1))$을 근사적으로 따름. $k=2$, $l=2$로 계산한 T는 02절의 T와 일치함

※ 1 미만의 y_{ij}가 있을 때나 표 안의 y_{ij}가 20% 이상 5 미만일 때는 T를 χ^2분포로 근사할 때 오차가 커지므로 이 검정을 사용할 수 없음

BUSINESS 세대에 따라 좋아하는 노래 장르에 차이가 있는지를 검정

	트로트	재즈	팝	합계
20대	11	17	72	100
중년	49	73	78	200
합계	60	90	150	300

구체적인 예로 T를 계산해 봅시다. 20대 100명, 중년 200명에게 트로트, 재즈, 팝 중 좋아하는 노래 장르를 1개 선택하도록 했습니다. 그 결과는 앞 표와 같습니다. 20대와 중년 사이에 좋아하는 노래 장르에 차이가 있는지 검정해 봅시다.

먼저 기대도수를 표로 만들어 봅시다. (20대, 트로트)라면 $60 \times 100 \div 300 = 20$입니다. 이 외에도 마찬가지로 계산하여 다음과 같이 정리했습니다.

	트로트	재즈	팝	합계
20대	20	30	50	100
중년	40	60	100	200
합계	60	90	150	300

앞 표를 이용하여 T를 계산하면 다음과 같습니다.

$$T = \frac{(11-20)^2}{20} + \frac{(17-30)^2}{30} + \frac{(72-50)^2}{50} + \frac{(49-40)^2}{40} + \frac{(73-60)^2}{60} + \frac{(78-100)^2}{100}$$
$$= 29.045$$

귀무가설과 대립가설은 다음과 같이 둡니다.

H_0: 20대와 중년은 좋아하는 노래 장르가 다르지 않다.
H_1: 20대와 중년은 좋아하는 노래 장르가 다르다.

귀무가설 H_0(행 머리글과 열 머리글이 독립)이라는 가정에 따라 T는 자유도 $(2 - 1)(3 - 1) = 2$인 카이제곱분포 $\chi^2(2)$를 따릅니다.

합계 항목의 값이 주어졌을 때 행 머리글과 열 머리글이 독립이라 가정하고 표 안의 값을 계산한 것이 기대도수입니다. T의 식에서 알 수 있듯이 관측도수가 기대도수에서 멀리 벗어나면 T값은 커집니다. 귀무가설 H_0(행 머리글과 열 머리글이 독립)일 때는 T값이 작아지므로 기각역은 큰 쪽에서 단측검정합니다.

부록 'χ^2분포표'(294쪽)를 보면 유의수준 5%일 때 $\chi^2(2)$의 기각역은 5.99 이상이므로 H_0을 기각합니다. 즉, 유의수준 5%에서 20대와 중년 사이에는 좋아하는 음악 장르에 차이가 있다고 말할 수 있습니다.

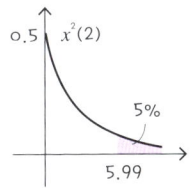

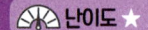  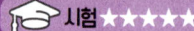

04 피셔의 정확검정

도수가 작아도 피셔의 정확검정(Fisher's exact test)을 이용하면 집계표의 독립성을 검정할 수 있습니다.

Point 다항계수를 이용하여 직접 확률을 계산하여 검정

	X	Y	합계
Z	가	나	z
W	다	라	w
합계	x	y	n

$n = x + y = z + w$

2×2 집계표에서 x, y, z, w, n의 값은 고정임. 가, 나, 다, 라 항목에 n개를 배분하는 모든 조합이 같은 확률이라고 할 때 가 $= a$, 나 $= b$, 다 $= c$, 라 $= d$ (a, b, c, d는 표의 조건을 만족하는 수)가 되는 확률 P는 다음 식과 같음

$$P = \frac{x!\,y!\,z!\,w!}{n!\,a!\,b!\,c!\,d!}$$

주어진 합을 이용하여 집계표의 확률을 구함

여행자 각각의 여행 계획을 집계표에 분배할 때를 생각해 봅시다. n명이 가, 나, 다, 라(예를 들어 $X =$ 북쪽으로, $Y =$ 남쪽으로, $Z =$ 아침 출발, $W =$ 저녁 출발)를 마음대로 고른다고 합시다. n명을 X에 x명, Y에 $n - x$명 분배하는 경우의 수는 $_nC_x$가지, n명을 Z에 z명, W에 $n - z$명 분배하는 경우의 수는 $_nC_z$가지이므로 합계 항목이 x, y, z, w가 되는 경우의 수는 다음 식과 같습니다.

$$_nC_x \times {_nC_z} = \frac{n!}{x!(n-x)!} \times \frac{n!}{z!(n-z)!} = \frac{n! \times n!}{x!\,y!\,z!\,w!} \text{(가지)} \quad \cdots\cdots ①$$

이 중 가 $= a$, 나 $= b$, 다 $= c$, 라 $= d$가 될 경우는 n명을 X와 Y에 배분한 다음(여기까지 $_nC_x$가지), X(북쪽으로)인 사람 중 Z(아침 출발)인 사람을 고를 경우의 수 $_xC_a$가지, Y(남쪽으로)인 사람 중 Z(아침 출발)인 사람을 고를 경우의 수 $_yC_b$가지이므로 모든 가짓수는 다음 식과 같습니다.

$$_nC_x \times {}_xC_a \times {}_yC_b = \frac{n!}{x!(n-x)!} \times \frac{x!}{a!(x-a)!} \times \frac{y!}{b!(y-b)!}$$

□를 다항계수라 부름 $= \boxed{\frac{n!}{a!b!c!d!}}$ (가지) …… ② $\quad n-x=y \\ x-a=c \\ y-b=d$

따라서 구하는 확률 P는 다음 식과 같이 계산할 수 있습니다.

$$P = ② \div ① = \frac{x!y!z!w!}{n!a!b!c!d!}$$

BUSINESS 적은 횟수의 시합 결과로 선수의 실력 차이를 검정

씨름 선수 A, B는 오른쪽 표와 같은 성적을 냈습니다. 정확검정을 이용하여 A가 B보다 실력이 낮다고 할 수 있는지 유의수준 5%로 검정해 봅시다. 핵심은 집계표의 합계 항목을 바꾸지 않고 이와 똑같거나 더 극단적인 경우가 일어날 확률을 계산하는 것입니다(다음 표 ①~③).

	승	패
A	10	2
B	3	5

①

	승	패	합계
A	10	2	12
B	3	5	8
합계	13	7	20

②

	승	패	합계
A	11	1	12
B	2	6	8
합계	13	7	20

③

	승	패	합계
A	12	0	12
B	1	7	8
합계	13	7	20

A 선수와 B 선수의 실력이 똑같다는 귀무가설을 이용하여 ①~③ 중 어느 한 가지가 일어날 확률 P는 다음과 같습니다.

$$\begin{aligned}
P &= \frac{13!7!8!12!}{20!10!2!3!5!} + \frac{13!7!8!12!}{20!11!1!2!6!} + \frac{13!7!8!12!}{20!12!0!1!7!} \\
&= \frac{13!7!8!12!}{20!10!2!3!5!} \times \left(1 + \frac{2 \cdot 3}{11 \cdot 6} + \frac{2 \cdot 1 \cdot 3 \cdot 2}{11 \cdot 12 \cdot 6 \cdot 7}\right) \\
&= \frac{7 \cdot 11}{5 \cdot 17 \cdot 19} \times \left(1 + \frac{1}{11} + \frac{1}{11 \cdot 6 \cdot 7}\right) = 0.0521
\end{aligned}$$

$P > 0.05$이므로 귀무가설(A 선수와 B 선수는 같은 정도의 실력이다)을 수용합니다. '유의수준 5%에서 A 선수 쪽이 B 선수보다 실력이 낮다'라고 할 수는 없습니다.

이처럼 도수가 작을 때 집계표로 독립성을 검정하려면 다항계수를 이용하여 직접 확률을 계산하는 정확검정을 이용하면 좋습니다.

05 맥니머 검정

난이도 ★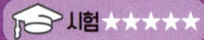

2×2 집계표 검정이지만 독립성검정과는 상황이 다릅니다.

> **Point**
>
> **원리는 이항분포 → 정규분포 → 카이제곱분포 흐름**
>
> A, B 두 가지의 결과인 시행을 2번 반복했을 때 1번째와 2번째에서 A, B가 일어날 확률에 차이가 있는지를 검정함
>
> | 1번째 \ 2번째 | A | B |
> |---|---|---|
> | A | a | b |
> | B | c | d |
>
> $b+c$가 충분히 클 때 $T = \dfrac{(b-c)^2}{b+c}$은 근사적으로 자유도 1인 카이제곱분포 $\chi^2(1)$을 따름

맥니머 검정은 같은 결과는 무시하고 생각함

식에 a, d가 나오지 않는 것은 틀린 것이 아닙니다. **맥니머 검정(McNemar's test)**은 1번째와 2번째에 차이가 있는지를 검정하므로 1번째와 2번째에서 같은 결과인 a, d는 무시하고 생각하라고 합니다.

맥니머 검정에서는 $b+c$를 일정하다고 생각하고 $b+c$번을 1/2 확률로 (A, B)와 (B, A)로 분배한다고 생각할 수 있습니다. 즉, (A, B)에 들어가는 것의 개수를 X라 하면 X는 $\text{Bin}\left(b+c, \dfrac{1}{2}\right)$을 따릅니다. X의 평균 μ, 분산 σ^2은 4장 01절에 따라 각각 $\mu = E[X] = \dfrac{b+c}{2}$, $\sigma^2 = V[X] = \dfrac{b+c}{4}$ 입니다. $b+c$가 충분히 클 때 $\dfrac{X-\mu}{\sigma}$는 근사적으로 $N(0, 1^2)$을 따르므로 $\left(\dfrac{X-\mu}{\sigma}\right)^2$은 근사적으로 자유도 1인 카이제곱분포 $\chi^2(1)$을 따릅니다. $X = b$ 또는 $X = c$라 하면 $\left(\dfrac{X-\mu}{\sigma}\right)^2 = \dfrac{(b-c)^2}{b+c}$ 이 됩니다.

BUSINESS 세일즈 토크가 고객의 마음을 자극하는지를 검정

문제 세제 판매 회사 A는 80명을 모집하여 판매회를 열었다. 세일즈 토크 전후로 상품에 흥미가 있는지를 설문 조사하여 다음과 같은 결과를 얻었다. 흥미를 갖다가 사라진 사람보다 흥미를 갖지 않다가 갖게 된 사람이 더 많았다.

전 \ 후	있음	없음
있음	9	12
없음	24	35

이것이 우연이 아닌 세일즈 토크의 효과인지를 유의수준 5%로 검정하라.

검정통계량 T는 다음 식과 같습니다.

$$T = \frac{(24-12)^2}{24+12} = 4$$

귀무가설, 대립가설을 각각 다음과 같이 둡시다.

H_0: (없음, 있음)과 (있음, 없음)은 1/2 확률로 배분된다.
H_1: (없음, 있음)과 (있음, 없음)은 같은 확률로 배분되지 않는다.

귀무가설 H_0을 이용하면 검정통계량 T는 자유도 1인 카이제곱분포 $\chi^2(1)$을 따릅니다.

$\chi^2(1)$의 상위 5% 지점은 3.84로, 기각역은 3.84 이상이 됩니다. $T = 4$는 기각역에 들어가므로 H_0은 기각합니다. 유의수준 5%에서 '세일즈 토크 때문에 상품에 흥미가 없던 사람도 상품에 흥미가 생겼다'라고 말할 수 있습니다.

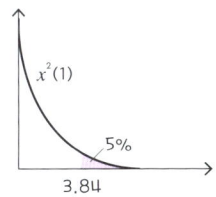

난이도 ★★★★　　실용 ★★★　　시험 ★

06 코크란 Q 검정

대응 관계가 있는 여러 무리의 비율 차이를 검정합니다. 대상은 범주 데이터입니다.

 Point

Q의 분모는 B_i로, 분자는 L_i로 만듦

크기 n인 k차원 범주 데이터를 2값 변량 $x_i, y_i, \ldots, z_i$를 이용하여 다음과 같은 표로 정리했을 때 각 무리의 평균에 차이가 있는지를 검정함

	개체 1	개체 2	…	개체 n	합계
1무리	x_1	x_2	…	x_n	B_1
2무리	y_1	y_2	…	y_n	B_2
⋮		……			⋮
k무리	z_1	z_2	…	z_n	B_k
합계	L_1	L_2	…	L_n	N

$$N = \sum_{i=1}^{n} L_i = \sum_{i=1}^{k} B_i$$

각 x_i, y_i, z_i는 0 또는 1인 값임

각 무리의 평균(비율)에 차이가 없다는 가정에 따라 Q는 다음 식과 같음

$$Q = \frac{(k-1)\left[k\sum_{i=1}^{k} B_i^2 - \left(\sum_{i=1}^{k} B_i\right)^2\right]}{k\sum_{i=1}^{n} L_i - \sum_{i=1}^{n} L_i^2} = \frac{k(k-1)\sum_{i=1}^{k}(B_i - \bar{B})^2}{k\sum_{i=1}^{n} L_i - \sum_{i=1}^{n} L_i^2}$$

$$\bar{B} = \frac{1}{k}\sum_{i=1}^{k} B_i$$

앞 식은 자유도 $k-1$인 카이제곱분포 $\chi^2(k-1)$을 근사적으로 따름

BUSINESS 연예인의 인기에 차이가 있는지 검정

대응 관계가 있는 여러 무리의 명목 데이터에서 무리 사이에 차이가 있는지를 검정합니다. 명목 데이터를 0과 1의 2값 데이터로 하면 비율 차이를 검정할 수 있습니다.

다음 표는 연예기획사 J가 7명에게 하늘, 바다, 류라는 연예인에 대해 좋음과 싫음을 설문 조사한 결과입니다. 좋음을 1, 싫음을 0으로 나타냅니다.

	1	2	3	4	5	6	7	합계
하늘(1무리)	0	1	0	1	0	0	0	2
바다(2무리)	1	1	0	1	0	0	1	4
류(3무리)	0	1	1	0	1	1	1	5
합계	1	3	1	2	1	1	2	11

하늘, 바다, 류의 설문 조사 결과를 각각 1무리(그룹), 2무리, 3무리로 합니다. 번호 1인 사람의 설문 조사 결과가 (0, 1, 0)이 되고 1무리, 2무리, 3무리의 값을 한 곳에 정리하여 대응 관계를 표시했습니다. 이처럼 대응 관계가 있는 여러 무리(범주 데이터)의 무리 사이 평균(비율) 차이를 검정할 때 이용하는 방법이 코크란 Q 검정(Cochran's Q test)입니다. 코크란 Q 검정은 대응 관계가 있는 일원배치 분산분석의 비모수 버전입니다.

Q를 계산해 봅시다. $n = 7$, $k = 3$, 표 아래가 L_i, 표 오른쪽이 B_i입니다.

$$k\sum_{i=1}^{k} B_i^2 - \left(\sum_{i=1}^{k} B_i\right)^2 = 3(2^2 + 4^2 + 5^2) - (2+4+5)^2 = 14$$

$$k\sum_{i=1}^{n} L_i - \sum_{i=1}^{n} L_i^2 = 3 \cdot 11 - (1^2 + 3^2 + 1^2 + 2^2 + 1^2 + 1^2 + 2^2) = 12$$

$$Q = \frac{(k-1)\left[k\sum_{i=1}^{k} B_i^2 - \left(\sum_{i=1}^{k} B\right)^2\right]}{k\sum_{i=1}^{n} L_i - \sum_{i=1}^{n} L_i^2} = \frac{(3-1) \cdot 14}{12} = 2.33$$

귀무가설, 대립가설을 각각 다음과 같이 둡니다.

H_0: 각 무리의 평균(여기서는 '연예인 좋음' 비율)이 모두 같다.
H_1: 각 무리의 평균 쌍 중 적어도 하나에 차이가 있다.

H_0의 가정에 따라 Q는 자유도 $3 - 1 = 2$인 카이제곱분포 $\chi^2(2)$를 근사적으로 따릅니다. 유의수준 5%일 때의 $\chi^2(2)$ 기각역은 5.99 이상입니다. $Q = 2.33 < 5.99$이므로 귀무가설 H_0을 수용합니다.

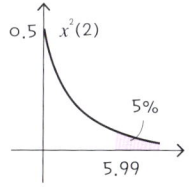

즉, '하늘, 바다, 류 중 누군가를 좋아하는 비율이 다른 누군가보다 더 높다'라고 말할 수는 없습니다.

07 맨-휘트니 U 검정

대응 관계가 없는 2무리(양적 데이터, 순위 데이터)의 차이를 검정합니다.

kl개 조합의 크고 작음을 카운트

표본 A가 $x_1, x_2, ..., x_k$, 표본 B가 $y_1, y_2, ..., y_l$일 때 모집단에 차이가 있는지를 검정함. 단, A와 B에 같은 값은 없는 것으로 하고, 표본 A, B를 합쳐 값이 작은 순서로 나열함

각 x_i에 관해 x_i보다도 작은 y_j의 개수를 a_i라 할 때 U는 다음 식과 같음

$$U = \sum_{i=1}^{k} a_i$$

$k \geqq 20$ 또는 $l \geqq 20$일 때 표본 A와 표본 B가 같은 모집단에서 추출한 것이라는 가정에 따라 U는 근사적으로 $N\left(\dfrac{kl}{2}, \dfrac{kl(k+l+1)}{12}\right)$을 따름

BUSINESS 팀의 영업 성적에 차이가 있는지를 검정

맨-휘트니 U 검정(만-위트니 U 검정, Mann-Whitney U test)에서는 순서가 있는 데이터를 다룰 수 있습니다. 또한 양적 데이터일 때 데이터 안에 벗어난 값이 많으면 모평균 차이 검정(6장 06, 07절)에서는 표본평균에 미치는 영향이 크지만, 맨-휘트니 U 검정과 같이 일단 순위 데이터로 바꾸면 벗어난 값의 영향을 없앨 수 있습니다. 구체적인 예로 U를 구해 봅시다.

A팀의 영업 성적(표본 A)이 5, 8, 14, 20(건), B팀의 영업 성적(표본 B)이 3, 9, 16, 17, 18(건)이라 합니다. 건 수가 작은 순서대로 모든 숫자를 나열하면 다음과 같습니다.

$$3, ⑤, 8, 9, ⑭, 16, 17, 18, ㉒ \quad \cdots\cdots ①$$

5, 8, 14, 20 각각에 대해 이보다 작은 표본 B의 값이 몇 개인지를 세어 이를 모두 더한 것이 U이므로 다음 식과 같이 됩니다.

$$U = 1 + 1 + 2 + 5 = 9$$

덧붙여 3, 9, 16, 17, 18 각각에 관해 이보다 작은 표본 A의 값이 몇 개인지를 세어 이를 모두 더한 것을 U'라 하면 $U' = 0 + 2 + 3 + 3 + 3 = 11$이 됩니다. 9와 11의 합 20은 표본 A 크기 4와 표본 B 크기 5를 곱한 $4 \times 5 = 20$과 같습니다. 일반적으로 각 y_j에 관해 y_j보다 작은 x_i의 개수를 b_j로 하고 $U' = \sum_{j=1}^{l} b_j$로 하면 항상 $U + U' = kl$이 성립합니다.

임의의 i, j에 대해 $x_i < y_j$가 성립할 때 $U = 0$입니다. 또한 임의의 i, j에 대해 $x_i > y_j$가 성립할 때 $U = kl$입니다. U값은 표본 A, B가 같은 모집단에서 추출한 것이라는 가정에 따라 $\frac{kl}{2}$을 중심으로 대칭적으로 분포합니다. $U + U' = kl$이므로 U로 검정하든 U'로 검정하든 상관없습니다.

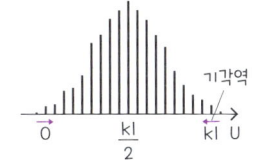

$U + U' = kl$이 성립하는 이유를 간단히 설명해 보겠습니다. (x_i, y_j)의 쌍은 모두 kl개입니다. 각각의 쌍에 대해 $x_i > y_j$라면 U로, $x_i < y_j$라면 U'로 세므로 $U + U' = kl$이 성립합니다.

$k \leq 20$이고 $l \leq 20$일 때는 U를 정규분포로 근사하면 오차가 커집니다. 이때 $(k, l)(k \leq l)$ 쌍마다 $[0, kl]$ 양끝에서 어느 정도의 폭을 기각역으로 하면 좋은지를 표(부록 '맨–휘트니 U 검정표', 297쪽)로 정리했습니다. 단측확률 2.5%의 검정표에서 표본의 크기가 (4, 5)일 때는 1이므로 기각역은 1 이하와 19 이상입니다. $U = 9$는 1보다 크므로 두 팀의 영업 성적 차이는 없다는 귀무가설을 수용하게 됩니다.

윌콕슨 순위합검정과의 관계

윌콕슨은 ①의 나열에서 순위를 표본 A(표본 B)별로 더하여 $W(W')$라는 통계량을 만들었습니다. 다음 식과 같이 계산하면 $W = 19(W' = 26)$가 됩니다.

$$\text{A라면 } W = 2 + 3 + 5 + 9 = 19 \quad \text{①에서 5는 작은 순서로 2번째}$$

실제로 이 통계량은 $U(U')$에 상수(1부터 표본 수까지의 모든 합)를 더하여 다음 식과 같이 계산할 수도 있습니다.

$$U + (1 + 2 + 3 + 4) = 9 + 10 = 19$$

앞 식이 성립하므로 맨-휘트니 U 검정과 윌콕슨 순위합검정(Wilcoxon rank sum test)은 동질성검정이라 할 수 있습니다. 이름은 비슷해도 윌콕슨 부호순위검정과 별개입니다.

 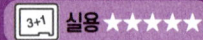 

08 부호검정

대응 관계가 있는 2개 무리(양적 데이터, 순서 데이터)의 차이검정에는 부호검정과 윌콕슨 부호순위검정이 있습니다.

대응 관계의 크고 작음 개수에 착안

2변량 데이터 (x_i, y_i)의 표본 크기가 n일 때 x와 y의 모집단에 차이가 있는지를 검정함. 이때 a, b는 다음과 같음

$x_i > y_i$인 i의 개수를 a $x_i < y_i$인 i의 개수를 b

n이 클 때($n > 25$)는 x_i의 평균과 y_i의 평균에 차이가 없다는 가정에 따라 a, b는 모두 $N\left(\dfrac{n}{2}, \dfrac{n}{4}\right)$을 따름

※ n이 작을 때($n \leq 25$)는 앞 근사식 N을 따르면 오차가 커지므로 직접 확률을 계산하여 검정함

BUSINESS 세제의 만족도에 차이가 있는지를 부호검정으로 검정

부호검정(sign test)은 (x_i, y_i)의 크고 작음에만 관심을 두므로 순서 데이터라도 검정을 할 수 있습니다.

예를 들어 x와 y의 모집단에 차이가 없다는 가정에 따라 모집단에서 추출한 (x, y)가 $x > y$일 확률은 $\dfrac{1}{2}$입니다. 이때 a는 이항분포 $\text{Bin}\left(n, \dfrac{1}{2}\right)$을 따릅니다. 따라서 n이 클 때 이항분포를 정규분포 $N\left(\dfrac{n}{2}, \dfrac{n}{4}\right)$으로 근사합니다.

[문제] 세제 A, B의 만족도(5점 척도)에 관해 8명에게 설문 조사해서 다음과 같은 결과를 얻었다. A 쪽이 만족도가 높다고 할 수 있는지를 유의수준 5%로 검정하라.

응답자 번호	1	2	3	4	5	6	7	8
A (x_i)	4	3	5	2	1	3	4	3
B (y_i)	3	2	3	2	1	2	2	2

앞 표처럼 A, B의 만족도에 관해 i번째 응답자로부터 (x_i, y_i)라는 데이터를 얻었다고 합시다. 귀무가설과 대립가설은 각각 다음과 같습니다.

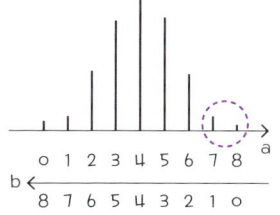

H_0: x와 y의 모집단에는 차이가 없다.
H_1: x쪽이 y보다 만족도가 높다.

$x_i > y_i$인 i의 개수를 a, $x_i < y_i$인 i의 개수를 b라 합니다. 그러면 H_0을 이용하여 a, b는 $\text{Bin}\left(8, \dfrac{1}{2}\right)$을 따른다는 것을 이용하여 검정합니다.

한편 앞 예에서 $a = 7$, $b = 1$입니다. 이때 $n < 25$이므로 정규분포로 근사하면 오차가 너무 커집니다. 이에 직접 확률을 계산하기로 합니다.

x쪽이 y보다 만족도가 높을 때 a는 $\text{Bin}\left(n, \dfrac{1}{2}\right)$의 기댓값 $\dfrac{n}{2}$보다 크고 b는 작아집니다. 여기서 H_0을 이용하여 $a = 8$, $a = 7$이 되는 확률 $P(a = 7 | a = 8)$을 구하면 다음과 같습니다. 이를 유의수준 5%와 비교합니다.

$$P(a = 7 | a = 8) = {}_8C_7 \left(\dfrac{1}{2}\right)^7 \left(1 - \dfrac{1}{2}\right)^{8-7} + {}_8C_8 \left(\dfrac{1}{2}\right)^8 \left(1 - \dfrac{1}{2}\right)^{8-8}$$

$$= ({}_8C_7 + {}_8C_8) \left(\dfrac{1}{2}\right)^8 = \dfrac{9}{256} = 0.035$$

따라서 유의수준 5%일 때 H_0은 기각합니다. 유의수준 5%로 A 쪽이 만족도가 높다고 할 수 있습니다.

윌콕슨의 부호순위검정과 사용법 구분

부호검정과 윌콕슨 부호순위검정 모두 대응 관계가 있는 2개 무리의 차이에 대한 비모수검정입니다. 분포에 대칭성이 있으며 양적 데이터일 때는 윌콕슨 부호순위검정으로 검정하는 편이 더 정확하게 검정할 수 있습니다. 단, 양적 데이터라도 $|x_i - y_i|$의 크기로 통계검정량을 만들므로 분포가 비대칭일 때는 귀무가설이 옳다 하더라도 어긋남이 커집니다. 이럴 때는 부호검정으로 검정하는 편이 좋습니다.

09 윌콕슨 부호순위검정

 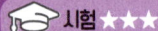

대응 관계가 있는 2개 무리(양적 데이터, 순서 데이터)의 차이를 검정합니다. 부호검정과의 차이점을 알아둡니다.

Point 차이의 절댓값을 나열하여 그 순위의 합을 얻음

2변량 데이터 (x_i, y_i)에서 표본 크기가 n이고 모든 i에 대해 $x_i \neq y_i$라고 할 때 x와 y의 모집단에 차이가 있는지를 검정함. $|x_i - y_i|$를 작은 순서로 나열했을 때의 순위를 r_i라고 하면 a, b는 다음과 같음

$$a = \sum_{x_i > y_i} r_i \qquad b = \sum_{x_i < y_i} r_i$$

양의 순위 차이를 더함   음의 순위 차이를 더함

n이 크다면($n > 25$) x_i의 분포와 y_i의 분포에 차이가 없다는 가정에 따라 a, b는 모두 $N\left(\dfrac{n(n+1)}{4}, \dfrac{n(n+1)(2n+1)}{24}\right)$을 따름

a, b 어느 것으로 검정해도 상관없음

모든 i에서 $x_i > y_i$가 성립할 때 a는 다음과 같습니다.

$$a = \sum_{x_i > y_i} r_i = \sum_{i=1}^{n} i = \frac{n(n+1)}{2}$$

r_i는 1~n을 나열한 것

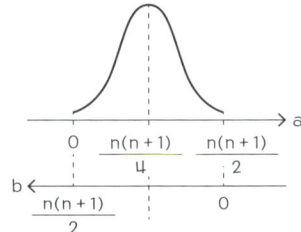

1위부터 n위는 a, b 둘 중 한쪽에서 더해지므로 항상 다음과 같은 관계가 성립합니다.

$$a + b = 1 + 2 + \cdots + n = \frac{n(n+1)}{2}$$

$n > 25$일 때 x의 분포와 y의 분포에 차이가 없다는 가정(이것이 귀무가설이 됨)에 따라 a, b는 근사적으로 정규분포 $N\left(\dfrac{n(n+1)}{4}, \dfrac{n(n+1)(2n+1)}{24}\right)$을 따릅니다(이유는 바로 다음 내용 참고). a와 b는 $\dfrac{n(n+1)}{4}$을 중심으로 대칭이므로 a, b 어느 쪽을 이용해 검정해도 상관없습니다.

n이 커지면 a, b의 분포가 정규분포에 가까워진다는 것을 나타내 보겠습니다. $x_i > y_i$일 때 $X_i = 1$, $x_i < y_i$일 때 $X_i = 0$이 되는 확률변수 X_i를 이용하면 a는 다음 식과 같습니다.

$$a = r_1 X_1 + r_2 X_2 + \cdots\cdots + r_n X_n$$

X_i는 $\mathrm{Be}\left(\dfrac{1}{2}\right)$을 따르고 $E[X_i] = \dfrac{1}{2}$, $V[X_i] = \dfrac{1}{4}$이므로 $E[a]$와 $V[a]$는 다음 식과 같습니다.

$$E[a] = r_1 E[X_1] + r_2 E[X_2] + \cdots\cdots + r_n E[X_n]$$
$$= \frac{1}{2}(1 + 2 + \cdots\cdots + n) = \frac{n(n+1)}{4}$$
$$V[a] = r_1^2 V[X_1] + r_2^2 V[X_2] + \cdots\cdots + r_n^2 V[X_n] = \frac{n(n+1)(2n+1)}{24} \quad \text{제곱합 공식 이용}$$

n이 클 때 중심극한정리에 따라 a의 분포는 정규분포에 가까워집니다.

BUSINESS 진정한 상태에서 맥박을 재면 내려갈까?

8명의 피험자에 대해 10분 간격으로 맥박을 2번 측정했습니다. 이때 1번째 데이터와 2번째 데이터가 같은 조건에서 얻은 것인지를 윌콕슨 부호순위검정(Wilcoxon signed-rank test)으로 검정해 봅시다. '차이'에는 (1번째)-(2번째)값을, '순위'에는 차이의 절댓값을 작은 순서로 나열했을 때의 순위를 적습니다.

	A	B	C	D	E	F	G	H
1번째	79	96	85	69	88	75	83	88
2번째	70	88	73	74	75	79	77	81
차이	9	8	12	−5	13	−4	6	7
순위	6	5	7	2	8	1	3	4

앞 표를 이용하여 a, b를 계산하면 $a = 3 + 4 + 5 + 6 + 7 + 8 = 33$, $b = 1 + 2 = 3$과 같습니다. a, b 중 작은 쪽을 검정통계량으로 합니다.

$n \leq 25$일 때는 정규분포로 근사하면 오차가 커지므로 표(부록 '윌콕슨 부호순위검정표', 298쪽)를 이용하여 기각역을 정합니다. $n = 8$일 때 유의수준 5%의 단측검정 기각역은 표에 따라 5 이하입니다. 앞 예에서 a와 b 중 작은 쪽은 $b = 3 < 5$이므로 귀무가설은 기각하고 대립가설(1번째보다 2번째의 맥박 수가 작다)을 채택합니다.

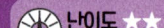  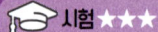

크러스컬-월리스 검정

대응 관계가 없는 무리(양적 데이터, 순위 데이터)의 차이를 검정합니다.

>
> **데이터 전체를 순위로 바꿔 그 순위의 합을 얻음**
>
> 대응 관계가 없는 k개 무리의 데이터에서 각 무리의 데이터 크기를 n_i, k개 무리 전체 데이터의 크기를 n, 제i무리의 순위합을 $R_i (1 \leq i \leq k)$로 함. 순위합 R_i는 k개 무리 데이터를 모두 큰 순서로 나열하여 순위를 매기고 제i무리에 속한 데이터의 순위를 모두 더한 것임
>
> n이 충분히 클 때 각 무리가 같은 분포를 따른다는 가정에 따라 다음 식은 자유도 $k - 1$인 카이제곱분포 $\chi^2(k-1)$을 근사적으로 따름
>
> $$H = \frac{12}{n(n+1)} \sum_{i=1}^{k} \frac{R_i^2}{n_i} - 3(n+1)$$

표본의 크기가 14 이하라면 표로 기각역을 구함

크러스컬-월리스 검정(크루스칼-왈리스 검정, Kruskal-Wallis test)은 대응 관계가 없는 여러 무리가 같은지 다른지를 검정하는 일원배치 분산분석의 비모수 버전입니다. 순위로 바꿔 통계량을 계산하므로 벗어난 값이 있을 때도 효과적입니다.

n이 충분히 클 때는 H가 자유도 $k - 1$인 카이제곱분포 $\chi^2(k-1)$을 따른다는 것을 이용하여 검정을 수행합니다. 작은 표본(3개 무리에서는 n이 15 이하, 4개 무리에서는 n이 14 이하)일 때는 H를 카이제곱분포로 근사하면 오차가 커집니다. 다음 예는 이에 해당하므로 기각역을 나타내는 표를 이용하여 검정합니다.

또한 크러스컬-월리스 검정에서 무리가 2개라면 H는 윌콕슨 순위합검정의 R로 나타낼 수 있습니다. 이런 점에서 무리가 2개일 때는 윌콕슨 순위합검정, 맨-휘트니 U 검정과 동질성 검정이 됩니다.

BUSINESS 연예인의 호감도에 차이가 있는지를 검정

연예기획사 S에서 유이, 해인, 준하의 호감도 설문 조사(5점 척도)를 실시하여 다음 표과 같은 결과를 얻었습니다. 호감도에 차이가 있는지를 검정해 봅시다.

유이(1무리)	5	5	4	
해인(2무리)	4	3	2	
준하(3무리)	3	2	1	1

설문 조사 결과

1.5	1.5	3.5	
3.5	5.5	7.5	
5.5	7.5	9.5	9.5

순위

먼저 H를 계산해 보겠습니다. 왼쪽 표의 4점은 전체 점수에서 3위와 4위에 해당하므로 오른쪽 표에서 $(3 + 4) \div 2 = 3.5$라 했습니다. 그리고 유이, 해인, 준하의 설문 조사 결과를 각각 1무리, 2무리, 3무리라 하면 제i무리의 순위합 R_i는 $R_1 = 6.5$, $R_2 = 16.5$, $R_3 = 32$입니다.

$n_1 = 3$, $n_2 = 3$, $n_3 = 4$, $n = 10$을 이용하여 H를 계산하면 다음 식과 같습니다.

$$H = \frac{12}{n(n+1)} \sum_{i=1}^{k} \frac{R_i^2}{n_i} - 3(n+1)$$
$$= \frac{12}{10(10+1)} \left(\frac{6.5^2}{3} + \frac{16.5^2}{3} + \frac{32^2}{4} \right) - 3(10+1) = 6.36$$

귀무가설, 대립가설은 각각 다음과 같습니다.

H_0: 연예인의 호감도는 모두 같은 정도다.
H_1: 연예인의 호감도는 같은 정도가 아니다.

앞 표는 작은 표본일 때에 해당하므로 부록 '크러스컬–월리스 검정표'(299쪽)를 이용하여 $n_1 = 3$, $n_2 = 3$, $n_3 = 4$일 때 유의수준 5%의 기각역(크러스컬–월리스 검정표는 단측으로 검정)은 5.791 이상입니다. 연예인 호감도 설문 조사로 계산한 H는 6.36이므로 귀무가설 H_0(모든 연예인의 호감도에는 차이가 없다)은 기각합니다. 즉, 유의수준 5%로 연예인 호감도에는 차이가 있다고 말할 수 있습니다.

덧붙여 여기서는 점수가 큰 순서로 순위를 매겼습니다만, 점수가 작은 순서로 순위를 매겨도 H값은 똑같습니다.

 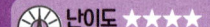 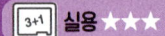 

11 프리드먼 검정

대응 관계가 있는 여러 무리(질적 데이터, 순위 데이터)의 차이를 검정합니다. 크러스컬-월리스 검정과는 순위를 매기는 방법이 다르므로 주의합시다.

Point 표 안 데이터를 순위로 바꾼 다음 성분마다 순위합을 얻음

크기 n인 k차원 데이터 $(x_i, y_i, …)$에 대해 x_i를 모은 데이터를 제1무리, y_i를 모은 데이터를 제2무리, …, 제k무리라 하고, 각 표 $(x_i, y_i, …)$의 각 성분을 순위로 바꾼 데이터를 $(a_i, b_i, …)$라 함

> 예를 들어 (10, 15, 7)이라는 데이터를 놓고 큰 것부터 순위를 매기면 (2, 1, 3)이 됨. 즉, k차원 데이터라면 $(a_i, b_i, …)$는 $1, 2, …, k$로 바꾼 것임

제1무리의 순위합을 $R_1 = \sum_{i=1}^{n} a_i$, 제2무리의 순위합을 $R_2 = \sum_{i=1}^{n} b_i$, …로 정의하면 n이 충분히 클 때 각 무리가 같은 모집단을 따른다는 가정에 따라 다음 식은 자유도 $k - 1$인 카이제곱분포 $\chi^2(k - 1)$을 근사적으로 따름

$$Q = \frac{12}{nk(k+1)} \sum_{i=1}^{k} R_i^2 - 3n(k+1)$$

대응 관계가 있는 일원배치 분산분석의 비모수 버전

대응 관계가 있는 일원배치 분산분석에 해당하는 비모수검정에는 여기서 설명할 프리드먼 검정(Friedman test) 외에도 페이지의 트렌드 검정(Page's trend test)이라 부르는 방법도 있습니다. 프리드먼 검정에서는 대립가설을 '무리의 평균 순위 쌍 중 같지 않을 것이 있다'로 하는 데 비해 페이지의 트렌드 검정에서는 대립가설을 '평균 순위를 오름차순으로 나열한 무리에 대해 이웃하는 무리와의 평균 순위 부호가 모두에 대해 성립하지 않는다'라고 하여 더 높은 검정력을 얻을 수 있습니다.

프리드먼 검정은 n이 충분히 클 때 Q가 자유도 $k - 1$인 카이제곱분포 $\chi^2(k - 1)$을 따른다는 것을 이용합니다. 작은 표본(3개 무리라면 n이 9 이하, 4개 무리라면 n이 5 이하)일 때는 Q를 카이제곱분포로 근사하면 오차가 커집니다. 그러므로 작은 표본의 기각역은 따로 계산하여 정리한 표를 이용합니다.

BUSINESS 여행사가 투어 상품을 기획하고자 사계절 호감도를 검정

여행사가 A, B, C 세 사람에게 사계절의 호감도에 대해 설문 조사(5점 척도)해서 다음과 같은 결과를 얻었습니다.

	A	B	C
봄(1무리)	4	2	5
여름(2무리)	3	5	2
가을(3무리)	5	4	4
겨울(4무리)	1	1	3

설문 조사 결과

	A	B	C	R_i(합계)
봄(1무리)	2	3	1	6
여름(2무리)	3	1	4	8
가을(3무리)	1	2	2	5
겨울(4무리)	4	4	3	11

순위

봄, 여름, 가을, 겨울의 설문 조사 결과를 각각 제1무리, 제2무리, 제3무리, 제4무리라 하면 제i무리의 순위합 R_i는 다음과 같습니다.

$$R_1 = 6,\ R_2 = 8,\ R_3 = 5,\ R_4 = 11$$

데이터 크기 $n = 3$, 무리 개수 $k = 4$를 이용하여 Q를 계산하면 다음 식과 같습니다.

$$Q = \frac{12}{nk(k+1)} \sum_{i=1}^{k} R_i^2 - 3n(k+1)$$
$$= \frac{12}{3 \times 4(4+1)}(6^2 + 8^2 + 5^2 + 11^2) - 3 \times 3(4+1) = 4.2$$

앞서 예를 든 사계절의 호감도 설문 조사를 검정해 봅시다.

H_0: 사계절의 호감도는 모두 같은 정도다.
H_1: 사계절의 호감도 중에는 같은 정도가 아닌 것이 있다.

표(부록 '프리드먼 검정표', 298쪽)에 따르면 4무리이고 $n = 3$일 때 유의수준 5%의 기각역은 7.40 이상입니다. 사계절 호감도 설문 조사로 계산한 H는 4.2이므로 귀무가설 H_0(사계절의 호감도에는 차이가 없다)을 수용합니다. 즉 '봄, 여름, 가을, 겨울의 호감도에 차이가 있다'라고 말할 수는 없습니다.

덧붙여 여기서는 점수가 큰 순서로 순위를 매겼습니다만, 점수가 작은 순서로 순위를 매겨도 Q값은 똑같습니다.

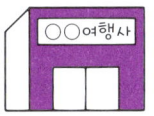

Column

헷갈리기 쉬운 통계학 용어

• 일반선형모델 / 일반화선형모델

종속변수를 독립변수의 1차식으로 설명하는 것이 일반선형모델이고, 종속변수를 독립변수의 1차식과 일반 함수의 합성함수로 설명하는 것이 일반화선형모델입니다(8장 07절 참고).

• 표준편차 / 표준오차

표준편차는 데이터의 흩어짐 정도이고, 표준오차는 추정량의 흩어짐 정도입니다(5장 [Column] 참고).

• 편회귀계수 / 편상관계수 / 중상관계수

편회귀계수는 다중회귀분석에서 회귀방정식의 계수입니다. y, z의 편상관계수는 y, z를 종속변수로 한 회귀분석에서 y, z에 다른 변수의 영향을 제거한 잔차 e_y, e_z의 상관계수입니다. y의 중상관계수는 y와 예측값 $\hat{y}$의 상관계수이며, 이를 제곱한 것이 결정계수입니다. 덧붙여 중회귀계수라는 용어는 없습니다.

• 잔차제곱합 / 오차제곱합

잔차제곱합은 주로 회귀분석에서 사용하는 용어이고, 오차제곱합은 오차 변동이라고도 하며 분산분석에서 사용하는 용어입니다. 오차제곱합을 잔차제곱합이라 할 때도 있으므로 조금은 까다롭습니다.

• 가능도 함수 / 가능도

파라미터 θ에 따라 정해지는 확률밀도(질량)함수 $f(x;\theta)$에 대해 x를 고정하고 $f(x;\theta)$를 θ의 함수로 본 것이 가능도 함수 또는 가능도입니다. 최대가능도 방법일 때는 θ를 움직이므로 함수라 표현하는 것이 어울립니다. 강조하여 $L(\theta;x) = f(x;\theta)$라 쓰기도 합니다. 한편 베이즈 갱신에서 사용하는 식 $p(\theta|D) \propto f(D|\theta)p(\theta)$의 우변에서는 θ가 움직인다는 느낌이 없으므로 $f(D|\theta)$를 가능도 함수가 아닌 가능도라 부를 때가 흔합니다.

Chapter

08

회귀분석

Introduction

회귀분석이란?

아버지의 키가 얼마인지를 알면 성인이 된 아들의 키를 어느 정도 예측할 수 있습니다. 이럴 때 이용하는 것이 회귀분석입니다.

아버지의 키를 x, 성인이 된 아들의 키를 y라 한 2차원 데이터 (x, y)를 수집하고 이를 분석합니다. 아버지의 키(x)로 아들의 키(y)를 구한다는 의도가 있으므로 이 데이터를 분석할 때 x를 **독립변수(independent variable)**, y를 **종속변수(dependent variable)**라 합니다.

변수 x, y를 부르는 방법에는 다음 표와 같이 여러 가지가 있습니다만, 이 책에서는 독립변수, 종속변수라 부르겠습니다.

x	예측변수(predictor variable), 설명변수(explanatory variable)
y	응답변수(response variable), 목적변수(objective variable)

독립변수가 1개, 종속변수가 1개일 때를 **단순회귀분석**이라 합니다. 이와는 달리 독립변수가 2개 이상이고 종속변수가 1개일 때를 **다중회귀분석**이라 합니다. 아버지와 어머니 두 사람의 키로 아들의 키를 예측하고자 할 때는 다중회귀분석을 이용합니다.

회귀분석은 외적 기준이 있는 다변량분석

회귀분석에서는 독립변수를 원인(입력)이 되는 변수, 종속변수를 결과가 되는 변수로 보고 변수끼리의 인과관계를 분석합니다. 결과로 얻은 종속변수(응답변수, 목적변수)를 **외적 기준(external criterion)**이라 합니다.

변량이 2개 이상인 데이터를 분석하는 통계 방법에는 많은 종류가 있습니다. 이를 통칭하여 **다변량분석(multivariate analysis)**이라 합니다. 다변량분석의 분석법은 외적 기준이 있는지에 따라 크게 두 가지로 나눕니다. 회귀분석은 관측변수를 독립변수와 종속변수로 나누어 분석하므로 외적 기준이 있는 다변량분석입니다. 외적 기준이 없는 다변량분석에서는 관측변수를 독립변수와 종속변수로 구별하지 않습니다.

외적 기준이 있는 다변량분석은 회귀분석 외에도 판별분석, 수량화 제1방법·제2방법, 로그 선형모델(log-linear model) 등이 있습니다. 외적 기준이 없는 것도 포함해 자세한 내용은 10장 Introduction에서 살펴봅니다.

외적 기준이 있는 다변량분석의 목적은 새로운 데이터의 예측, 그룹 판별이나 변수끼리의 인과관계 탐색입니다. 회귀분석에서도 새로운 데이터가 주어졌을 때 독립변숫값으로 종속변숫값을 예측하거나 변량 간의 편상관계수로 변수끼리의 상관관계를 평가합니다.

단순회귀분석의 원리를 이해하면 다른 회귀분석의 원리도 알 수 있습니다. 다중회귀분석은 독립변수를 늘린 것뿐이고 로지스틱 회귀분석, 프로빗 회귀분석은 종속변수의 치역을 제한하고자 함수로 변수변환한 것뿐이기 때문입니다.

단순회귀분석, 다중회귀분석에서는 모델을 직선·평면(초평면)으로 설정하나 일반적인 회귀분석에서는 모델을 일반적인 곡선으로 한 일반화선형모델에 따른 분석을 선택할 수 있습니다. 또한 상관계수로는 직선적인 관계성만 알 수 있었으나 일반화선형모델에서는 이보다 더 폭넓은 관계성을 다룰 수 있습니다.

회귀분석에서는 모수(파라미터)를 포함한 모델을 설정합니다. 모델은 단순회귀분석에서는 평면 위의 직선, 다중회귀분석에서는 공간의 평면(초평면), 로지스틱 회귀분석과 프로빗 회귀분석에서는 0부터 1까지 변화하는 부드러운 곡선(곡면)입니다. 측정값과 모델의 오차를 계산하고 이것이 최소가 되도록(최고제곱법 등) 또는 데이터를 실현하는 확률이 최대가 되도록(최대가능도 방법) 모수를 정합니다. 이것이 회귀분석에 공통된 원리입니다.

모델을 설정하고 나서 회귀식을 이끌어내기까지의 자세한 계산은 설명할 내용이 많으므로 이 책에서는 생략하겠습니다. 따라서 단순회귀분석, 다중회귀분석, 다중공선성을 설명할 때는 결과만 다루었습니다.

 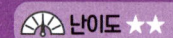  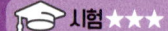

01 단순회귀분석

구하는 방법의 원리(최소제곱법)까지 알아두면 완벽합니다.

독립변수(x)로 종속변수(y)를 예측

2차원 데이터 (x_i, y_i)에 대해 x, y의 평균을 각각 $\bar{x}, \bar{y}, x$의 분산을 s_x^2, x와 y의 공분산을 s_{xy}로 함. 이때 다음 식을 **회귀직선(regression line)** 또는 회귀방정식 이라고 함

$$y = \frac{s_{xy}}{s_x^2}(x - \bar{x}) + \bar{y}$$

앞 식의 1차 계수를 **회귀계수**, 상수항을 **절편**이라고 함

회귀직선의 식을 구하는 원리는 최소제곱법

Point에서 살펴본 식인 회귀직선을 구하는 원리를 설명하겠습니다. 직선의 식을 $y = ax + b$로 두고 이에 대한 함수를 다음 식과 같이 둡니다.

$$f(a, b) = \sum_{i=1}^{n}(y_i - ax_i - b)^2$$

데이터가 주어졌을 때 (x_i, y_i)는 구체적인 수가 되므로 $f(a, b)$는 2차식이 됩니다. $f(a, b)$를 최소로 만드는 a와 b를 구하면(중학교 수학에서 배운 완전제곱식 만들기(completing the square)를 이용하면 구할 수 있습니다) $y = ax + b$가 회귀직선이 됩니다. 이때의 a와 b를 (x_i, y_i)로 나타내면 다음 식과 같습니다.

$$a = \frac{s_{xy}}{s_x^2}, \quad b = -\frac{s_{xy}}{s_x^2}\bar{x} + \bar{y}$$

모델이 되는 직선을 $y = ax + b$라는 식으로 두었을 때 $\hat{y}_i = ax_i + b$를 **예측값(predicted value)**이라 합니다. 그리고 실현값 y_i와 예측값 $\hat{y}_i$의 차이 e_i를 **잔차(residual)**라 합니다 ($e_i = y_i - \hat{y}_i = y_i - ax_i - b$). 회귀직선은 '**잔차제곱합을 최소로 하는 직선**'이라는 특징이 있습니다. 이처럼 회귀직선을 구하는 방법을 **최소제곱법(least-squares method, LSM)**이라 합니다.

y의 편차제곱합을 S_y^2, 잔차 e의 제곱합을 S_e^2, 예측값 $\hat{y}$의 편차제곱합을 $S_{\hat{y}}^2$이라 할 때 $S_y^2 = S_{\hat{y}}^2 + S_e^2$이 성립합니다. 이를 이용하여 결정계수(coefficient of determination) R^2을 다음 식과 같이 둡니다.

$$R^2 = 1 - \frac{S_e^2}{S_y^2} = \frac{S_{\hat{y}}^2}{S_y^2}$$

결정계수는 회귀직선이 얼마나 잘 맞는지를 나타내는 지표입니다.

BUSINESS 시험을 보지 않은 7명째 신입의 토익 점수 예측

x를 이용하여 y를 구하고자 하는 것이 회귀분석을 하게 된 동기입니다. 이때 x를 독립변수, y를 종속변수라 합니다. 여기서는 6명이 토플(TOEFL)과 토익(TOEIC) 시험을 봤을 때의 결과(10점 만점 정수로 환산)로 회귀직선의 식을 구해 봅시다.

| x (TOEFL) | 4 | 6 | 7 | 7 | 8 | 10 |
| y (TOEIC) | 2 | 4 | 6 | 8 | 7 | 9 |

평균은 $\bar{x}=7$, $\bar{y}=6$이므로 다음 표와 같은 계산을 합니다.

							합계
$x - \bar{x}$	-3	-1	0	0	1	3	
$(x - \bar{x})^2$	9	1	0	0	1	9	20
$y - \bar{y}$	-4	-2	0	2	1	3	
$(x - \bar{x})(y - \bar{y})$	12	2	0	0	1	9	24

앞 계산에 따라 분산과 공분산은 $s_x^2 = \frac{20}{6}$, $s_{xy} = \frac{24}{6}$와 같습니다. 따라서 회귀직선의 식은 다음과 같습니다.

$$y = \frac{s_{xy}}{s_x^2}(x - \bar{x}) + \bar{y} = \frac{24}{20}(x - 7) + 6 = 1.2x - 2.4 \qquad y = 1.2x - 2.4$$

시험 결과를 산포도로 만들면 앞 오른쪽 그림과 같습니다. x와 y의 대략적인 관계를 나타낸 직선 모양입니다. 회귀직선은 항상 x, y 각각의 평균인 점 $(\bar{x}, \bar{y})$를 지남을 기억합시다.

$x = 5$일 때 $y = 1.2 \times 5 - 2.4 = 3.6$입니다. 이에 따라 토플만 응시한 학생이 토익에 응시했을 때 토익 점수가 5점이면 토익 점수는 3.6점 정도가 되리라는 것을 예상할 수 있습니다.

02 다중회귀분석

자유도 조정이 끝난 결정계수는 실용적입니다.

 Point

독립변수를 늘려 단순회귀분석을 확장

3차원 데이터 (x_i, y_i, z_i)에 대해 x, y, z의 평균을 각각 $\bar{x}, \bar{y}, \bar{z}$, x의 분산을 s_{xx}, x와 y의 공분산을 s_{xy} 등으로 나타내기로 한다면 **회귀방정식(regression equation)**은 다음 식과 같음

$$z = u(x - \bar{x}) + v(y - \bar{y}) + \bar{z}$$

$$\begin{bmatrix} u \\ v \end{bmatrix} = \begin{bmatrix} s_{xx} & s_{xy} \\ s_{xy} & s_{yy} \end{bmatrix}^{-1} \begin{bmatrix} s_{xz} \\ s_{yz} \end{bmatrix} \quad \cdots\cdots ①$$

① 식 우변의 행렬은 분산-공분산행렬의 역행렬이고, u를 x의 **편회귀계수(partial regression coefficient)**, v를 y의 편회귀계수라고 함

단순회귀에서 다중회귀로

단순회귀분석과 비교해 독립변수가 1개 늘었습니다. 독립변수 x, y, 종속변수 z입니다. (x_i, y_i, z_i)를 xyz 공간에 그리면(3D 산점도) 회귀방정식은 다음 평면을 나타냅니다.

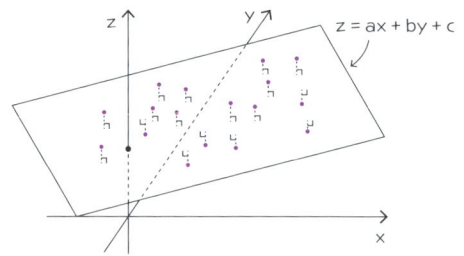

회귀방정식을 구하는 원리는 단순회귀분석일 때와 마찬가지로 최소제곱법입니다. 모델이 되는 식을 $z = ax + by + c$라고 하면 잔차는 $z_i - ax_i - by_i - c$입니다. 잔차의 제곱합 $f(a, b, c) = \sum_{i=1}^{n}(z_i - ax_i - by_i - c)^2$을 최소로 하는 a, b, c일 때 $z = ax + by + c$는 회귀방정식이 됩니다.

$f(a, b, c)$의 극값을 구하고자 편미분이 0인 다음 식을 세웁니다. 이를 **정규방정식(normal equations)**이라 합니다.

$$\frac{\partial f}{\partial a} = 0 \quad \frac{\partial f}{\partial b} = 0 \quad \frac{\partial f}{\partial c} = 0$$

앞 식을 풀어 Point의 ①을 계산하면 회귀방정식은 다음 식과 같습니다.

$$z = \frac{s_{yy}s_{xz} - s_{xy}s_{yz}}{s_{xx}s_{yy} - s_{xy}^2}(x - \bar{x}) + \frac{s_{xx}s_{yz} - s_{xy}s_{xz}}{s_{xx}s_{yy} - s_{xy}^2}(y - \bar{y}) + \bar{z}$$

Point에서는 3차원 데이터일 때를 나타냈지만, k차원 데이터에서는 $k - 1$개의 변량을 독립변수로 하고 1개의 변량을 종속변수로 하여 회귀방정식을 구할 수 있습니다. 편회귀계수는 ①과 마찬가지로 벡터와 행렬로 나타냅니다.

회귀방정식의 정밀도 측정

다중회귀분석도 단순회귀분석과 마찬가지 방법으로 결정계수 R^2을 계산하면 회귀방정식의 정밀도가 나쁨에도 큰 값이 나오곤 합니다. 이는 독립변수가 많아지면 그만큼 결정계수 R^2이 커지기 때문입니다. 이에 다중회귀분석에서 분석의 정밀도를 측정하려면 **조정된 결정계수(adjusted coefficient of determination)** $\bar{R}^2$을 이용합니다. 표본의 크기를 n, 독립변수 개수를 k라 하면 다음 식과 같이 계산할 수 있습니다.

$$\bar{R}^2 = 1 - \frac{n-1}{n-k-1}(1 - R^2)$$

p차원의 데이터로 다중회귀분석을 할 때 독립변수를 $p - 1$개로 하지 않아도 됩니다. $\bar{R}^2$이 커지도록 독립변수를 정하면 됩니다.

BUSINESS 임대 주택의 월세를 다중회귀분석으로 예측

부동산 중개회사 E는 월세를 종속변수로 하고 전용면적은 얼마인지, 지은 지 몇 년인지, 역에서 도보 몇 분인지를 독립변수로 하여 다중회귀분석을 수행했습니다. 또한 결과를 홈페이지에 공개하여 좋은 평가를 얻었습니다.

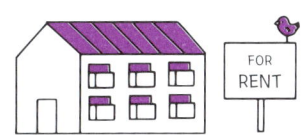

03 중상관계수와 편상관계수

난이도 ★★★★★ 실용 ★★★★★ 시험 ★★★

편회귀계수와 편상관계수를 확실히 구분하도록 합시다.

 잔차를 구한 다음 상관계수를 계산

중상관계수

$p + 1$차원 데이터 $(x_1, ..., x_p, y)$에서 $x_1, ..., x_p$를 독립변수, y를 종속변수로 했을 때의 회귀방정식을 $y = a_1 x_1 + ... + a_p x_p + a_{p+1}$로 하면 i번째의 데이터 $(x_{1i}, ..., x_{pi}, y_i)$에 대해 예측값은 $\hat{y}_i = a_1 x_{1i} + \cdots\cdots + a_p x_{pi} + a_{p+1}$, 잔차는 $e_i = y_i - \hat{y}_i$와 같음.

관측값 y와 예측값 $\hat{y}$의 상관계수 $r_{y\hat{y}}$를 $x_1, ..., x_p$와 y의 **중상관계수(multiple correlation coefficient)**라 하며 $r_{y|1\cdots p}$로 나타내고 $r_{y|1\cdots p} = r_{y\hat{y}}$, $0 \leq r_{y|1\cdots p} \leq 1$이 성립함

편상관계수

$p + 2$차원 데이터 $(x_1, ..., x_p, y, z)$에서 $x_1, ..., x_p$를 독립변수, y, z를 종속변수로 했을 때의 잔차를 각각 e, e'로 하면 e와 e'의 상관계수는 다음 식과 같음

$$r_{yz|1\cdots p} = r_{ee'}$$

이를 y, z의 **편상관계수(partial correlation coefficient)**라고 함

중상관계수로 회귀방정식의 정밀도를 측정

$s_{\hat{y}}^2, s_e^2$을 예측값, 잔차의 표본분산이라 하면 다음 식이 성립합니다.

$$s_y^2 = s_{\hat{y}}^2 + s_e^2$$

중상관계수 $r_{y|1\cdots p}$와 $s_y^2, s_{\hat{y}}^2, s_e^2, s_{y\hat{y}}$ 사이에는 다음 식과 같은 관계가 있습니다.

$$(r_{y|1\cdots p})^2 = (r_{y\hat{y}})^2 = \frac{(s_{y\hat{y}})^2}{s_y^2 s_{\hat{y}}^2} = \frac{s_{\hat{y}}^2}{s_y^2} = 1 - \frac{s_e^2}{s_y^2}$$

중상관계수의 제곱은 **결정계수**와 일치하며, 중상관계수가 1에 가까울수록 y를 $x_1, ..., x_p$로 설명할 수 있습니다. 즉, 중상관계수가 1에 가까울수록 회귀방정식의 정밀도가 높다는 것을 나타냅니다.

편상관계수로 의사상관을 알아냄

y, z의 편상관계수는 y와 z에서 $x_1, ..., x_p$의 영향을 제거한 후 y와 z의 상관계수, 즉 y와 z의 진정한 상관관계를 나타냅니다. x_i와 y의 상관계수를 r_{iy}로 나타내면 $\boldsymbol{r}_{xy}$, $\boldsymbol{r}_{xz}$는 다음 식과 같습니다.

$$\boldsymbol{r}_{xy} = \begin{bmatrix} r_{1y} \\ \vdots \\ r_{py} \end{bmatrix} \quad \boldsymbol{r}_{xz} = \begin{bmatrix} r_{1z} \\ \vdots \\ r_{pz} \end{bmatrix}$$

$(x_1, ..., x_p)$의 상관행렬을 S라 하면 $x_1, ..., x_p$일 때의 y와 z의 편상관계수 $r_{yz|1...p}$는 다음 식과 같이 계산할 수 있습니다.

$$r_{yz|1\cdots p} = \frac{r_{yz} - \boldsymbol{r}_{xy}^T S^{-1} \boldsymbol{r}_{xz}}{\sqrt{1 - \boldsymbol{r}_{xy}^T S^{-1} \boldsymbol{r}_{xy}} \sqrt{1 - \boldsymbol{r}_{xz}^T S^{-1} \boldsymbol{r}_{xz}}}$$

특히 $p = 1$일 때, 즉 독립변수가 하나일 때 상관행렬 S는 단순히 숫자 1이 되므로 다음 식과 같습니다.

$$r_{yz|x} = \frac{r_{yz} - r_{xy} r_{xz}}{\sqrt{1 - r_{xy}^2} \sqrt{1 - r_{xz}^2}}$$

BUSINESS 편상관계수로 의사상관을 알아내고 레이아웃 변경을 그만둠

한 슈퍼마켓에서 x를 맥주 매출, y를 1회용 기저귀 매출로 하여 상관계수를 계산하니 r_{xy} = 0.7이었습니다. 이에 맥주 매장 가까이에 1회용 기저귀 매장을 둘까 했지만 z를 점포 전체의 매출로 하여 상관계수를 계산하니 r_{yz} = 0.8, r_{xz} = 0.8이고, x와 y의 편상관계수는 $r_{xy|z}$ = 0.17입니다. 즉, x와 y는 직접적인 관계가 약한 것(의사상관임)으로 보고 매장 레이아웃 변경은 그만두기로 했습니다.

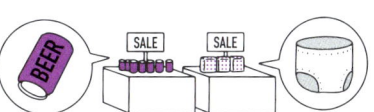

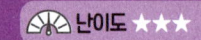  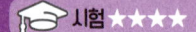

04 다중공선성

실용면에서는 매우 중요합니다. 다중공선성이 일어나는 이유를 이해하도록 합시다.

 변수에 낭비가 있다는 것

- 다중공선성이 있음: 다중회귀분석의 독립변수 사이에 강한 상관이 있다는 것. 편회귀숫값에 신뢰성이 없어짐

3차원 데이터에 다중공선성이 있으면 어떻게 될까?

다음 왼쪽 그림처럼 3D 산점도에서 데이터가 대부분 평면에 분포한다면 정밀도가 높은 회귀방정식을 얻을 수 있습니다.

이와는 달리 오른쪽 그림처럼 데이터가 대부분 직선 주변에 분포한다면 회귀방정식의 정밀도는 떨어집니다. 왜 이렇게 되는지 설명해 보겠습니다.

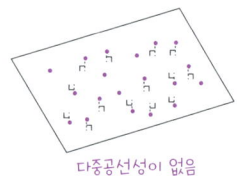 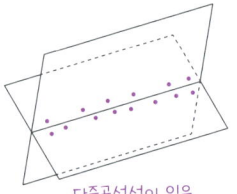

다중공선성이 없음   다중공선성이 있음

예를 들어 3차원 데이터 (x, y, z)에서 x와 y값이 완전한 1차 관계($y = ax + b$)라고 합시다. 그러면 x와 y의 상관계수는 1이고 02절의 편회귀계수 분모의 식 $s_{xx}s_{yy} - s_{xy}^2$은 0이 됩니다. x와 y가 거의 1차 관계일 때도 $s_{xx}s_{yy} - s_{xy}^2$은 0에 가까운 값이 됩니다. 편회귀계수를 구할 때 z_i값이 조금 변하면 $s_{yy}s_{xz} - s_{xy}s_{yz}$, $s_{xx}s_{yz} - s_{xy}s_{xz}$(편회귀계수의 분자)값도 조금 변합니다만, $s_{xx}s_{yy} - s_{xy}^2$(편회귀계수의 분모)은 0에 가까운 값이므로 편회귀계수의 값 자체는 많이 변합니다. 따라서 x와 y가 거의 1차 관계라면 구한 편회귀계수의 값이 의심스러워집니다.

이와 같이 다중회귀분석의 독립변수 사이에서 거의 1차인 관계가 있을 때 **다중공선성 (multicollinearity)**이 있다고 합니다.

왜 다중공선성이라 부르는 걸까요? 3차원 데이터 (x, y, z)가 다중회귀분석이 가능할 때 x와 y에 거의 1차원 관계가 있으면 데이터를 xyz 공간에 그린 모습이 앞 그림과 같이 거의 직선 모양이 됩니다. 회귀방정식 $z = ax + by + c$가 나타내는 평면은 이 직선을 대략적으로 포함합니다만, 앞 그림처럼 직선을 포함하는 평면이 여러 개 있는 상태(많은 평면이 직선을 공유함)입니다. 이럴 때는 평면 하나만을 선택할 수 없으므로 회귀방정식을 하나로 정할 수 없습니다.

선형대수 용어로 표현하면 독립변수가 종속에 가까울 때(변수에 낭비가 있음) 다중공선성을 의심하게 됩니다. 즉, 독립에 가까운 독립변수를 고르는 것이 바람직하다는 것입니다.

다중공선성을 발견하는 방법과 이를 피하는 방법

n차원 데이터 $(x_1, x_2, ..., x_n)$에서 특정 x_i를 종속변수로 하고, x_i 이외의 변수(독립변수)를 이용하여 x_i를 회귀분석했을 때의 결정계수를 R_i^2이라 합시다. R_i^2이 1에 가깝다는 것은 다른 독립변수로 x_i를 대부분 설명할 수 있다는 것입니다. 그러므로 R_i^2이 1에 가까울 때는 다중공선성이 있다고 판단하고 x_i를 제거하는 것이 좋습니다. 실제로 R_i^2을 이용하여 만든 분산팽창인수(variance inflation factor)인 $VIF_i = \dfrac{1}{1 - R_i^2}$이나 분모인 허용도(tolerance) $1 - R_i^2$을 지표로 이용합니다. VIF_i가 10 이상일 때는 변수 x_i를 제거하는 것을 검토해야 합니다. 참고로 VIF_i값이 5 이하가 바람직하다고 합니다.

다중공선성이 있을 때는 R_i^2, VIF_i, 조정된 결정계수 $\bar{R}^2$, 아카이케 정보기준(Akaike information criterion, AIC, 11장 09절) 등의 기준을 이용하여 유효한 독립변수를 선택합니다. 모든 지표를 충족하기는 어려울 수 있으므로 미리 순서를 정해두는 것이 좋습니다.

독립변수를 한정하는 방법에는 여러 가지가 있습니다. 처음에는 모든 변수를 사용한 상태에서 시작하여 솎아내는 변수감소법, 상수항만으로 시작하여 변수를 더하는 변수증가법, 증감을 함께 적용하는 변수증감법 등을 이용할 수 있습니다.

05 단순회귀분석의 구간추정

회귀분석의 모델을 알고 싶은 사람을 위한 내용입니다.

> **Point**
> **표본회귀계수를 자유도 $n-2$인 t분포로 추정**
>
> 모집단에 선형회귀모델을 설정하고 크기 n인 표본 (x_i, y_i)로 회귀분석함. x가 정해졌을 때 예측값 y의 95% 신뢰구간은 다음 식과 같음
>
> $$\left[\hat{a}x + \hat{b} - \alpha\sqrt{\frac{\hat{\sigma}^2}{n}\left(1 + \frac{(x-\bar{x})^2}{s_x^2}\right)},\ \hat{a}x + \hat{b} + \alpha\sqrt{\frac{\hat{\sigma}^2}{n}\left(1 + \frac{(x-\bar{x})^2}{s_x^2}\right)} \right]$$
>
> $\hat{a} = \dfrac{s_{xy}}{s_x^2},\ \hat{b} = -\bar{x}\dfrac{s_{xy}}{s_x^2} + \bar{y},$
>
> $\hat{\sigma}^2 = \dfrac{1}{n-2}\displaystyle\sum_{i=1}^{n}(y_i - \hat{a}x_i - \hat{b})^2$
>
> α: $t(n-2)$의 상위 2.5% 지점임
>
>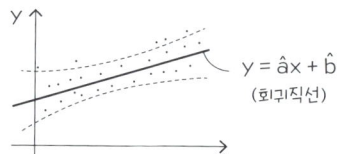
> 회귀분석에 따른 y의 95% 신뢰구간

회귀직선의 구간추정 원리

모집단의 분포가 $Y_i = ax_i + b + \varepsilon_i$를 따른다고 합시다. 이때 $y = ax + b$를 **모회귀직선**(population regression line), a, b를 **모회귀계수**(population regression coefficient), ε_i를 **오차항**(error term)이라 합니다. ε_i는 확률변수로 $E[\varepsilon_i] = 0$, $V[\varepsilon_i] = \sigma^2$(이를 오차분산(error variance)이라 함), $\mathrm{Cov}(\varepsilon_i, \varepsilon_j) = 0 (i \neq j)$을 따른다고 할 때, 이 모델을 **선형회귀모델**(linear regression model)이라 합니다. 특히 ε가 $N(0, \sigma^2)$을 따를 때를 **정규선형회귀모델**(normal linear regression model)이라 합니다. 이때는 모집단에서 변량 x의 값이 x_i인 개체를 추출하면 그 개체의 변량 y의 값 y_i는 다음 오른쪽 그림처럼 $N(0, \sigma^2)$을 따르는 분포가 됩니다.

표본 (x_i, y_i)로 구한 회귀방정식(01절)에서 y를 예측값 $\hat{y}$로 바꾸고 회귀계수와 절편의 예측값을 $\hat{a} = \dfrac{s_{xy}}{s_x^2},\ \hat{b} = -\bar{x}\dfrac{s_{xy}}{s_x^2} + \bar{y}$로 두면 예측값 $\hat{y}$는 다음 식과 같습니다.

모집단의 정규선형회귀모델

$$\hat{y} = \frac{s_{xy}}{s_x^2}(x - \overline{x}) + \overline{y} = \hat{a}x + \hat{b}$$

앞 식을 **표본회귀직선(sample regression line)**이라 하며, $\hat{a}, \hat{b}$는 모회귀계수 a, b의 추정량이라 합니다. 정규선형회귀모델에서 $\hat{a}, \hat{b}$의 기댓값, 분산은 다음과 같습니다.

$$E[\hat{a}] = a \quad V[\hat{a}] = \frac{\sigma^2}{ns_x^2} \quad E[\hat{b}] = b \quad V[\hat{b}] = \frac{\sigma^2}{n}\left(1 + \frac{\overline{x}^2}{s_x^2}\right) \quad \text{Cov}[\hat{a}, \hat{b}] = -\frac{\sigma^2 \overline{x}}{ns_x^2} \quad \cdots\cdots \text{①}$$

앞 식의 1번째와 3번째 식이 성립하면 $\hat{a}, \hat{b}$는 비편향추정량입니다.

$\hat{y}$의 기댓값, 분산을 계산하면 다음 식과 같습니다.

$$E[\hat{y}] = ax + b \qquad V[\hat{y}] = \frac{\sigma^2}{n}\left(1 + \frac{(x - \overline{x})^2}{s_x^2}\right) \quad \cdots\cdots \text{②}$$

정규선형회귀모델에서 $\hat{a}, \hat{b}$는 ①이 평균, 분산, 공분산인 2변량정규분포를, $\hat{y}$는 ②가 평균, 분산인 정규분포를 따릅니다. 그러나 이대로는 모수인 오차분산 σ^2이 포함되므로 표본만으로는 $\hat{a}, \hat{b}, \hat{y}$의 분포를 알 수 없습니다. 여기서 t분포를 이용(**스튜던트화**)합니다.

잔차제곱합을 $n - 2$로 나눈 $\hat{\sigma}^2$은 다음 식과 같습니다.

$$\hat{\sigma}^2 = \frac{1}{n-2}\sum_{i=1}^{n}(y_i - \hat{y}_i) = \frac{1}{n-2}\sum_{i=1}^{n}(y_i - \hat{a}x_i - \hat{b})^2$$

이때 $E[\hat{\sigma}^2] = \sigma^2$이 되어 오차분산의 비편향추정량이 됩니다. 이를 이용하여 다음과 같이 T_a, T_b, T_y를 만들면 각각 자유도 $n - 2$인 t분포 $t(n - 2)$를 따릅니다.

$$T_a = \frac{\hat{a} - a}{\sqrt{\dfrac{\hat{\sigma}^2}{ns_x^2}}} \qquad T_b = \frac{\hat{b} - b}{\sqrt{\dfrac{\hat{\sigma}^2}{n}\left(1 + \dfrac{\overline{x}^2}{s_x^2}\right)}} \qquad T_y = \frac{\hat{y} - \hat{a}x - \hat{b}}{\sqrt{\dfrac{\hat{\sigma}}{n^2}\left(1 + \dfrac{(x - \overline{x})^2}{s_x^2}\right)}}$$

그러므로 Point에서 살펴본 신뢰구간 공식을 얻을 수 있습니다.

$\sqrt{\dfrac{\hat{\sigma}^2}{ns_x^2}}, \sqrt{\dfrac{\hat{\sigma}^2}{n}\left(1 + \dfrac{\overline{x}^2}{s_x^2}\right)}, \sqrt{\dfrac{\hat{\sigma}^2}{n}\left(1 + \dfrac{(x - \overline{x})^2}{s_x^2}\right)}$을 각각 $\hat{a}, \hat{b}, \hat{y}$의 **표준오차(standard error)**라 합니다.

06 로지스틱 회귀분석·프로빗 회귀분석

적용할 장면이 많고 응용이 다양합니다. 이론도 그리 어렵지 않습니다.

> **Point** 치역이 0~1인 함수를 이용하여 이를 모델로 함
>
> y_i가 0, 1 두 값을 가지는 2차원 데이터 (x_i, y_i)에 대해 다음 식을 모델로 하여 회귀분석을 수행함
>
> **로지스틱 회귀분석**
>
> $$y = f(\alpha + \beta x) = \frac{e^{\alpha + \beta x}}{1 + e^{\alpha + \beta x}}$$
>
> 여기서 $f(x)$는 로지스틱 함수 $f(x) = \dfrac{e^x}{1+e^x}$
>
> **프로빗 회귀분석**
>
> $$y = \Phi(\alpha + \beta x) = \int_{-\infty}^{\alpha + \beta x} \frac{1}{\sqrt{2\pi}} e^{-\frac{t^2}{2}} dt$$
>
> 여기서 $\Phi(x)$는 표준정규분포의 누적분포함수

※ 'probit'은 고안자인 체스터 블리스가 'probability+unit'으로 만든 용어임

BUSINESS 연 수입과 주택 소유의 관계성을 회귀분석

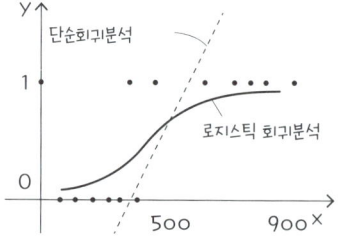
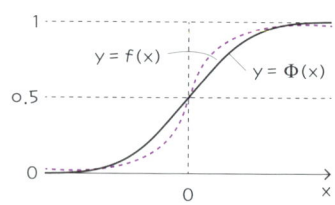

연 수입과 소유 주택의 관계를 조사하는 설문 조사를 실시했습니다. 연 수입을 x, 주택을 소유한 사람을 $y = 1$, 주택을 소유하지 않은 사람을 $y = 0$으로 하여 데이터를 수집한 결과 앞 그림 왼쪽과 같은 산점도를 얻었습니다. x와 y로 단순회귀분석을 하면 회귀직선에서는 음숫값이나 1 이상의 값이 나오는 등 잘 되지 않습니다. 이에 직선 대신에 x가 커짐

에 따라 1에 가까워지고 x가 작아짐에 따라 0에 가까워지는 함수를 이용하여 회귀분석을 하고자 한 것이 로지스틱 회귀분석(logistic regression analysis) 또는 프로빗 회귀분석 (probit regression analysis)입니다.

$y = f(x)$, $y = \Phi(x)$의 그래프는 앞 그림의 오른쪽과 같습니다. $x \to \infty$일 때 1, $x \to -\infty$일 때 0이 되는 함수로 $f(x)$나 $\Phi(x)$를 선택한 것입니다. 앞 그림 왼쪽의 실선과 같은 그래프를 얻을 수 있다면 **y값은 연 수입 x인 사람이 주택을 소유할 확률을 나타낸다고 해석할 수 있습니다.**

얻은 데이터 (x_i, y_i)로 α, β를 구하려면 최대가능도 방법(5장 03절)을 이용합니다. 즉, 프로빗 분석이라면 가능도 함수를 다음 식과 같이 설정합니다.

$$L(\alpha, \beta) = \prod_{y_i=1} \Phi(\alpha + \beta x_i) \prod_{y_i=0} \{1 - \Phi(\alpha + \beta x_i)\}$$

선형회귀일 때와는 달리 (x_i, y_i)를 이용하여 α, β의 최대가능도 값을 명시적으로 나타낼 수는 없습니다. 그러므로 컴퓨터를 이용하여 계산해야 합니다.

로지스틱 회귀와 로그 오즈는 관계가 있음

로지스틱 회귀식에서 $p = \dfrac{e^{\alpha+\beta x}}{1+e^{\alpha+\beta x}}$라 두면 $1-p = \dfrac{1}{1+e^{\alpha+\beta x}}$이고 이를 로그로 변환하면 다음 식과 같습니다.

$$\log\left(\frac{p}{1-p}\right) = \alpha + \beta x$$

확률 p에 대해 $\dfrac{p}{1-p}$를 **오즈(odds)**, $\log\left(\dfrac{p}{1-p}\right)$를 **로그 오즈** 또는 p의 **로짓 함수**라 합니다. **로지스틱 회귀분석은 로그 오즈를 x의 1차식으로 나타낸 모델을 이용한 회귀분석**인 것입니다.

독립변수를 k개로 하여 다음 식과 같이 모델로 만들었을 때도 마찬가지로 각각 **로지스틱 회귀분석**, **프로빗 회귀분석**이라 합니다.

$$y = f(\alpha + \beta_1 x_1 + \ldots + \beta_k x_k) \qquad y = \Phi(\alpha + \beta_1 x_1 + \ldots + \beta_k x_k)$$

덧붙여 $(x_1, x_2, \ldots, x_k, y)$($y$는 0 또는 1) 형태의 예측은 판별분석으로도 가능합니다. 그러나 이 회귀분석처럼 0부터 1까지의 실숫값을 예측값으로 반환하지는 않습니다.

07 일반선형모델과 일반화선형모델

난이도 ★★★★★ 실용 ★ 시험 ★

이 장에서 다룬 회귀분석을 총괄하는 내용이라 할 수 있습니다.

Point! 로지스틱 회귀분석, 프로빗 회귀분석은 일반화선형모델의 한 예

일반선형모델

종속변수를 확률변수 $Y_1, Y_2, ..., Y_n$으로 보면 다음과 같은 식이 성립함

$$Y = X\beta + \varepsilon$$

$Y = (Y_1, Y_2, ..., Y_n)^T$, $X = n \times k$ 행렬: 데이터 행렬, $(......)^T$으로 열 벡터를 나타냄
$\beta = (\beta_1, \beta_2, ..., \beta_k)^T$: 계수 파라미터
$\varepsilon = (\varepsilon_1, \varepsilon_2, ..., \varepsilon_n)^T$: 각 ε_i가 독립으로 $N(0, \sigma^2)$을 따르는 확률변수

앞 식을 따르는 모델을 **일반선형모델**(general linear model)이라 함

일반화선형모델

Y_i가 지수족에 속하는 분포를 따르는 것으로 하고, 단조이고 미분 가능한 함수 $g(x)$를 이용하면 다음 식이 성립함

$$g(E[Y]) = X\beta \quad g(E[Y])\text{는 } (g(E[Y_1]), ..., g(E[Y_n]))^T\text{을 가리킴}$$

앞 식이 성립하는 모델을 **일반화선형모델**(generalized linear model, GLM)이라고 함. 이때 $g(x)$를 **연결함수**(link function), 우변의 $X\beta$를 **선형예측자**(linear predictor)라고 함

※ Y, β, ε를 행렬로 하여 $Y = X\beta + \varepsilon$라고 할 때도 있음

다중회귀분석이나 분산분석도 일반선형모델의 한 종류

다중회귀분석에서 크기 n인 데이터 $(x_{1i}, x_{2i}, ..., x_{ki}, y_i)(1 \leq i \leq n)$에 대해 각 y_i를 확률변수 Y_i로 보면 다음 식과 같은 모델을 둘 수 있습니다.

$$Y_i = \beta_0 + \beta_1 x_{1i} + \beta_2 x_{2i} + ... + \beta_k x_{ki} + \varepsilon_i \quad \varepsilon_i \sim N(0, \sigma^2) \text{ (i.i.d.)}$$

ε_i는 $N(0, \sigma^2)$을 따름

Point의 식에서 X, β는 다음과 같습니다.

X = [1열째의 성분이 1이고 $(p, q + 1)$ 성분이 x_{qp}인 $(n, k + 1)$형 행렬]
$\boldsymbol{\beta} = (\beta_0, \beta_1, ..., \beta_k)^T$

그러므로 다중회귀분석은 일반선형모델의 한 종류입니다.

일원배치 분산분석에서는 제i무리의 데이터(무리의 개수는 r) y_{ip} ($1 \leqq i \leqq r$, $1 \leqq p \leqq$ [제i무리의 크기])의 각각을 확률변수 Y_{ip}로 보고 $Y_{ip} = \mu_i + \varepsilon_{ip}$($\mu_i$: 제$i$무리의 평균, $\varepsilon_{ip} \sim N(0, \sigma^2)$ $(i.i.d.)$)로 둡니다. 그럼 Point의 식에서 다음이 성립합니다.

X = $\begin{bmatrix} \text{(1열째에 제1무리의 크기만 1, 2열째의 [(제1무리의 크기)+1]행째부} \\ \text{터 [(제1무리의 크기)+(제2무리의 크기)]행째까지 1, ⋯ 등으로 나열} \\ \text{하고 그 외는 0이다.} \quad \text{([전표본의 크기], }r\text{)형 행렬} \end{bmatrix}$

$\boldsymbol{\beta} = (\mu_1, \mu_2, ..., \mu_r)^T$

따라서 분산분석은 일반선형모델의 한 종류입니다. 이원배치 분산분석, 공분산분석도 마찬가지로 일반선형모델을 이용한다는 것을 나타낼 수 있습니다.

일반선형모델을 더욱 확장한 일반화선형모델

일반화선형모델에서 Y_i가 지수족(exponential family)인 정규분포 $N(\mu_i, \sigma^2)$을 따르고 $g(x) = x$로 하면 일반선형모델이 됩니다.

2차원 데이터 (x_i, y_i)의 모델에서 선형예측자(linear predictor)는 $\alpha + \beta x$가 됩니다. Y가 Be(p)를 따를 때 연결함수를 $g(x) = \log\left(\dfrac{x}{1-x}\right)$라 하면 $g(E[Y])$와 p는 다음 식과 같으므로 로지스틱 회귀분석이 됩니다.

$$g(E[Y]) = g(p) = \log\left(\frac{p}{1-p}\right) = \alpha + \beta x \qquad p = \frac{e^{\alpha + \beta x}}{1 + e^{\alpha + \beta x}}$$

또한 $g(x)$로 정규분포의 누적분포함수 $\Phi(x)$의 역함수 $\Phi^{-1}(x)$를 취하면 $p = \Phi(\alpha + \beta x)$가 되므로 프로빗 회귀분석이 됩니다.

Y가 푸아송 분포 Po(λ)를 따를 때 연결함수로 $g(x) = \log x$를 취하면 $g(E[Y])$와 λ는 $g(E[Y]) = g(\lambda) = \log \lambda = \alpha + \beta x$, $\lambda = e^{\alpha + \beta x}$와 같습니다.

이를 푸아송 회귀 모델(Poisson regression model)이라 합니다. 이처럼 원하는 함수를 연결함수로 이용하면 모델을 사용자화할 수 있습니다.

Column

와인 가격 다중회귀분석

회귀분석은 단순회귀분석부터 시작하여 변수가 여러 개인 다중회귀분석, 이에 더하여 곡선이나 곡면 모델을 다루는 일반선형모델 등 다양한 현상에 적용할 수 있도록 발전했습니다. 이와 더불어 응용할 수 있는 분야도 생물학 이외로 넓어졌습니다. 경제학 중에서도 계량경제학에서는 회귀분석이 주요 도구 중 하나입니다.

경제학지 『아메리칸 이코노미 리뷰』의 편집자를 지낸 프린스턴대학 경제학자 올리 아센펠터(1942~)는 와인을 너무 좋아한 나머지 와인의 가격에 대해 다중회귀분석을 실시했습니다. 이 회귀방정식을 '와인 방정식'이라 부릅니다.

$$\log\left(\frac{\text{보르도 와인 가격}}{\text{61년산 와인 평균 가격}}\right)$$
$$= -12.145 + 0.00117 \times [\text{겨울(10월~3월)의 강우량}]$$
$$+ 0.614 \times [\text{육성기(4월~9월)의 평균 기온}]$$
$$- 0.00386 \times [\text{수확기(8, 9월)의 강우량}]$$
$$+ 0.0239 \times [\text{와인의 숙성 햇수}]$$

와인을 잘 아는 사람이라면 수확 전년 겨울에 비가 많이 내리면 와인 가격이 올라간다는 관계, 즉 겨울 강우량과 와인 가격 사이에는 정적 상관이 있다는 것을 압니다. 그런데도 이렇게 회귀방정식 형태로 정량화하다니 참으로 대단합니다.

이 식이 발표된 당시 발매 전의 와인을 시음하여 가격을 정했던 와인 평론가는 수식으로 와인 가격이 정해질 리가 없다며 이 방정식을 완전히 무시했습니다. 그러나 비평가는 1986년 빈티지를 질이 좋은 와인이라 판단했지만 올리는 방정식을 통해 그저 그런 와인이라 주장했습니다. 결과적으로는 올리가 옳았으므로 비평가도 더는 이 방정식을 무시하지 못했습니다.

상관관계가 있고 변량의 정량화가 가능하다면 와인 가격 예처럼 다중회귀분석을 실시하여 종속변수를 회귀방정식 형태로 나타낼 수 있습니다.

Chapter 09

분산분석과 다중비교

Introduction

분산분석과 다중비교로 해결할 수 있는 문제

6장 06, 07절에서 그룹 2개의 평균이 같은지를 검정(모평균 차이검정)하는 방법을 소개했습니다. 그러면 그룹 3개의 평균이 같은지를 검정할 때는 어떻게 하면 될까요? 얼핏 생각하면 그룹 3개에서 2개씩 골라 검정하면 될 듯합니다. **그러나 이 방법에는 약간의 문제가 있습니다.** 자세하게 설명해 보겠습니다.

예를 들어 그룹 A_1, A_2, A_3의 평균 μ_1, μ_2, μ_3에 차이가 있는지를 검정하고자 할 때 귀무가설을 $H_0: \mu_1 = \mu_2 = \mu_3$이라 합시다. 모평균 차이검정을 이용하여 $H_{12}: \mu_1 = \mu_2$를 검정하고 $H_{13}: \mu_1 = \mu_3$를 검정하고 $H_{23}: \mu_2 = \mu_3$을 검정했다고 합시다(각 검정에서 유의수준은 5%였습니다).

H_{12}, H_{13}, H_{23} 중 적어도 하나를 기각하면 귀무가설 H_0은 기각입니다. H_0이 옳을 때 H_{12}, H_{13}, H_{23} 모두를 수용할 확률은 0.95^3이므로 H_{12}, H_{13}, H_{23} 중 적어도 1개가 기각될 확률은 $1 - 0.95^3 = 0.143$이 되므로 유의수준이 14.3%(5%보다 큼)인 검정을 수행한 것이 됩니다. 유의수준이 높으면 위험률도 높아지므로(제1종 오류의 확률이 높아짐) 검정의 신뢰성이 떨어집니다. 그러므로 **검정을 반복하는 것은 좋지 않은 방법**입니다.

이 문제점을 해결하는 방법으로는 분산분석과 다중비교 두 가지가 있습니다. 분산분석에서는 귀무가설을 $H_0: \mu_1 = \mu_2 = \mu_3$으로 하고 이를 기각할 것인지 수용할 것인지를 한 번에 판정합니다. 데이터가 세 가지 각각의 원인 A_1, A_2, A_3에 따라 얻은 결과라 할 때 A_1과 A_2 등의 **상호작용까지 측정할 수 있다는 것이 분산분석의 뛰어난 점입니다.** 그러나 분산분석에서는 귀무가설을 기각하더라도 $H_0: \mu_1 = \mu_2 = \mu_3$을 부정할 뿐으로, μ_1, μ_2, μ_3 각각의 크고 작음을 판정할 수는 없습니다. 표본의 평균에서 (A_1 평균) > (A_2 평균)이 성립한다고 해서 유의하게 $\mu_1 > \mu_2$를 주장할 수 있는 근거는 되지 않습니다.

이에 대해 다중비교에서는 이름처럼 H_{12}, H_{13}, H_{23}을 귀무가설로 두고 한 번의 검정으로 이 **귀무가설을 개별 판정할 수 있습니다.** 다중비교에는 크게 세 가지 방법이 있습니다.

1번째는 유의수준 5% 검정이라면 각각의 유의수준을 낮게 하여 전체 유의수준을 5%로 유지하는 방법입니다. 앞 예로 말하면 H_{12}, H_{13}, H_{23} 각각의 검정 유의수준을 5%보다 낮게 설정하는 것입니다. 이에는 **본페로니 교정(Bonferroni correction), 홀름 방법(Holm method), 섀퍼 방법(Shaffer method)** 등이 있습니다.

2번째는 검정 1회마다 검정통계량을 작게 하여 전체 유의수준을 5%로 유지하는 방법입니다. 이에는 셰페 방법(Scheffé's method) 등이 있습니다.

3번째는 검정을 반복해도 전체의 유의수준이 커지지 않는 특별한 확률분포를 만들고 이를 이용하여 검정을 수행하는 방법입니다. 이에는 투키-크레이머 방법(Tukey-Kramer method), 던넷 검정(Dunnett's test), 윌리암스 검정(Williams test) 등이 있습니다.

일원배치 분산분석과 다중비교는 비슷하면서도 서로 다르므로 다중비교 전에 분산분석을 하는 것은 일반적으로 바람직하지 않습니다. 다만, 셰페 방법은 분산분석을 포함한 다중비교라 할 수 있으므로 이에 해당하지는 않습니다.

다중비교에서는 귀무가설 집합족을 고려

모평균 μ_1, μ_2, μ_3, μ_4가 같은지 검정할 때를 생각해 봅시다. 분산분석에서는 $H_{\{1,2,3,4\}}$: $\mu_1 = \mu_2 = \mu_3 = \mu_4$라는 포괄적 귀무가설(overall null hypothesis)을 세웠습니다. 이와 달리 다중비교에서는 $H_{\{2,3\}}$: $\mu_2 = \mu_3$ $H_{\{1,2\}\{3,4\}}$: $\mu_1 = \mu_2$이고 $\mu_3 = \mu_4$ 등으로 나타내는 여러 개의 부분적 귀무가설(subset null hypothesis)을 세웁니다. 다음과 같은 부분적 귀무가설 집합을 설정하여 한 번에 검정합니다.

$$\mathcal{F} = \{H_{\{1,2\}}, H_{\{1,3\}}, H_{\{1,4\}}, H_{\{2,3\}}, H_{\{2,4\}}, H_{\{3,4\}}\}$$

이러한 집합을 집합족 또는 귀무가설족(family of subset null hypothesis)이라 합니다. 다중비교에서 유의수준 α란 이 집합족에 대해 마련한 유의수준이라는 점에 주의합시다.

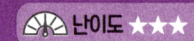  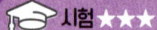

01 분산분석

이 절에서는 분산분석의 전체 개요를 설명하며 02절 이후부터 각 내용을 설명합니다. 실무자라면 분산분석표를 읽을 수 있어야겠죠.

분산비를 만들어 F분포로 검정

분산분석

여러 개 그룹의 평균이 모두 같다는 귀무가설을 세우고 <u>분산비(F값)</u>를 검정통계량으로 하여 F분포로 검정하는 방법임

변동(제곱합)으로 분산비 만들기

분산분석(analysis of variance, ANOVA)은 로널드 에일머 피셔가 로담스테드 농업시험장에서 근무할 때 농작물에 맞는 생육조건(비료, 일조, 기온, 토양 등)을 연구하고자 개발한 통계 방법입니다. 서로 다른 조건을 이용하여 수확량을 비교하고 효과에 차이가 있는지를 검정했습니다.

A_1, A_2, A_3이라는 그룹이 있고 각각의 평균을 μ_1, μ_2, μ_3이라 합시다. A_1, A_2, A_3에서 추출한 표본으로 귀무가설 $H_0: \mu_1 = \mu_2 = \mu_3$을 검정하는 것이 분산분석의 기본 형태입니다. 2무리의 차이검정을 반복하여 μ_1, μ_2, μ_3에 차이가 있는지를 검정해서 안 되는 이유에 관해서는 Introduction에서 이미 설명했습니다.

분산분석에서는 귀무가설을 검정하고자 검정통계량으로 분산비를 만듭니다. 표본 전체에서의 편차제곱합 S_T를 분산분석에서는 <u>전변동(총변동, total variation)</u> 또는 <u>전제곱합(총제곱합, total sum of squares, TSS, SST)</u>이라 합니다.

예를 들어 03절의 이원배치 분산분석(반복 없음)에서 전변동은 다음과 같은 형태입니다.

(전변동) = (A무리간 변동) + (B무리간 변동) + (오차 변동)

각 변동에서는 자유도를 계산합니다. 변동을 자유도로 나누어 분산으로 한 다음, 이를 조합하여 분산비를 만듭니다. 이것이 검정통계량입니다. <u>분산비를 F분포로 검정하는 것이 분산분석에 공통된 방법입니다.</u> F검정에 이용하므로 분산비를 F값이라고도 합니다.

지금까지 설명한 개요를 머릿속에 두고 실제 예를 통해 확인하는 것이 좋습니다. 통계학 이용만이 목적이라면 Business에서 소개하는 분산분석표를 읽는 방법만 알아도 충분합니다.

분산분석은 각 그룹 안의 분산이 서로 같다고 가정합니다. 이 전제 조건이 성립하지 않는다면 분산분석을 할 수 없으므로 주의하기 바랍니다.* 이원배치 분산분석(반복 있음)에서는 단순히 그룹의 평균이 같은지뿐만 아니라 원인 사이의 상호작용(상승효과나 상쇄효과)이 있는지까지 검정할 수 있으므로 매우 흥미롭습니다.

BUSINESS 자동차 액세서리를 팔려면 어디가 좋을까?

자동차 액세서리 회사를 경영하는 H씨는 세계 6개 지역(아시아, 아프리카, 오세아니아, 유럽, 남아메리카, 북아메리카) 83개국에 관해 국민 1,000명당 자동차 보유 대수 데이터를 이용하여 자동차 평균 보유 대수에 지역차가 있는지를 분산분석해보기로 했습니다. 통계 프로그램의 결과(분산분석표)는 다음과 같았습니다.

출력 결과

Analysis of Variance Table

Response: car

	자유도	변동(제곱합)	분산(제곱평균)	분산비	p값
	Df	Sum Sq	Mean Sq	F value	Pr(> F)
region	5	2785835	557167	27.568	6.898e−16
Residuals	77	1556194	20210		

이 분석의 검정은 자유도 (5, 77)인 F분포로 검정합니다. 분산비(F value)가 27.568이고 p값이 6.89×10^{-16}이므로 유의수준이 1%여도 귀무가설은 기각, 즉 자동차 평균 보유 대수에는 지역차가 있다는 것이 됩니다. 분산분석표를 읽을 때의 요점은 Pr(> F)값입니다. 이것이 유의수준보다 작으면 귀무가설을 기각하고 크면 귀무가설을 수용합니다. 분산분석의 개론은 이 정도면 충분합니다.

---

* 이 책에서는 등분산을 가정할 수 없을 때의 분산분석은 다루지 않습니다.

02 일원배치 분산분석

분산분석의 기본형입니다. 이를 통해 분산분석의 원리를 이해합시다.

1 Point (그룹간 분산) ÷ (그룹내 분산)의 크기로 판단

k개 무리(그룹)의 표본이 오른쪽 표와 같음

1	$x_{11}, x_{12}, \ldots, x_{1n_1}$
2	$x_{21}, x_{22}, \ldots, x_{1n_2}$
...	......
k	$x_{k1}, x_{k2}, \ldots, x_{kn_k}$

제1무리는 크기 n_1이고 데이터의 값을 x_{1j}, 제2무리는 크기 n_2이고 데이터의 값을 x_{2j}, …로 함.

표본 전체의 크기를 $n = \sum_{i=1}^{k} n_i$, 제i무리의 평균을 m_i, k개 무리 전체의 평균을 m이라 하면 x_{ij}를 다음 식과 같이 나타낼 수 있음

$$x_{ij} = m + (m_i - m) + (x_{ij} - m_i)$$
$$\phantom{x_{ij} = m +\ } \text{(그룹간 편차)} \ \text{(그룹내 편차)}$$

앞 식에서 $m_i - m$을 **그룹간 편차**(deviation between group, intergroup deviation), $x_{ij} - m_i$를 **그룹내 편차**(deviation within group, intragroup deviation)라고 함. 이를 이용하여 전변동, 그룹간 변동(between-group variation), 그룹내 변동(within-group variation)을 다음 식과 같이 정의함

- 전변동

$$S_T = \sum_{i,j} (x_{ij} - m)^2 \quad \text{(자유도 } n - 1\text{)}$$

- 그룹간 변동

$$S_B = \sum_{i=1}^{k} n_i (m_i - m)^2 \quad \text{(자유도 } k - 1\text{)}$$

- 그룹내 변동

자유도는 정의식에 대해 계산하여 구한 것임

$$S_W = \sum_{i=1}^{k} \left(\sum_{j=1}^{n_i} (x_{ij} - m_i)^2 \right) \quad \text{(자유도 } n - k\text{)}$$
$$= \sum_{j=1}^{n_1}(x_{1j} - m_1)^2 + \sum_{j=1}^{n_2}(x_{2j} - m_2)^2 + \cdots + \sum_{j=1}^{n_2}(x_{kj} - m_k)^2$$

S_T, S_B, S_W 사이에는 항상 $S_T = S_B + S_W$가 성립하며, 각 무리의 모평균과 모분산이 같다($x_{i1}, x_{i2}, \ldots, x_{in_i}$가 독립으로 같은 $N(\mu_i, \sigma^2)$을 따르고 $\mu_1 = \ldots = \mu_k$)는 가정에 따라 검정통계량은 다음 식과 같음

$$F = \frac{\dfrac{S_B}{k-1}}{\dfrac{S_W}{n-k}} \quad \begin{array}{l}\text{(그룹간 변동)} \\ \text{(무리 개수)} - 1 \\ \hline \text{(그룹내 변동)} \\ \text{(표본 전체 크기)} - \text{(무리 개수)}\end{array}$$

이때 자유도 $(k-1, n-k)$인 F분포 $F(k-1, n-k)$를 따름

※ S_T를 전체곱합, S_B를 그룹간 제곱합(between–group sum of squares), S_W를 그룹내 제곱합(within–group sums of squares)이라고도 함

BUSINESS 분산분석으로 비료 효과의 차이를 검정

S 화학에서는 비료를 개발 중입니다. 어떤 작물을 비료 없이 3줄기, 비료 A로 4줄기, 비료 B로 3줄기를 재배했더니 1줄기당 수확량이 다음과 같았습니다. 비료 A, B의 효과가 있는지를 분산분석해 봅시다.

비료 없음	4	5	3	
비료 A	8	9	8	7
비료 B	7	5	9	

일원배치(one way layout) 분산분석에서는 이 예처럼 서로 다른 조건에서 실험을 관찰하고 조건마다 그룹을 만듭니다. 이 그룹을 Point에서는 무리로 표현했습니다.

분산분석에서는 결과에 영향을 주는 원인(이 예에서는 비료)을 **요인(factor)**이라 하며 요인을 구성하는 조건(여기서는 없음, A, B의 세 가지)을 **수준(level)**이라 합니다. 즉, 이 예에서는 1요인, 3수준이 됩니다. 비료 없음, 비료 A, 비료 B 각각의 평균은 4, 8, 7, 전체 평균은 6.5이므로 앞 표의 값을 그룹간 편차, 그룹내 편차로 치환하면 다음과 같습니다.

비료 없음	−2.5	−2.5	−2.5	
비료 A	1.5	1.5	1.5	1.5
비료 B	0.5	0.5	0.5	

그룹간 편차

비료 없음	0	1	−1	
비료 A	0	1	0	−1
비료 B	0	−2	2	

그룹내 편차

이를 이용하여 그룹간 변동 S_B, 그룹내 변동 S_W를 계산하면 다음 식과 같습니다.

$$S_B = 3 \times (-2.5)^2 + 4 \times 1.5^2 + 3 \times 0.5^2 = 28.5$$
$$S_W = 0^2 + 1^2 + (-1)^2 + 0^2 + 1^2 + 0^2 + (-1)^2 + 0^2 + (-2)^2 + 2^2 = 12$$

S_B는 Point의 정의식(n_i배)을 이용하여 계산했습니다만, 앞 왼쪽 표 숫자의 제곱합을 이용하여 다음과 같이 계산해도 마찬가지입니다.

$$S_B = (-2.5)^2 + (-2.5)^2 + (-2.5)^2 + 1.5^2 + 1.5^2 + 1.5^2 + 1.5^2 + 0.5^2 \\ + 0.5^2 + 0.5^2 = 28.5$$

그러므로 검정통계량 F값은 다음과 같습니다.

$$F = \frac{\frac{28.5}{3-1}}{\frac{12}{10-3}} = 8.31$$

귀무가설, 대립가설은 각각 다음과 같습니다.

H_0: 각 무리의 평균은 같다(각 x_{ij}가 같은 정규분포를 따름).
H_1: 각 무리의 평균에는 차이가 있다(x_{ij} 중에는 다른 정규분포를 따르는 것이 있음).

H_0에 따라 F는 자유도 (2, 7)인 F분포 $F(2, 7)$을 따르므로 유의수준 5%의 기각역은 4.74 이상입니다. 이 예에서는 $F = 8.31 > 4.74$이므로 H_0은 기각합니다. 즉, 유의수준 5%에서 비료의 유무나 종류에 따라 수확량에 차이가 있다고 말할 수 있습니다.

$S_T = S_B + S_W$ 확인

전변동 S_T도 계산해 봅시다. 오른쪽 표에 따라
전변동 S_T는 다음 식과 같습니다.

비료 없음	−2.5	−1.5	−3.5	
비료 A	1.5	2.5	1.5	0.5
비료 B	0.5	−1.5	2.5	

편차

$$S_T = (-2.5)^2 + (-1.5)^2 + (-3.5)^2 + 1.5^2 + 2.5^2 + 1.5^2 + 0.5^2 + 0.5^2 \\ + (-1.5)^2 + 2.5^2 = 40.5$$

$S_B + S_W = 40.5$이므로 $S_T = S_B + S_W$가 성립한다는 것을 확인할 수 있습니다.

분산분석표로 정리

분산분석에서는 전변동까지를 포함하여 다음과 같은 분산분석표로 정리할 수 있습니다. 통계 프로그램 중에는 결과를 분산분석표 형태로 출력하는 것도 있습니다.

	변동	자유도	분산	F(분산비)	5% 지점
그룹간	28.5	2	14.25	8.31	4.74
그룹내	12.0	7	1.714		
합계	40.5	9			

분산분석표

분산 항목에는 (변동) ÷ (자유도)를 적습니다. F(분산비)는 다음 식과 같이 구합니다.

$$(그룹간\ 분산) ÷ (그룹내\ 분산) = 14.25 ÷ 1.714 = 8.31$$

여기서는 5% 지점에 자유도 (2, 7)인 F분포의 상위 5% 지점을 적습니다. F(분산비)값과 5% 지점의 값을 비교하면 검정할 수 있습니다. 여기서는 F(분산비)값이 5% 지점보다 크므로 기각역에 들어갑니다.

분산분석 모델 확인

무리 3개일 때의 분산분석 모델을 설명하겠습니다. 각 무리의 데이터를 다음과 같이 모델화했다고 생각하겠습니다.

제1무리의 i번째 데이터가 $X_i = \mu_1 + \varepsilon_{1i}$
제2무리의 i번째 데이터가 $Y_i = \mu_2 + \varepsilon_{2i}$
제3무리의 i번째 데이터가 $Z_i = \mu_3 + \varepsilon_{3i}$

여기서 μ_1, μ_2, μ_3은 상수, X_i, Y_i, Z_i, ε_{1i}, ε_{2i}, ε_{3i}는 확률변수입니다. ε_{1i}, ε_{2i}, ε_{3i}는 독립이고 $N(0, \sigma^2)$을 따른다고 하겠습니다. 분산분석의 귀무가설, 대립가설은 각각 다음과 같이 둡니다.

$H_0: \mu_1 = \mu_2 = \mu_3$
$H_1: \mu_1 = \mu_2$, $\mu_2 = \mu_3$, $\mu_1 = \mu_3$ 중 적어도 1개는 성립하지 않음

H_0의 가정에 따라 그룹간 변동이 자유도 [(무리 개수) − 1]인 카이제곱분포를, 그룹내 변동이 자유도 [(표본 전체 크기) − (무리 개수)]인 카이제곱분포를 따른다는 것을 이용하여 검정통계량 F를 만듭니다.

분산분석에서 H_1은 H_0의 부정이므로 다중비교에서는 조금 복잡해집니다. 즉, H_1의 구성을 고려할 때 H_0을 기각한다고 해서 비료 A와 비료 없음 간에 차이가 있다고까지는 말할 수 없다는 것에 주의해야 합니다.

03 반복 없는 이원배치 분산분석

반복이 없을 때와 04절에서 살펴볼 반복이 있을 때의 차이를 알아둡시다.

Point
'평균 + A그룹간 편차 + B그룹간 편차 + 오차'라는 네 가지로 분해하기

오른쪽 표와 같이 요인 A의 k개 수준 $A_1, ..., A_k$, 요인 B의 l개 수준 $B_1, ..., B_l$에 대해 수준 (A_i, B_j)에서의 관측값이 x_{ij}임

	B_1	$\cdots$	B_l
A_1	x_{11}	$\cdots$	x_{1l}
$\vdots$	$\vdots$		$\vdots$
A_k	x_{k1}	$\cdots$	x_{kl}

수준 A_i에서의 평균을 m_{Ai} $(= \frac{1}{l}\sum_{j=1}^{l} x_{ij})$

수준 B_j에서의 평균을 m_{Bj} $(= \frac{1}{k}\sum_{i=1}^{k} x_{ij})$

전체 평균을 m $(= \frac{1}{kl}\sum_{i,j} x_{ij})$으로 하면 x_{ij}는 다음 식과 같음

$$x_{ij} = m + (m_{Ai} - m) + (m_{Bj} - m) + (x_{ij} - m_{Ai} - m_{Bj} + m)$$
$$\quad\quad\quad\quad (A\text{그룹간 편차}) \quad (B\text{그룹간 편차}) \quad\quad (\text{오차})$$

이 식에서 $m_{Ai} - m$을 요인 A에서의 그룹간 편차, $m_{Bj} - m$을 요인 B에서의 그룹간 편차, $x_{ij} - m_{Ai} - m_{Bj} + m$을 오차라 함. 이를 이용하여 전변동, A그룹간 변동, B그룹간 변동, 오차 변동을 다음과 같이 정의함

- 전변동: $S_T = \sum_{i,j}(x_{ij} - m)^2$ (자유도 $kl - 1$)
- A그룹간 변동: $S_A = l\sum_{i=1}^{k}(m_{Ai} - m)^2$ (자유도 $k - 1$)
- B그룹간 변동: $S_B = k\sum_{j=1}^{l}(m_{Bj} - m)^2$ (자유도 $l - 1$)
- 오차 변동: $S_E = \sum_{i,j}(x_{ij} - m_{Ai} - m_{Bj} + m)^2$ (자유도 $(k-1)(l-1)$)

이때 전변동 S_T에 관해 $S_T = S_A + S_B + S_E$가 성립하며, $\sum_{i=1}^{k}\alpha_i = 0$, $\sum_{j=1}^{l}\beta_j = 0$을 만족하는 α_i, β_j가 있고 x_{ij}가 $N(\mu + \alpha_i + \beta_j, \sigma^2)$을 따를 때 각 수준 A_i의 모평균이 같다($\alpha_1 = ... = \alpha_k = 0$)는 가정에 따라 검정통계량 F는 다음과 같음

$$F = \frac{\dfrac{S_A}{k-1}}{\dfrac{S_E}{(k-1)(l-1)}} \quad \begin{array}{l} A\text{그룹간 변동} \\ \overline{A\text{그룹간 변동의 자유도}} \\ \text{오차 변동} \\ (\text{오차 변동의 자유도}) \end{array}$$

앞 식은 자유도 $(k-1, (k-1)(l-1))$인 F분포 $F(k-1, (k-1)(l-1))$을 따름. A를 B로 바꾸어도 마찬가지로 성립함

BUSINESS 일조량과 비료의 최적 조건을 반복 없는 이원배치 분산분석으로 찾기

Y 농업법인의 D 농업시험장에서는 수확량을 최대로 하는 일조 조건과 비료를 찾고자 합니다.

어떤 작물에 관해 일조 조건을 A_1, A_2, A_3, 비료 조건을 B_1, B_2, B_3, B_4로 하고 $3 \times 4 = 12$가지 조합에 대해 재배하고 수확량을 기록한 결과가 다음 표와 같았습니다.

일조 \ 비료	B_1	B_2	B_3	B_4	평균
A_1	4	5	7	8	6
A_2	3	7	8	10	7
A_3	5	6	9	12	8
평균	4	6	8	10	7

반복 없는 이원배치 분산분석(two way layout analysis of variance without replication)의 분산분석표를 만들어 봅시다. 전체 평균은 7, 일조량 A_1, A_2, A_3에서의 평균은 각각 6, 7, 8, 비료 B_1, B_2, B_3, B_4에서의 평균은 각각 4, 6, 8, 10이므로 앞 표 안의 값을 A그룹간 편차, B그룹간 편차로 바꾸면 다음 표와 같습니다.

	B_1	B_2	B_3	B_4
A_1	−1	−1	−1	−1
A_2	0	0	0	0
A_3	1	1	1	1

A그룹간 편차($m_{Ai} - m$)

	B_1	B_2	B_3	B_4
A_1	−3	−1	1	3
A_2	−3	−1	1	3
A_3	−3	−1	1	3

B그룹간 편차($m_{Bj} - m$)

오차와 편차도 다음과 같이 표로 정리합니다.

	B_1	B_2	B_3	B_4
A_1	1	0	0	−1
A_2	−1	1	0	0
A_3	0	−1	0	1

오차($x_{ij} - m_{Ai} - m_{Bj} + m$)

	B_1	B_2	B_3	B_4
A_1	−3	−2	0	1
A_2	−4	0	1	3
A_3	−2	−1	2	5

편차($x_{ij} - m$)

이제 앞 표들을 이용하여 변동을 계산해 봅시다. S_A, S_B는 Point의 정의식을 이용하여 계산합니다. 실제로 **각 변동은 각 표의 제곱합과 일치합니다.** 이러한 사실 때문에 일부러 여러 가지 표를 만든 것입니다. 이 계산을 통해 정의식의 의미를 실감할 수 있습니다.

$$S_A = 4\{(-1)^2 + 0^2 + 1^2\} = 8$$
$$S_B = 3\{(-3)^2 + (-1)^2 + 1^2 + 3^2\} = 60$$
$$S_E = 1^2 + 0^2 + 0^2 + (-1)^2 + (-1)^2 + 1^2 + 0^2 + 0^2 + 0^2 + (-1)^2 + 0^2 + 1^2 = 6$$
$$S_T = (-3)^2 + (-2)^2 + 0^2 + 1^2 + (-4)^2$$
$$+ 0^2 + 1^2 + 3^2 + (-2)^2 + (-1)^2 + 2^2 + 5^2 = 74$$

이제 지금까지 살펴본 결과를 이용하여 분산분석표를 만듭니다.

	변동	자유도	분산	F	5% 지점
A그룹간	8	2	4	4	5.14
B그룹간	60	3	20	20	4.76
오차	6	6	1		
합계	74	11			

분산분석표

변동의 합계가 S_T값이 된다는 것에서 Point의 식 $S_T = S_A + S_B + S_E$를 확인할 수 있습니다. 자유도의 합계도 S_T의 자유도와 일치한다는 것을 확인해 두도록 합시다.

F는 분산비를 나타냅니다. A그룹간의 F는 다음 식과 같이 계산합니다.

$$(A그룹간 \ 분산) ÷ (오차분산) = 4 ÷ 1 = 4$$

A그룹간의 5% 지점에는 유의수준 5%일 때 $F(2, 6)$의 기각역인 값 5.14를 넣습니다.

분산분석으로 그룹 3개의 평균이 일치하는지를 검정

일조량의 각 수준 A_1, A_2, A_3 사이에 수확량의 차이가 있는지 검정해 봅시다. 귀무가설, 대립가설을 각각 다음과 같이 둡니다.

H_0: A_1, A_2, A_3 사이에 수확량의 차이가 없다.
H_1: A_1, A_2, A_3 사이에 수확량의 차이가 있다.

요인 A에 대해 차이가 없고 각 수준의 조합에 분산이 똑같으면 A그룹간의 F값은 자유도 (2, 6)인 $F(2, 6)$을 따릅니다. 유의수준 5%일 때 $F(2, 6)$의 기각역은 5.14 이상입니다.

A그룹간의 F는 4로 기각역에 들어가지 않으므로 H_0을 기각할 수는 없습니다. 그러므로 일조량 A_1, A_2, A_3 사이에 수확량의 차이가 있다고 말할 수는 없습니다.

결국 분산분석표의 F와 5% 지점의 수치를 비교하여 다음과 같이 판단할 수 있습니다.

(F값) ≥ (5% 지점의 값)이라면 유의수준 5%로 차이가 있다고 할 수 있음
(F값) < (5% 지점의 값)이라면 차이가 있다고 할 수 없음

B그룹간의 F값과 5%의 값을 비교하면 20 > 4.76이므로 B_1, B_2, B_3, B_4에는 유의수준 5%로 차이가 있다고 말할 수 있습니다.

엑셀에서는 [데이터] → [데이터 분석]의 [통계 데이터 분석]에 분산분석이 있습니다. 엑셀을 이용하면 간단하게 분산분석표를 만들 수 있습니다. 보는 법을 알아 두면 검정을 이용한 결론도 금방 알 수 있습니다. 엑셀에 [통계 데이터 분석]을 다음처럼 표시합니다.

① [파일] → [옵션] → [리본 사용자 지정]으로 이동 후 [기본 탭]에서 '개발 도구'를 체크하여 [개발 도구] 탭을 표시합니다.
② [개발 도구] → [엑셀 추가 기능]으로 이동 후 [분석 도구 팩]에 체크합니다.

대응 관계가 있는 일원배치 분산분석

예를 들어 피험자 40명을 대상으로 '투약 없음', '1정 투약', '2정 투약'의 조건 3개를 시험할 때 피험자를 A_1, …, A_{40}, 투약(요인)의 세 가지 수준을 B_1, B_2, B_3으로 하여 이원배치 분산분석 과정을 적용할 수도 있습니다. 이러한 분산분석을 대응 관계가 있는 일원배치 분산분석이라 부릅니다. 개체 차이(A_i의 차이)가 있을 때도 B_i의 효과를 더욱 정밀하게 분석할 수 있습니다.

04 반복 있는 이원배치 분산분석

반복이 있을 때는 요인끼리의 상호작용을 검정할 수 있습니다.

> **Point**
> ### 반복이 있으므로 (A_i, B_j)의 평균을 얻을 수 있음
>
> k개의 요인 $A_1, ..., A_k$, l개의 요인 $B_1, ..., B_l$에 대해 수준 (A_i, B_j)에서의 r번째 관측값이 x_{ijr} ($r = 1, 2, ..., n$)이면 평균과 관련한 다음 식이 성립함
>
>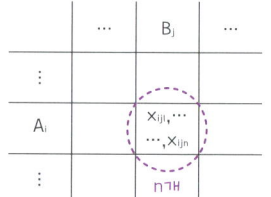
>
> 수준 A_i에서의 평균을 m_{Ai} $(=\dfrac{1}{ln}\sum\limits_{j,r} x_{ijr})$,
>
> 수준 B_j에서의 평균을 m_{Bj} $(=\dfrac{1}{kn}\sum\limits_{i,r} x_{ijr})$,
>
> 수준 (A_i, B_j)에서의 평균을 m_{ij} $(=\dfrac{1}{n}\sum\limits_{r=1}^{n} x_{ijr})$,
>
> 전체 평균을 m $(=\dfrac{1}{kln}\sum\limits_{i,j,r} x_{ijr})$
>
> 이때 x_{ijr}에 관한 다음 식이 성립함
>
> $$x_{ijr} = m + \underbrace{(m_{Ai} - m)}_{\text{(A그룹간 편차)}} + \underbrace{(m_{Bj} - m)}_{\text{(B그룹간 편차)}} + \underbrace{(m_{ij} - m_{Ai} - m_{Bj} + m)}_{\text{(상호작용)}} + \underbrace{(x_{ij} - m_{ij})}_{\text{(오차)}}$$
>
> $m_{Ai} - m$을 요인 A에서의 그룹간 편차, $m_{Bj} - m$을 요인 B에서의 그룹간 편차, $m_{ij} - m_{Ai} - m_{Bj} + m$을 상호작용, $x_{ij} - m_{ij}$를 오차라고 함
>
> 이를 이용하여 전변동, A그룹간 변동, B그룹간 변동, 상호작용 변동, 오차 변동을 다음 식과 같이 정의함
>
> - 전변동: $S_T = \sum\limits_{i,j,r}(x_{ijr} - m)^2$ (자유도 $kln - 1$)
>
> - A그룹간 변동: $S_A = ln\sum\limits_{i=1}^{k}(m_{Ai} - m)^2$ (자유도 $k - 1$)
>
> - B그룹간 변동: $S_B = kn\sum\limits_{j=1}^{l}(m_{Bj} - m)^2$ (자유도 $l - 1$)
>
> - 상호작용 변동: $S_{A \times B} = n\sum\limits_{i,j}(m_{ij} - m_{Ai} - m_{Bj} + m)^2$ (자유도 $(k-1)(l-1)$)
>
> - 오차 변동: $S_E = \sum\limits_{i,j,r}(x_{ijr} - m_{ij})^2$ (자유도 $kl(n-1)$)

또한 각 변동 사이에는 다음 식이 성립함

$$S_T = S_A + S_B + S_{A \times B} + S_E$$

$\sum_{i=1}^{k} \alpha_i = 0$, $\sum_{j=1}^{l} \beta_j = 0$, $\sum_{i,j} \gamma_{ij} = 0$을 만족하는 α_i, β_j, γ_{ij}가 있고, 관측값 x_{ijr}이 $N(m + \alpha_i + \beta_j + \gamma_{ij}, \sigma^2)$을 따를 때 상호작용이 없는 $\gamma_{ij} = 0$ $(1 \leq i \leq k, 1 \leq j \leq l)$이라는 가정에 따라 검정통계량 F는 다음 식과 같음

$$F = \frac{\frac{S_{A \times B}}{(k-1)(l-1)}}{\frac{S_E}{kl(n-1)}} \quad \begin{array}{l} \text{상호작용} \\ \text{상호작용 변동의 자유도} \\ \text{오차 변동} \\ \text{오차 변동의 자유도} \end{array}$$

이때 $F((k-1)(l-1), kl(n-1))$을 따름

BUSINESS 비료와 일조량의 상호작용 여부를 조사할 수 있음

반복 있는 이원배치 분산분석(two way layout analysis of variance with replication)*에서는 상호작용(interaction effect)이 등장한다는 것이 반복 없는 쪽과 다른 점입니다.

경쟁사인 Y 농업법인을 앞서고자 Z 농업법인은 수확량을 최대로 하는 일조 조건과 비료를 찾기 위해 같은 조건에서 2번 반복하여 실험을 실시했습니다. 요인 A를 비료 없음, 비료 있음, 요인 B를 응달, 양달로 하여 2회 실험을 반복했더니 수확량은 다음 표 1과 같았습니다. 각 수준의 조합으로 2회 실험한 평균(m_{ij})은 표 2와 같았습니다. 또한 표 2에는 각 요인에 대한 평균(비료 없음의 평균은 $m_{A1} = 4$)을 추가했습니다.

A \ B	응달	양달
비료 없음	0, 2	6, 8
비료 있음	7, 11	10, 12

표 1

A \ B	응달	양달	평균
비료 없음	1	7	4
비료 있음	9	11	10
평균	5	9	9

표 2

표 2에서 요인 A와 요인 B를 조합했을 때의 평균을 그래프로 그리면 다음 그림 1과 같습니다.

---

* 반복측정 분산분석이라 부르기도 합니다.

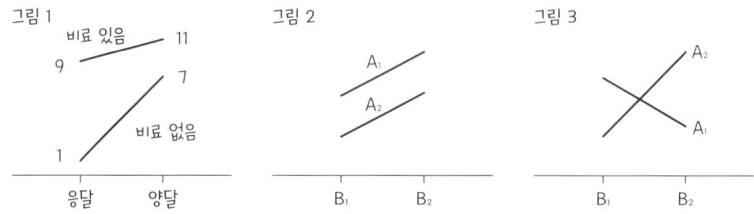

응달이든 양달이든 비료 있음 쪽이 비료 없음보다 평균 수확량이 많다는 것을 알 수 있습니다. 특히 응달에서 비료의 효과가 더 좋으므로 일조 조건과 비료 조건에는 상호작용이 있다는 것을 알 수 있습니다.

마찬가지로 수준 A_1, A_2와 수준 B_1, B_2로 그래프를 그렸을 때 그림 2와 같이 평행선이 된다면 요인 A와 요인 B에는 상호작용이 없다고 생각할 수 있습니다. 이와 달리 그림 1, 그림 3과 같이 평행이 아니라면 요인 간에 상호작용이 있다고 생각할 수 있습니다.

따라서 반복 있는 이원배치 분산분석에서는 상호작용의 여부를 검정할 수 있습니다.

분산분석표를 만들어 상호작용 여부 검정

표 1의 각 값에 대해 표 2를 이용하여 A그룹간 편차, B그룹간 편차, 상호작용, 오차로 바꿔 봅시다.

A그룹간 편차($m_{Ai} - m$)

A \ B	응달	양달
비료 없음	−3, −3	−3, −3
비료 있음	3, 3	3, 3

표 3

B그룹간 편차($m_{Bj} - m$)

A \ B	응달	양달
비료 없음	−2, −2	2, 2
비료 있음	−2, −2	2, 2

표 4

상호작용($m_{ij} - m_{Ai} - m_{Bj} + m$)

A \ B	응달	양달
비료 없음	−1, −1	1, 1
비료 있음	1, 1	−1, −1

표 5

오차($x_{ijr} - m_{ij}$)

A \ B	응달	양달
비료 없음	−1, 1	−1, 1
비료 있음	−2, 2	−1, 1

표 6

※ 표 3, 4, 5, 6에서 같은 위치에 있는 숫자를 더하면 편차 $x_{ijr} - m$이 된다는 것을 알 수 있습니다.

변동은 표 각각의 제곱합으로 구할 수 있습니다만, 여기서는 Point의 정의식을 이용하도록 합시다.

$$S_A = 2 \cdot 2\{(-3)^2 + 3^2\} = 72 \qquad S_B = 2 \cdot 2\{(-2)^2 + 2^2\} = 32$$
$$S_{A \times B} = 2\{(-1)^2 + 1^2 + 1^2 + (-1)^2\} = 8$$
$$S_E = (-1)^2 + 1^2 + (-1)^2 + 1^2 + (-2)^2 + 2^2 + (-1)^2 + 1^2 = 14$$

이를 분산분석표로 정리합니다.

	변동	자유도	분산	F	5%
A	72	1	72	20.6	7.71
B	32	1	32	9.1	7.71
$A \times B$	8	1	8	2.3	7.71
오차	14	4	3.5		
합계	126	7			

여기서 A와 B에 상호작용이 있는지를 분산분석해 봅시다. 귀무가설, 대립가설은 각각 다음과 같습니다.

H_0: A, B에 상호작용이 없음(모든 i, j에서 $\gamma_{ij} = 0$)

H_1: A, B에 상호작용이 있음(어떤 i, j에서 $\gamma_{ij} \neq 0$)

상호작용이 없다는 가정에 따라 $A \times B$의 F는 자유도 (1, 4)인 F분포 $F(1, 4)$를 따릅니다. 유의수준 5%일 때 $F(1, 4)$의 기각역은 7.71 이상입니다. $F = 2.3 < 7.71$이므로 H_0은 기각되지 않습니다. 따라서 '상호작용이 있다고는 말할 수 없다'가 됩니다.

더불어 요인 A, 요인 B에 대해서도 분산분석해 봅시다. Point에는 없지만 분산분석표를 이용하면 요인 A, 요인 B 각각의 수준 사이에 차이가 있는가를 분산분석할 수 있습니다. $F = 20.6 > 7.71$에 따라 유의수준 5%로 비료 없음과 비료 있음에서는 수확량에 차이 있다고 말할 수 있습니다. $F = 9.1 > 7.71$에 따라 유의수준 5%로 응달과 양달에서는 수확량의 차이가 있다고 말할 수 있습니다.

다음 표를 참고해 전변동 S_T를 계산해 봅시다.

A \ B	응달	양달
비료 없음	−7, −5	−1, 1
비료 있음	0, 4	3, 5

$$S_T = (-7)^2 + (-5)^2 + (-1)^2 + 1^2 + 0^2 + 4^2 + 3^2 + 5^2 = 126$$

앞 식에 따라 $S_T = S_A + S_B + S_{A \times B} + S_E$가 성립함을 확인할 수 있습니다. 이뿐만 아니라 반복 있는 이원배치를 삼원배치로 확장할 수도 있습니다.

| 난이도 ★ | 실용 ★★★★ | 시험 ★★ |

05 피셔의 실험계획법 3원칙

통계 방법을 이용하여 인과 추정을 수행하는 모든 사람에게 필요한 마음가짐입니다.

>
> **실험계획법의 3원칙**
> 실험 연구에서 신뢰성 높은 데이터를 효과적으로 얻는 데 필요한 3요소
> ① 국소관리 원칙
> ② 무작위화 원칙
> ③ 반복 원칙

농업 실험을 피셔의 실험계획법 3원칙으로 수행

농장에서 비료의 효과를 조사할 때를 예로 들어 설명합니다. 비료 A, B, C가 있으며 특정 작물의 수확량에 어떤 영향을 주는지 옥외 농장에서 재배 실험한다고 합시다.

1년에 1종류씩 3년 동안 실험하는 것이 아니라 1년에 3종류 비료를 한 번에 실험해야 합니다. 이는 해마다 자연조건(일조량, 강우량)이 다르므로 비료의 차이 이상으로 수확량에 영향을 주기 때문입니다. 또한 A, B, C를 각각 서로 다른 장소에서 실험하는 것도 피해야 합니다. 장소에 따라 일조량, 토양 조건 등이 다를 수도 있기 때문입니다.

요인 효과를 정밀하게 조사하려면 비료의 차이 이외의 요인은 똑같도록 실험을 계획해야 합니다. 그러려면 시간적, 공간적으로 한정된 작은 범위에서 실험을 실행하는 것이 중요합니다. 이를 **국소관리 원칙**이라 합니다.

국소관리 원칙에 따라 한 변의 길이가 3m인 정사각형 농지에서 3종류의 비료 효과를 실험하는 것으로 합시다. 이때 다음 그림 왼쪽처럼 세로로 구분하여 A, B, C를 뿌리는 것보다는 오른쪽 그림처럼 한 변이 1m인 정사각형으로 나누어 비료 A, B, C를 뿌리는 것이 신뢰성이 높은 실험이 됩니다.

| A | B | C |

C	B	A
B	A	C
A	C	B

가령 3m 정사각형 농지라 하더라도 자세히 보면 일조량, 토양 성분, 배수 등의 조건이 다릅니다. 예를 들어 이 농지 서쪽에는 큰 나무가 있고 동쪽은 연작을 한 농지, 남쪽은 경사가 있는 농지일지도 모릅니다. 이는 통제할 수 없는 조건입니다. 이에 작게 나누어 무작위로 할당하여 실험 조건의 영향을 우연 오차로 바꾸는 것입니다. 이것이 공간에서의 오차 무작위화입니다. 이에 더해 시간에서의 오차 무작위화가 필요할 때도 있습니다. 비료의 예에서는 해당하지 않지만 같은 계측기로 실험할 때 등 실험의 순서를 무작위화해야 합니다. 이를 **무작위화 원칙**이라 합니다.

국소관리, 무작위화한 실험이라도 한 번만으로는 부족합니다. 왜냐하면 수준 간에 다른 값의 데이터를 얻었다 하더라도 이것이 요인의 효과 때문인지 우연에 의한 오차인지를 판별할 수 없기 때문입니다. 우연에 의한 오차의 크기를 평가하려면 같은 조건의 실험을 2번 이상 반복해야 합니다. 이것이 **반복 원칙**입니다.

국소관리, 무작위화, 반복 원칙을 만족하는 실험법을 **무작위화 블록 설계(임의화 블록 설계, randomized block design)**, 무작위화, 반복을 만족하는 실험법을 **완전 무작위화 설계(완전임의화설계, completely randomized design, completely randomized method)**라 합니다.

BUSINESS 위약 효과를 방지하는 검정법

의약품이 아닌 가짜 약이라도 효과가 있는 약이라 생각하고 복용하면 효과가 있을 수 있습니다. 이를 위약 효과라 합니다. 의약품 개발 임상시험에서는 무작위로 피험자를 2무리로 나누고 약품 성분이 든 약과 그렇지 않은 가짜 약(플라세보)을 복용하도록 하고 2무리의 평균 차이를 검정합니다.* 이때 진짜 약과 가짜 약의 할당을 제3자가 관리하여 의약품을 투여하는 의사도 이를 모르도록 실험하는 방법을 **이중맹검법(double blind method)**이라 합니다. 의사의 편견이 피험자에게 영향을 줄 수 있기 때문입니다.

---

* 개입군(신약), 대조군(종래 치료), 위약군의 3무리로 나누는 경우도 흔합니다.

06 직교배열표

원리를 알면 감동입니다. 단, 원리를 몰라도 이용할 수 있습니다.

Point 여기에서 직교는 벡터의 직교를 뜻함

직교배열표

직교배열표
$L_8(2^7)$

요인 실험	1	2	3	4	5	6	7
실험 ①	1	1	1	1	1	1	1
실험 ②	1	1	1	2	2	2	2
실험 ③	1	2	2	1	1	2	2
실험 ④	1	2	2	2	2	1	1
실험 ⑤	2	1	2	1	2	1	2
실험 ⑥	2	1	2	2	1	2	1
실험 ⑦	2	2	1	1	2	2	1
실험 ⑧	2	2	1	2	1	1	2

직교배열표를 이용하면 효율적인 실험이 가능

7종류의 요인에 대해 각 2수준(1, 2라 함)이 있을 때 이 모든 수준의 조합은 2^7가지입니다. 그러나 직교배열표를 이용하면 8번의 실험만으로도 효율적으로 7종류의 요인 모두의 효과에 대해 분산분석할 수 있습니다.

앞 표에서는 어떤 두 가지 요인을 고르더라도 8번의 실험 중 (1, 1), (1, 2), (2, 1), (2, 2)가 각각 2번씩 나옵니다. 예를 들어 요인 2와 요인 4에 대한 수준의 조합은 2 × 2 = 4 가지가 있고 각각에 대해 표 1과 같이 실험을 할당하는 것이 됩니다.

요인 2	요인 4	수준	
		1	2
수준	1	①, ⑤	②, ⑥
	2	③, ⑦	④, ⑧

표 1 (표 안은 실험 번호)

이는 반복 있는 이원배치 분산분석을 하는 것이 됩니다. 이때 같은 수준을 조합한 실험 (예를 들어 수준 (2, 1)이라면 실험 ③과 실험 ⑦)에서는 2와 4 이외의 요인에 대해서는 수준 1과 2가 균등하게 나오도록 해야 합니다. 표 1을 바탕으로 분산분석을 수행하면 다른 요인에 대해서는 수준이 서로 상쇄되어 요인 2와 요인 4의 효과만을 뽑아낼 수 있다고 합니다.

Point의 직교배열표(orthogonal array table)에서는 수준을 1과 2로 나타냈습니다만, $1 \to -1, 2 \to 1$로 바꾼 표를 생각해 봅시다. 이때 실험 ①~⑧에 할당한 요인 j의 수준을 8차원 열벡터로 보고 $\boldsymbol{a}_j$로 둡니다. 또한 성분이 모두 1인 8차원 열벡터를 $\boldsymbol{a}_0$으로 둡니다. 그러면 $\boldsymbol{a}_i \cdot \boldsymbol{a}_j = 0 \ (i \neq j)$이 성립하므로 벡터 $\boldsymbol{a}_0, \boldsymbol{a}_1, \dots, \boldsymbol{a}_7$은 어느 2개라도 직교합니다. 이것이 직교배열표의 유래입니다.

직교배열표로 상호작용을 고려하지 않는 실험 계획 세우기

요인 2와 요인 4로 이원배치 분산분석을 진행해 봅시다. 결과의 평균은 m입니다. 요인 2의 수준마다의 평균, 요인 4의 수준마다의 평균이 표 2와 같다고 합시다. 여기서 요인 2의 수준마다의 그룹간 편차는 d_2를 이용하여 나타냈습니다.

요인 4 요인 2	수준		평균
	1	2	
수준 1	①, ⑤	②, ⑥	$m - d_2$
수준 2	③, ⑦	④, ⑧	$m + d_2$
평균	$m - d_4$	$m + d_4$	m

표 2 (표 안은 실험 번호)

8번의 실험 결과를 8차원 열벡터 $\boldsymbol{x} = (x_1, x_2, \dots, x_8)^T$이라 둡니다. 여기서 요인 2와 요인 4는 명백하게 상호작용이 없다고 가정합시다. 실험 i의 그룹내 편차(오차)를 e_i로 하여 8차원 열벡터를 $\boldsymbol{e} = (e_1, e_2, \dots, e_8)^T$으로 설정하면 실험 ①(수준은 (1, 1))의 결과 x_1에 대해서는 상호작용이 0이므로 다음 식이 성립합니다.

$$x_1 = m - d_2 - d_4 + e_1$$

실험 ①~⑧의 결과를 정리하여 벡터 $\boldsymbol{x}$로 표현하면 다음 식이 성립합니다.

$$\boldsymbol{x} = m\boldsymbol{a}_0 + d_2\boldsymbol{a}_2 + d_4\boldsymbol{a}_4 + \boldsymbol{e}$$

앞 식에 절댓값을 취해 제곱하면 다음 식과 같습니다.

$$|\boldsymbol{x}|^2 = (m\boldsymbol{a}_0 + d_2\boldsymbol{a}_2 + d_4\boldsymbol{a}_4 + \boldsymbol{e}) \cdot (m\boldsymbol{a}_0 + d_2\boldsymbol{a}_2 + d_4\boldsymbol{a}_4 + \boldsymbol{e})$$

$\boldsymbol{a}_j$와 $\boldsymbol{e}$는 직교하므로 $\boldsymbol{a}_j \cdot \boldsymbol{e} = 0 (j = 0, 2, 4)$이 됩니다.

$$= m^2|\boldsymbol{a}_0|^2 + d_2{}^2|\boldsymbol{a}_2|^2 + d_4{}^2|\boldsymbol{a}_4|^2 + |\boldsymbol{e}|^2$$
$$= 8m^2 + 8d_2{}^2 + 8d_4{}^2 + |\boldsymbol{e}|^2$$

여기서 요인 2의 그룹간 변동을 S_2 등으로 두면 다음 식을 얻을 수 있습니다.

$$|\boldsymbol{x}|^2 - 8m^2 = 8d_2{}^2 + 8d_4{}^2 + |\boldsymbol{e}|^2$$

분산의 8배가 됩니다. ↑ $\quad S_T = S_2 + S_4 + S_e$

S_T, S_2, S_4, S_e의 자유도를 7, 1, 1, 7 − 1 − 1 = 5로 하여 분산분석표를 만들어 **F분포값과 비교하면 요인 2, 요인 4의 효과를 검정할 수 있습니다.**

앞에서는 요인 2개에 대해 분산분석을 했습니다만, 요인을 늘려도 상관없습니다. 예를 들어 요인 1, 2, 4, 7이라면 x를 다음 식과 같이 나타낼 수 있습니다.

$$x = m\boldsymbol{a}_0 + d_1\boldsymbol{a}_1 + d_2\boldsymbol{a}_2 + d_4\boldsymbol{a}_4 + d_7\boldsymbol{a}_7 + \boldsymbol{e}$$

x가 주어지면 m, d_1, d_2, d_4, d_7이 정해지므로 이 식의 $\boldsymbol{e}$도 정해집니다. 상호작용이 없다는 가정을 이용하면 요인이 2개일 때와 마찬가지로 변동에 대한 다음 식을 얻습니다.

변동 $S_T = S_1 + S_2 + S_4 + S_7 + S_e$
자유도   7 = 1 + 1 + 1 + 1 + 3

이를 이용하여 분산분석표를 만들면 됩니다.

직교배열표로 상호작용을 고려한 실험 계획 세우기

여기서는 상호작용을 고려한 직교배열표 사용 방법을 소개합니다. 요인 2개에 대해 실험할 때를 생각해봅시다. 요인 A와 요인 B를 직교배열표의 요인 1(제1열)과 요인 2(제2열)에 할당하고 표 수준의 배열에 따라 8번의 실험을 했다고 합시다. 상호작용으로는 제3열을 이용하는 것으로 하여 설명하겠습니다.

요인 A와 요인 B에 상호작용이 있다고 가정합시다. 그러면 요인 2의 2수준에서는 04절 표 5에서 본 것처럼 상호작용은 요인 A와 요인 B의 수준 (1, 1)과 (2, 2)에서 같은 값, 수준 (1, 2)와 (2, 1)에서 같은 값이 됩니다. 상호작용은 오른쪽 표와 같습니다.

상호작용

A(1) \ B(2)	수준	
	1	2
수준 1	−d, −d (①), (②)	d, d (③), (④)
수준 2	d, d (⑤), (⑥)	−d, −d (⑦), (⑧)

수준 (1, 1), (2, 2)인 실험 ①, ②, ⑦, ⑧에서 −d, 수준 (1, 2), (2, 1)인 실험 ③, ④, ⑤, ⑥에서 d이므로 상호작용은 벡터를 이용하여 $d\boldsymbol{a}_3$으로 나타낼 수 있습니다. 8번의 실험 결과 x를 다음 식으로 나타낼 수 있습니다.

$$x = m\boldsymbol{a}_0 + d_A\boldsymbol{a}_1 + d_B\boldsymbol{a}_2 + d\boldsymbol{a}_3 + \boldsymbol{e}$$

이에 대응하여 변동에 대해서는 다음 식이 성립합니다.

$$\text{변동} \quad S_T = S_A + S_B + S_{A \times B} + S_e$$
$$\text{자유도} \quad 7 = 1 + 1 + \quad 1 \quad + 4$$

이를 이용하여 분산분석표를 만듭니다.

만약 요인 A를 제3열에, 요인 B를 제5열에 할당하면 상호작용 $A \times B$는 제6열을 이용하는 것이 됩니다. a_3과 a_5의 같은 성분의 곱을 계산한 벡터가 $-a_6$이기 때문입니다.

앞에서는 요인을 4개로 늘린 예로 제1, 2, 4, 7열을 선택했습니다. 실은 1, 2, 4, 7 중 어떤 2개를 고르더라도 그 상호작용에 대응하는 열은 1, 2, 4, 7 안에는 없습니다. 그렇게 되도록 잘 골랐던 것입니다. 제1, 2, 3, 4열에서는 3열이 1과 2열의 상호작용에 대응하므로 잘 되지 않습니다.

Point에서 예로 든 직교배열표는 $L_8(2^7)$입니다. 2수준 직교배열표에는 $L_4(2^3)$, $L_8(2^7)$, $L_{16}(2^{15})$, $L_{32}(2^{31})$, ... 등이 있습니다. 또한 3수준 직교배열표에는 $L_9(3^4)((9-1) \div 2 = 4)$, $L_{27}(3^{13})$, $L_{81}(3^{40})$, ... 등이 있습니다.

BUSINESS 직교배열표로 아르바이트 근무표도 간단하게

패밀리 레스토랑 점장인 S씨는 A~G 7명의 아르바이트생 근무표를 고민 중입니다.

- 1일에 필요한 아르바이트 사람 수는 딱 4명
- 모두 7일 중 4일 출근함
- 어느 2명을 고르더라도 함께 근무하는 것은 딱 2일 동안

이럴 때는 근무표를 어떻게 만들어야 할까요?

직교배열표 $L_8(2^7)$을 이용하면 만들 수 있습니다. 요인 1~7을 7명의 아르바이트생으로 보고 실험 번호 ②~⑧을 1주간으로 한 다음, 수준인 2를 출근일로 하면 됩니다.

 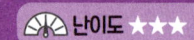  

07 본페로니 교정과 홀름 방법

가장 간단한 다중비교법으로 이것만 알아두면 오류를 피할 수 있습니다.

> **Point**
>
> ### 검정 1번당 유의수준을 작게 함
>
> 부분적인 귀무가설 집합족을 다음과 같이 정의함
>
> $$\mathcal{F} = \{H_1, H_2, ..., H_k\}$$
>
> **본페로니 교정**
>
> $\mathcal{F}$에 대해 유의수준 α로 검정하고자 귀무가설 H_i에 대한 유의수준 α/k($\alpha \div k$ 라는 뜻)의 검정을 k번 수행함
>
> **홀름 방법**
>
> 귀무가설 H_i를 검정하기 위한 검정통계량을 T_i로 하고, 표본에서 T_i의 실현값 t_i를 구하고 H_i의 p값, $p_i = P(T_i \geq t_i)$를 계산함. $p_1, p_2, ..., p_k$를 작은 순서로 나열하고 번호를 다시 매겨 다음과 같이 둠.
>
> $$p_{(1)} < p_{(2)} < ... < p_{(k)}$$
>
> 이에 대응하여 귀무가설도 $H_{(1)}, H_{(2)}, ..., H_{(k)}$로 다시 이름을 붙이고 다음과 같은 과정을 수행함
>
> ① $i = 1$로 둠
> ② $p_{(i)} > \dfrac{\alpha}{k-i+1}$ 라면 $H_{(i)}, H_{(i+1)}, ..., H_{(k)}$를 보류하고 검정 종료
> $p_{(i)} \leq \dfrac{\alpha}{k-i+1}$ 라면 $H_{(i)}$를 기각하고 ③으로 진행
> ③ i를 1 증가하여 ②로 진행

k번 반복할 때는 1번당 유의수준을 $1/k$로 하는 본페로니 교정

H_i를 기각하는 사건을 A_i로 나타내기로 합니다. 귀무가설 H_i를 유의수준 α/k로 검정한다는 것은 $P(A_i) \leq \alpha/k$가 성립하도록 검정통계량, 기각역을 조정한다는 것입니다.

$\mathcal{F}$를 기각하는 사건 B는 $A_1 \cup A_2 \cup \ldots \cup A_k$로 나타내며 다음 식이 성립합니다.

$$P(B) = P(A_1 \cup A_2 \cup \ldots \cup A_k) \leqq P(A_1) + P(A_2) + \ldots + P(A_k) \leqq (\alpha/k) \times k = \alpha$$

이때 귀무가설 H_i에 대한 유의수준 α/k의 검정을 $i = 1, 2, \ldots, k$와 같이 k번 수행하는 것은 $\mathcal{F}$를 유의수준 α(이하)로 검정하는 것이 됩니다.

본페로니 교정은 1번당 유의수준을 $1/k$로 한 검정을 k번 반복하는 것일 뿐입니다. 반복 검정에는 여러 가지가 있으며 모수든 비모수든 상관없습니다.

예를 들어 k무리의 표본이 있고 각 무리의 평균이 같은지를 검정하고 싶을 때라면 2무리에 대한 모평균 차이검정(6장 06, 07절)을 반복합니다. 또한 $k \times l$(k행, l열)인 집계표가 있을 때 k행에서 고른 2행이 독립인지를 검정하는 것이라면 $2 \times l$인 집계표에 대해 카이제곱 통계량을 이용한 독립성검정(7장 03절)을 반복합니다.

앞서 본 부등식에서 알 수 있듯이 검정력이 낮다는 것이 본페로니 교정의 단점입니다. 특히 k가 커지면 1번당 유의수준 α/k가 작아지므로 검정력이 떨어집니다.

본페로니 교정의 단점을 보완한 홀름 방법, 섀퍼 방법

스튜어 홀름은 귀무가설을 기각하기 쉬운 순서로 나열하고 기각하기 쉬운 귀무가설부터 순서대로 검정하는 방법을 생각해 냈습니다. 귀무가설을 기각했을 때는 기각하지 않고 남은 귀무가설(i개)에 본페로니 교정을 적용하므로 1번당 유의수준을 α/i까지 낮출 수 있습니다. 그러므로 홀름 방법은 본페로니 교정보다 검정력이 높습니다.

더불어 줄리엣 포퍼 섀퍼는 귀무가설을 기각하는 과정에서 논리적으로 동시에 세운 귀무가설의 개수에 주목하면 유의수준을 더 내릴 수 있다고 생각했습니다. 예를 들어 $\mu_0 = \mu_1 = \mu_2 = \mu_3$을 검정할 때 집합족을 다음 식과 같이 설정하겠습니다.

$$\mathcal{F} = \{H_{\{1, 2\}}, H_{\{1, 3\}}, H_{\{1, 4\}}, H_{\{2, 3\}}, H_{\{2, 4\}}, H_{\{3, 4\}}\}$$

이때 처음부터 $H_{\{1, 2\}}$를 기각한 것으로 봅니다. 따라서 본페로니 검정에서는 이후 검정도 유의수준 $\alpha/6$으로 검정하지만 홀름 방법에서는 유의수준 $\alpha/5$로 검정합니다.

이에 더해 섀퍼 방법에서는 논리적으로 동시에 세운 귀무가설이 최대 $H_{\{2, 3\}}, H_{\{2, 4\}}, H_{\{3, 4\}}$의 3개라면 유의수준 $\alpha/3$로 검정합니다.

08 셰페 방법

검정통계량을 조정하여 검정 1번당 위험률을 낮추는 다중비교입니다. 어렵다고 생각한다면 건너뛰어도 좋습니다.

Point 평균의 1차식이 집합족이 됨

k개의 그룹 $A_1, A_2, ..., A_k$는 각각 정규분포 $N(\mu_1, \sigma^2), N(\mu_2, \sigma^2), ..., N(\mu_k, \sigma^2)$ [분산은 같다고 가정]을 따르는 것으로 함. 그룹 A_i의 표본 크기를 n_i, 평균을 m_i, 비편향 분산을 V_i로 하면 $N = \sum_{i=1}^{k} n_i$ 일 때 오차자유도 ϕ_e, 오차분산 V_e는 다음과 같음

$$\phi_e = N - k \qquad V_e = \frac{\sum_{i=1}^{k}(n_i - 1)V_i}{\phi_e}$$

집합족 $\mathcal{F}$를 다음 식과 같이 가정함

$$\mathcal{F} = \left\{ H_c : \sum_{i=1}^{k} c_i \mu_i = 0 \,\middle|\, \text{단, } \sum_{i=1}^{k} c_i = 0 \right\}$$

$c = (c_1, c_2, ..., c_k)$로 나타내는 부분적인 귀무가설 H_c를 검정하려면 검정통계량으로 다음 식을 계산함

$$F = \frac{\left\{\sum_{i=1}^{k} c_i m_i\right\}^2 / (k-1)}{V_e \sum_{i=1}^{k} (c_i^2 / n_i)}$$

자유도 $(k-1, \phi_e)$인 F분포의 상위 α 지점 $F_{k-1, \phi_e}(\alpha)$와 비교해 다음을 수행함

$F \geqq F_{k-1, \phi_e}(\alpha)$일 때 H_c를 기각(reject)함

$F < F_{k-1, \phi_e}(\alpha)$일 때 H_c를 보류(retain)함

귀무가설을 사용자화할 수 있는 셰페 방법

셰페(Scheffe) 방법에서 집합족은 $\sum_{i=1}^{k} c_i = 0$을 만족하는 수없이 많은 $c = (c_1, c_2, ..., c_k)$에 대해 다음 식과 같은 **부분적인 귀무가설 H_c를 모은 것**입니다.

$$H_c : \sum_{i=1}^{k} c_i \mu_i = 0$$

적어도 1개의 c에 대해 H_c를 기각할 확률이 α입니다. 보통은 $(c_1, c_2, ..., c_k)$에 구체적인 수를 넣어 검정합니다만, 이때의 위험률은 α보다 훨씬 작습니다.

$c_1 = 1, c_2 = -1, c_3 = 0, ..., c_k = 0$이라면 귀무가설 H_c는 $H_c : \mu_1 = \mu_2 (\mu_1 - \mu_2 = 0)$가 되며 검정통계량은 다음 식과 같습니다.

$$F = \frac{(m_1 - m_2)^2 / (k-1)}{V_e \left(\dfrac{1}{n_1} + \dfrac{1}{n_2} \right)}$$

$c_1 = \dfrac{1}{2}, c_2 = \dfrac{1}{2}, c_3 = -1, c_4 = 0, ..., c_k = 0$이라면 귀무가설 H_c는 다음 식과 같습니다.

$$H_c : \frac{\mu_1 + \mu_2}{2} = \mu_3 \quad \left(\frac{\mu_1 + \mu_2}{2} - \mu_3 = 0 \right)$$

분산분석으로 기각했을 때만 검정하면 됨

전체 평균을 m이라 하면 코시-슈바르츠 부등식에 따라 다음 식이 성립합니다.

$$\left\{ \sum_{i=1}^{k} c_i m_i \right\}^2 = \left\{ \sum_{i=1}^{k} c_i (m_i - m) \right\}^2 = \left\{ \sum_{i=1}^{k} \frac{c_i}{\sqrt{n_i}} \times \sqrt{n_i}(m_i - m) \right\}^2$$

$$\leq \left(\sum_{i=1}^{k} \frac{c_i^2}{n_i} \right) \times \left(\sum_{i=1}^{k} n_i (m_i - m)^2 \right) \quad \text{(코시-슈바르츠 부등식)}$$

이때 셰페 방법을 이용한 검정통계량 F는 다음 식과 같습니다.

$$F = \frac{\left\{ \sum_{i=1}^{k} c_i m_i \right\}^2 / (k-1)}{V_e \sum_{i=1}^{k} (c_i^2 / n_i)} \leq \frac{\sum_{i=1}^{k} n_i (m_i - m)^2 / (k-1)}{V_e} \quad \frac{\text{(그룹간 변동)}}{\text{(무리 개수} - 1)} \bigg/ \frac{\text{(그룹내 변동)}}{\text{(표본 전체 크기} - \text{무리 개수)}}$$

(이를 F_o로 둠)

이는 일원배치 분산분석의 검정통계량 F_o로 알 수 있습니다.

일원배치 분산분석을 유의수준 α에서 수용할 때 $F \leq F_o < F_{k-1, \phi e}(\alpha)$가 성립하므로 셰페 방법에서는 임의의 부분적 귀무가설도 보류됩니다. 즉, 셰페 방법은 일원배치 분산분석에서 기각했을 때만 검정을 실행하면 됩니다.

 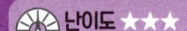 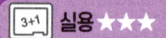 

09 투키-크레이머 방법

통계 관련 프로그램을 주로 사용하는 사람이라도 원리는 알아두는 것이 좋습니다.

> **Point**
> **등분산 2무리의 모평균 차이검정량을 모방하여 $_kC_2$개의 검정량 만들기**
>
> k개 그룹 $A_1, A_2, ..., A_k$는 각각 정규분포 $N(\mu_1, \sigma^2), N(\mu_2, \sigma^2), ..., N(\mu_k, \sigma^2)$[분산은 같다고 가정]을 따른다고 하고 그룹 A_i의 표본 크기를 n_i, 평균을 $\bar{x}_i$, 비편향분산을 V_i로 하면 $N = \sum_{i=1}^{k} n_i$ 일 때 오차자유도 ϕ_e, 오차분산 V_e는 다음 식과 같음
>
> $$\phi_e = N - k \qquad V_e = \frac{\sum_{i=1}^{k}(n_i - 1)V_i}{\phi_e}$$
>
> 귀무가설을 $H_{\{i,j\}}: \mu_i = \mu_j$, 대립가설을 $H'_{\{i,j\}}: \mu_i \neq \mu_j$로 두면 $_kC_2$개(1, 2, ..., k에서 2개를 고름)의 부분적인 귀무가설의 집합족(패밀리)은 $\mathcal{F} = \{H_{\{1,2\}}, H_{\{1,3\}}, ..., H_{\{k-2,k\}}, H_{\{k-1,k\}}\}$이고 $\mathcal{F}$에 대하여 유의수준 α인 검정을 수행하려면 모든 i, j의 쌍에 대해 다음 식과 같은 검정통계량 t_{ij}를 계산함
>
> $$t_{ij} = \frac{\bar{x}_i - \bar{x}_j}{\sqrt{V_e\left(\frac{1}{n_1} + \frac{1}{n_2}\right)}}$$
>
> 이를 이용하여 다음과 같은 판단을 수행함
>
> $|t_{ij}| \geq \frac{q(k, \phi_e, \alpha)}{\sqrt{2}}$ 일 때 $H_{\{i,j\}}$를 기각함
>
> $|t_{ij}| < \frac{q(k, \phi_e, \alpha)}{\sqrt{2}}$ 일 때 $H_{\{i,j\}}$를 보류함
>
> 여기서 $q(k, \phi_e, \alpha)$는 '스튜던트화한 범위의 분포' 상위 α 지점임
>
> 300쪽의 표로 구할 수 있음

BUSINESS 어떤 두 공장에 차이가 있는가를 한 번에 검정하기

다중비교에서는 한 번에 많은 귀무가설을 세웁니다. 투키-크레이머 방법에서는 k개 무리일 때 $_kC_2$개의 귀무가설을 세우고 하나씩 한 번에 검정할 수 있습니다.

검정통계량을 만드는 방법은 같은 분산인 2무리의 모평균 차이를 검정할 때의 검정통계량(6장 06절)을 만드는 방법과 비슷합니다. 분모의 제곱근 안 2무리의 비편향분산을 k무리의 비편향분산으로 바꾸기만 하면 됩니다.

그럼 실제 예를 살펴봅니다. G 제과는 공장 4곳 (A_1~A_4)에서 상품을 만든다고 합니다. 이때 상품의 내용량에 차이가 있는지를 검정합시다. A_1, A_2, A_3, A_4에서 각 크기 10으로 t_{ij}를 계산한 결과가 오른쪽 표와 같을 때 유의수준 5%로 검정해보도록 합시다.

t_{ij}	2	3	4
1	1.91	2.99	2.67
2		2.31	1.56
3			3.04

무리의 개수 $k = 4$, 오차자유도 $\phi_e = 10 \times 4 - 4 = 36$이므로 q값을 스튜던트화 범위 분포표(상위 5% 지점, 300쪽)를 이용하여 조사하면 다음 식과 같습니다.

$$q(k, \phi_e, \alpha) = q(4, 36, 0.05) = 3.809, \quad \frac{q(4, 36, 0.05)}{\sqrt{2}} = \frac{3.809}{1.414} = 2.69$$

따라서 2.69보다 큰 t_{ij}인 $H_{\{1,3\}}$, $H_{\{3,4\}}$를 기각합니다. 공장 A_1과 A_3, A_3과 A_4의 내용량에 차이가 있다고 할 수 있습니다.

특히 그룹의 크기가 같을 때($n = n_1 = n_2 = \ldots = n_k$)를 투키(Tukey) 방법이라 부릅니다. 역사적으로 투키 방법이 먼저 등장했으며, 이를 그룹의 크기가 다를 때로 확장한 것이 투키-크레이머 방법입니다. 투키 방법에서는 모든 i, j 쌍에 대해 다음 식을 계산합니다.

$$t'_{ij} = \frac{\bar{x}_i - \bar{x}_j}{\sqrt{\dfrac{V_e}{n}}}$$

그리고 다음의 판단을 수행합니다.

- $|t'_{ij}| \geqq q(k, \phi_e, \alpha)$일 때 $H_{\{i,j\}}$를 기각한다.
- $|t'_{ij}| < q(k, \phi_e, \alpha)$일 때 $H_{\{i,j\}}$를 보류한다.

Column

현대 추론 통계학의 창시자 - 로널드 에일머 피셔

베이즈 통계 이전의 추론 통계학 이론은 그 대부분이 로널드 에일머 피셔(Ronald Aylmer Fisher)가 구축한 것입니다. 그 밖에도 피셔의 이름이 붙은 것은 분산분석, 실험계획법, 추정량 기준(불편성, 일치성), 최대가능도 방법, 자유도 등 이루 헤아릴 수 없습니다.

소표본 이론에서 빠질 수 없는 t분포는 기네스 맥주의 기술자였던 윌리엄 실리 고세트가 발견했습니다. 고세트가 투고한 논문의 필명이 스튜던트(학생)였으므로 스튜던트(Student)의 t분포라 부릅니다. 그러나 t분포 역시 엄밀하게 수학적으로 증명한 것은 피셔입니다. 그러므로 피셔를 통계학의 '창시자'라 불러도 좋을 것입니다.

피셔는 1890년에 유명 경매회사의 공동 경영자였던 조지 피셔의 8형제 중 막내로 태어났습니다. 어릴 때부터 수학에 뛰어나 케임브리지대학에서 수학을 전공했으며 골턴의 우생학 지지자였기도 하여 유전학에도 흥미가 있었습니다. 시력이 나빠 군대에는 가지 못하고 1915년부터 1919년까지 공립학교에서 수학과 물리를 가르쳤습니다.

1919년부터는 로담스테드 농업시험장에서 일하기 시작했습니다. 로담스테드에서는 농업시험장 이외에서도 많은 연구자들이 실험계획법, 통계분석 등의 주제로 피셔의 도움을 요청하곤 했습니다. 이런 경험이 피셔의 실험계획법 3원칙 등으로 정리되었습니다. 물론 피셔의 실험계획법 3원칙이 농장에서의 실험과 친화성이 높은 것은 농업시험장에서 얻은 결과가 가장 많기 때문입니다.

그러나 피셔는 다른 사람과 잘 어울리지 못하는 성격 탓에 자신을 부정한다고 생각하면 공격적으로 변해 분노를 폭발하곤 했습니다. 이에 다른 통계학자와의 논쟁이 끊이지 않았고 한때 좋은 관계였던 사람과도 등을 지곤 했습니다. 이를 볼 때 추론 통계학의 기초는 고독한 천재에 의해 탄생한 것이라 할 수 있습니다.

Chapter

10

다변량분석

Introduction

다변량분석이란?

2차원 이상의 데이터, 다변량 데이터를 분석하는 다양한 방법을 모두 다변량분석이라 합니다. 이 장에서는 회귀분석 이외의 다변량분석 방법을 알아봅니다.

다변량분석의 분석 방법은 외적 기준(8장 Introduction 참조)이 있는지에 따라 크게 두 가지로 나눌 수 있습니다. 외적 기준이 없는 분석법의 주요 분석 목적은 데이터 요약과 분류이고 외적 기준이 있는 분석법의 주요 분석 목적은 변량 예측이나 새로운 데이터 그룹 판별입니다.

- A. 데이터 요약과 분류를 목적으로 하는 다변량분석(외적 기준 없음)
- B. 변량 예측, 새 데이터나 데이터 그룹 판별을 목적으로 하는 다변량분석(외적 기준 있음)

이 장에서 소개할 'A. 데이터 요약과 분류를 목적으로 하는 다변량분석'은 다루는 데이터의 종류(주로 양적 데이터를 다룰 것인지, 주로 질적 데이터를 다룰 것인지)에 따라 다시 두 가지로 분류할 수 있습니다. 표로 정리하면 다음과 같습니다.

양적 데이터	주성분분석(01, 02절), 인자분석(08절) 공분산구조분석(09절), 계층적군집분석(10절) 다차원척도법(계량형)(11절)
질적 데이터	수량화 제3방법과 대응분석(07절) 다차원척도법(비계량형)(11절)

데이터 요약과 분류를 위한 다변량분석(외적 기준 없음)

'B. 변량 예측, 새 데이터나 데이터 그룹 판별을 목적으로 하는 다변량분석'에서는 독립변수(예측변수, 설명변수)로 종속변수(응답변수, 목적변수)의 값을 예측하거나 독립변수로 이끌어낸 종속변수의 값으로 소속 그룹을 판별합니다. 이 책에서 소개할 다변량분석을 독립변수, 종속변수가 양적 데이터인지 질적 데이터인지에 따라 구분하여 정리하면 다음과 같습니다.

종속변수 독립변수	양적 데이터	질적 데이터
양적 데이터	단순회귀분석(8장 01절) 다중회귀분석(8장 02절)	판별분석(03절) 로지스틱 회귀분석, 프로빗 회귀분석(8장 06절)
질적 데이터	수량화 제1방법(06절)	수량화 제2방법(06절) 로그 선형모델

변량 예측과 판별을 위한 다변량분석(외적 기준 있음)

더불어 회귀분석이나 분산분석은 일반선형모델(8장 07절)의 한 종류입니다. 다변량분석에 속하지만 별도의 장으로 다루었습니다.

주성분분석과 인자분석은 접근법이 정반대

주성분분석과 인자분석은 모두 다차원 데이터 요약이 목적입니다만, 근본을 이루는 동기도 그 분석 결과도 크게 다릅니다.

주성분분석에서는 데이터를 나타내고자 이용한 변량을 요약하므로 새로운 변량을 만들고 차원을 압축합니다. 분석 알고리즘은 일정하므로 누가 수행하더라도 같은 결과가 되는 객관적인 분석 방법입니다.

한편 인자분석에서는 데이터의 변량을 나타내고자 새로운 변량을 준비하고 새로운 변량의 1차 결합으로 데이터의 변량을 나타내는 것이 목적입니다. 인자분석은 주성분분석과는 반대의 접근법입니다. 이에 따라 조건식의 개수보다도 미지수의 개수가 많아질 때가 자주 있으며 분석 결과는 1개뿐만이 아닙니다. 인자분석에서는 새로운 변수에 처음부터 의미를 부여하여 분석합니다. 분석자가 미리 자신의 모델을 가지고 이에 맞도록 계수를 조절할 수도 있습니다. 이처럼 인자분석은 자유도가 있는 주관적인 분석 방법이라 할 수 있습니다.

01 주성분분석

| 난이도 ★★★ | 실용 ★★★★★ | 시험 ★★★ |

여기서는 예를 이용하여 주성분분석이 어떤 느낌인지 알아보도록 하겠습니다.

Point 높은 차원의 데이터를 낮은 차원의 데이터로 축약하는 방법

표준화한 n차원 데이터 $x = (x_1, x_2, ..., x_n)$*을 좌표 변환하여 가능한 한 정보량이 줄지 않도록 k차원 데이터 $\alpha = (\alpha_1, \alpha_2, ..., \alpha_k)$로 축약하는 방법을 **주성분분석(principal component analysis)**이라고 함

그림자 길이의 제곱합을 최대로 하는 평면 찾기

3차원 데이터를 2차원 데이터로 축약하는 주성분분석의 원리를 설명합니다.

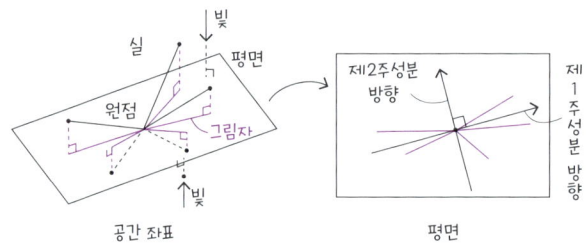

3차원 공간 좌표에 데이터를 그리고 공간 좌표의 원점과 실로 연결합니다. 원점을 지나는 평면을 준비하고 이에 수직 방향의 빛(2방향)을 비춥니다. 이때 평면에 생긴 실의 그림자 길이의 제곱합이 최대가 되는 평면을 고릅니다.

다음으로 이 평면 위에 제1주성분의 제곱합이 최대가 되도록 좌표축을 설정합니다. 이 좌표축에서 그림자 끝의 좌표를 읽은 값이 (제1주성분, 제2주성분)이 됩니다. 이것이 축약 후의 2차원 데이터입니다.

(그림자 길이의 제곱합) ÷ (실 길이의 제곱합)을 **기여율(contribution ratio)**이라 합니다. 기여율이 클수록 정보를 잘 반영하는 주성분분석이라 할 수 있습니다. Point의 '정보량'이란 데이터의 제곱합을 말합니다.

---

* i번째 데이터는 $x_i = (x_{i1}, x_{i2}, ..., x_{in})$임

BUSINESS 커피 원두를 블렌딩

5종류의 커피 원두에 대한 신맛, 쓴맛, 단맛을 바리스타가 5단계로 평가했습니다(다음 왼쪽 표). 이를 주성분분석하여 각 커피 원두를 좌표평면 위에 표현해 봅시다. 표본 크기는 5, $n = 3$, $k = 2$인 주성분분석이 됩니다.

신맛, 쓴맛, 단맛에 대해 각각 표준화한 다음, 주성분분석을 하면 다음 오른쪽 표와 같습니다. 제i주성분의 값을 제i주성분점수라 합니다.

	신맛	쓴맛	단맛
A	3	1	2
B	2	3	3
C	5	2	1
D	1	5	5
E	4	4	4

	제1주성분	제2주성분
A	1.134	−0.800
B	−0.327	−0.518
C	1.816	0.481
D	−2.184	−0.133
E	−0.438	0.970

※ 표준화에는 비편향분산을 이용했습니다.

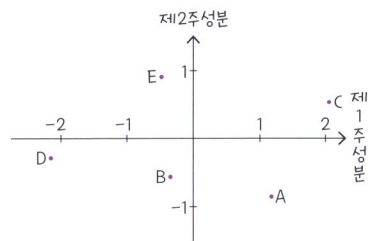

제1주성분 방향은 (신맛, 쓴맛, 단맛) = (−0.517, 0.583, 0.627)이므로 축에 '풍부한 향'이라는 이름을 붙여 봅시다. 제2주성분 방향은 (0.819, 0.550, 0.164)이므로 축에 '그윽한 향'이라는 이름을 붙입시다. 3차원을 2차원으로 하므로 새로운 방향성은 생기지 않지만 차원이 큰 것(예를 들어 15차원)에서 2차원으로 축약할 때는 포괄적인 동의를 얻을 수 있는 이름을 붙이는 편이 좋습니다. 이름 짓기 감각이 필요한 부분입니다.

여기서는 기여율을 계산하면 0.979입니다. 즉, 3차원에서 2차원으로 하더라도 정보량의 손실은 거의 없다고 할 수 있습니다.

02 주성분분석 더 살펴보기

난이도 ★★★★★   실용 ★★★★★   시험 ★★★★★

그림을 이용하여 전체적인 모습을 확인합시다. 선형대수 지식이 필요합니다.

> **Point**
>
> **고윳값이 큰 순서로 고유벡터를 나열하여 공간을 펼침**
>
> 표준화한 n차원 데이터 $x = (x_1, x_2, ..., x_n)$의 분산공분산행렬을 V로 하고, V의 고윳값을 큰 순서로 나열한 것을 $\lambda_1, \lambda_2, ..., \lambda_n$, 이에 속한 크기 1인 고유벡터를 $p_1, p_2, ..., p_n$으로 함. 그럼 개별 데이터 x를 다음 식과 같이 나타낼 수 있음
>
> $$x = a_1 p_1 + a_2 p_2 + ... + a_n p_n$$
>
> 이때 p_1을 제1주성분, p_2를 제2주성분, ..., a_1을 제1주성분의 주성분점수, $\sqrt{\lambda_1}\, p_1$의 각 성분을 제1주성분의 **주성분부하량**(principal component loading) 또는 **인자부하량**(factor loading)이라고 함
>
> 좌표를 변환하여 데이터를 새로 쓰는 것을 주성분분석(principal component analysis)이라고 하며, 데이터 x를 $a = (a_1, ..., a_k)$로 나타내면 n차원 데이터를 k차원 데이터로 축약한 것임

2차원 데이터의 주성분분석

주성분분석이 어떤 느낌인지 2차원일 때를 예로 들어 설명합니다. 2차원 데이터를 다음 그림과 같은 산점도로 나타냈다고 합시다. 개체 데이터를 나타내는 점은 거의 직선 모양으로 나열되므로 새롭게 좌표축 l_1을 설정하여 (x, y) 대신 l_1축의 좌푯값으로 바꾸면 대략의 모습은 알 수 있습니다. 즉, 이 데이터는 원래 2차원 데이터였지만 데이터의 특징을 이용하여 1차원으로 축약할 수 있습니다.

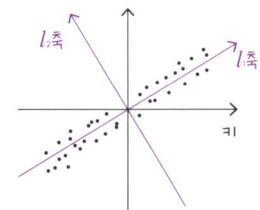

좌표축 l_1을 고르는 기준에 대해 설명합니다. l_1은 원점을 지나는 직선 중 점에서 그은 수선의 길이 제곱합이 가장 작은 것을 선택합니다. 이 l_1축 방향의 성분이 제1주성분입니다. 여기서 고유벡터 p_1은 l_1축 방향의 벡터가 됩니다. 고유벡터 p_2는 l_1축 방향과 직교합니다. '키, 몸무게 데이터(표준화함)'라면 l_1축 성분은 몸의 크기, l_2축 성분은 비만도를 나타낸다고 해석할 수 있습니다.

차원이 높아도 원리는 마찬가지입니다. n차원 데이터라면 k차원까지의 주성분 방향 벡터 $p_1, ..., p_k$를 선택했을 때 $k + 1$번째의 주성분 방향 p_{k+1}은 $k + 1$개의 벡터 $p_1, ..., p_{k+1}$로 펼친 n차원 공간 안의 $(k + 1)$차원 초평면으로 그은 수선 길이의 제곱합입니다. 여기서 최소가 되는 p_{k+1}을 고르면 됩니다.

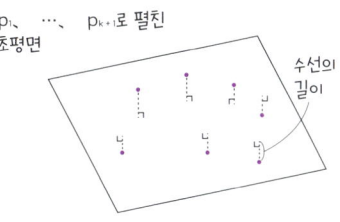

실은 이렇게 n개까지 벡터를 고르면 $p_1, ..., p_n$은 분산공분산행렬 V의 고유벡터(크기 1)를 고윳값의 크기 순서로 나열한 것이 된다는 사실을 선형대수 이론으로 나타낼 수 있습니다. 따라서 Point와 같이 정리할 수 있습니다.

또한 분산공분산행렬 V는 준정부호 대칭행렬이므로 선형대수의 일반론에 따라 고윳값 $\lambda_1, \lambda_2, ..., \lambda_n$은 모두 0 이상이고 고유벡터 $p_1, ..., p_n$은 서로 직교합니다. 따라서 $p_1, ..., p_n$은 직교정규기저(orthonormal basis)가 됩니다.

변량의 단위가 같다면 데이터 표준화까지는 아니더라도 편차로 치환한 단계에서 주성분 분석을 할 때도 있습니다. 이때 표준화한 데이터로 얻은 결과와는 다른 결과를 얻습니다. 데이터를 표준화하지 않았을 때도 분산공분산행렬 V 대신 상관계수행렬 R을 이용하면 표준화했을 때와 같은 결과를 얻습니다.

기여율은 이른바 데이터의 활용도

Point처럼 x를 $a = (a_1, ..., a_k)$로 나타낸다는 것은 a_{k+1}부터 a_n까지의 성분은 무시한다는 것입니다. 그러므로 $|x| > |a|$가 성립합니다. k가 클수록 $|x|$와 $|a|$의 차이는 줄어들어 x의 정보를 자세하게 나타낼 수 있습니다. 극단적으로 $k = n$으로 하면 완전합니다만, 이렇게 해서는 데이터 축약이라 할 수 없습니다.

k의 값을 정할 때 참고가 되는 것이 **누적기여율**입니다.

$$(누적기여율) = \frac{\lambda_1 + \cdots\cdots + \lambda_k}{\lambda_1 + \cdots\cdots + \lambda_n} = \frac{\sum |a|^2}{\sum |x|^2} \quad \text{Σ는 모든 데이터에 대한 전체 합}$$

이는 우변과 같이 a의 크기 제곱합과 x의 크기 제곱합의 비율입니다. 즉, 얼만큼의 정보를 살릴 수 있는지를 나타내는 기준이 됩니다.

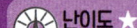  

03 판별분석

여기서도 예를 이용하여 판별분석이 어떤 느낌인지 알아보도록 하겠습니다.

> **Point**
>
> **A, B 어디에 속하는지를 판별**
>
> n차원 데이터 $x = (x_1, x_2, ..., x_n)$을 A, B라는 그룹으로 나누었을 때 알 수 없는 데이터가 A, B 어느 그룹에 속하는지를 판별하는 x의 함수를 만드는 것을 **판별분석**(discriminant analysis)이라고 함. 이 x의 함수를 **판별함수**(discriminant function)라고 함

함수를 만들어 미지의 데이터가 어디에 속하는지를 판별

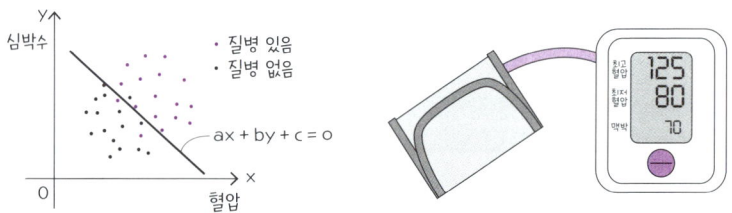

$n = 2$일 때를 예로 들어 봅시다.

앞 그림은 어떤 임상 현장에서 측정한 혈압과 심박수의 산점도입니다. 산점도의 각 점은 환자를 나타냅니다. 이 환자가 질병이 있을 때는 보라색 점으로, 질병이 없을 때는 검은 점으로 나타냅니다. 새로운 환자가 왔을 때 혈압과 심박수를 이용하여 질병이 있는지를 판별한다고 할 때 판별분석의 결과가 하나의 기준이 됩니다.

이를 통계학 언어로 바꿔 봅시다. 혈압 x, 심박수 y로 합니다. 혈압과 심박수 (x, y)에 대해 x와 y의 1차식인 $z = ax + by + c$ (a, b, c는 상수) 함수를 만듭니다. 새로운 환자의 혈압과 심박수가 (x_p, y_p)라면 이 값을 대입해 z_p를 $z_p = ax_p + by_p + c$로 계산합니다. $z_p > 0$이라면 '질병 있음', $z_p < 0$이라면 '질병 없음'이라고 판단할 수 있도록 함수를 결정하는 것(데이터로 a, b, c를 구함)이 판별분석이 수행하는 내용입니다. 이때 z가 x, y의 1차식으로 나타내는 함수이므로 이를 **선형판별함수**(linear discriminant function)라 합니다.

a, b, c가 상수일 때 $ax + by + c = 0$은 xy 좌표평면에서 직선으로 나타냅니다. 그러므로 $z = ax + by + c$라는 함수에서 $z = 0$인 점 (x, y)는 직선 위의 점입니다. 산점도에서는 $ax + by + c = 0$으로 나타내는 직선이 좌표평면을 영역 2개로 나눕니다. 한쪽 영역에서는 $z > 0$, 다른 한쪽 영역에서는 $z < 0$이 성립합니다.

이 산점도의 점이 $ax + by + c = 0$이 나타내는 직선의 어느 쪽에 있는지로 판별하는 것입니다. 산점도를 보면 알 수 있듯이 애당초 직선으로는 '질병 있음과 없음'을 정확히 나눌 수는 없습니다. 그러므로 구하는 직선(선형판별함수)은 질병 있음과 없음을 판별하는 하나의 기준입니다. 직선 대신 곡선을 이용하면 더 정확하게 분류할 수 있을 때도 있습니다. 이런 함수를 만드는 방법의 하나가 05절의 마할라노비스 거리입니다.

회귀분석은 독립변수와 종속변수 모두 양적 데이터였습니다. 판별분석에서 독립변수는 양적 데이터입니다만 종속변수는 A(질병 있음) 또는 B(질병 없음)라는 그룹에 속하므로 질적 데이터입니다.

BUSINESS 다음에 파산할 신용금고는 어디인가!

K 종합연구소에서는 신용금고 업계를 연구 중입니다. 1990년부터 2000년까지 많은 신용금고가 파산했다고 가정합시다. 이 기간 파산한 신용금고와 존속할 수 있었던 신용금고의 재무 데이터를 이용하면 다음 식이 성립합니다.

$$a \times (자본금) + b \times (대출잔고) + c \times (예금잔고)$$
$$+ d \times (순이익) + e \times (불량채권) + f$$

앞 식에서 판별함수의 상수 a, b, c, d, e, f를 구했습니다. 이를 이용하면 파산할 것 같은 신용금고를 예상할 수 있습니다. 단, a, b, c, d, e, f는 기업 비밀이므로 여기서 밝힐 수는 없습니다.

04 판별분석 더 살펴보기

다차원의 양적 데이터에서 질적 데이터를 이끌어내는 다변량분석입니다.

Point 그룹 A와 그룹 B 사이 선 긋기

p차원 데이터 $\boldsymbol{x} = (x_1, x_2, ..., x_p)$가 A, B라는 그룹으로 나뉘어 있음. $\boldsymbol{x} = (x_1, x_2, ..., x_p)$에 대해 y를 다음과 같이 설정할 수 있음

$$y = a_1 x_1 + a_2 x_2 + ... + a_p x_p + a_{p+1}$$

$y > 0$일 때 x는 A에 속하고, $y < 0$일 때 x는 B에 속한다고 판별하고 싶을 때 이용하는 y를 **선형판별함수**라고 함

선형판별함수를 구하는 방법

선형판별함수는 다음과 같은 기준으로 구합니다. 여기서는 $p = 2$라고 하겠습니다.

그룹 A의 데이터를 $(x_1, y_1), ..., (x_n, y_n)$, A의 x 성분과 y 성분의 평균을 각각 $\bar{x}_A$와 $\bar{y}_A$, 그룹 B의 데이터를 $(x_{n+1}, y_{n+1}), ..., (x_{n+m}, y_{n+m})$, B의 x 성분과 y 성분의 평균을 각각 $\bar{x}_B$와 $\bar{y}_B$, $(\bar{x}_A, \bar{y}_A)$와 $(\bar{x}_B, \bar{y}_B)$의 가운뎃점을 (x_0, y_0)으로 합니다.

(x, y)에 대해 z를 대응시킨 선형판별함수를 만듭니다. 선형판별함수는 $(x, y) = (x_0, y_0)$일 때 $z = 0$이 되도록 합시다. 그룹 A와 그룹 B 각각의 평균점 한가운데는 0이라는 뜻입니다. 직선의 법선 방향이 $a^2 + b^2 = 1$을 만족하는 a, b를 이용하여 (a, b)라 합니다. 그러면 z는 다음 식과 같이 됩니다.

$$z = a(x - x_0) + b(y - y_0) \quad \cdots\cdots \text{①}$$

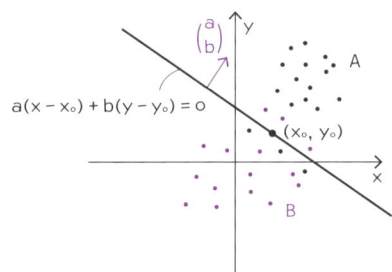

(x_i, y_i), $(\bar{x}_A, \bar{y}_A)$에 대해 z_i, $\bar{z}$, $\bar{z}_A$를 다음과 같이 둡니다.

$$z_i = a(x_i - x_0) + b(y_i - y_0) \qquad \bar{z} = \frac{1}{n+m}\sum_{i=1}^{n+m} z_i$$

$$\bar{z}_A = a(\bar{x}_A - x_0) + b(\bar{y}_A - y_0)$$

z에 대해 전변동 S_T, 그룹간 변동 S_B를 계산합니다.

$$S_T = \sum_{i=1}^{n+m}(z_i - \bar{z})^2 = \sum_{i=1}^{n+m}\{a(x_i - \bar{x}) + b(y_i - \bar{y})\}^2$$

$$S_B = n(\bar{z}_A - \bar{z})^2 + m(\bar{z}_B - \bar{z})^2$$
$$= n\{a(\bar{x}_A - \bar{x}) + b(\bar{y}_A - \bar{y})\}^2 + m\{a(\bar{x}_B - \bar{x}) + b(\bar{y}_B - \bar{y})\}^2$$

여기서 $\dfrac{S_B}{S_T}$ 값을 최대로 하는 (a, b)를 고릅니다. $\bar{z}_A$는 $\begin{bmatrix}\bar{x}_A - \bar{x} \\ \bar{y}_A - \bar{y}\end{bmatrix}$의 $\begin{bmatrix}a \\ b\end{bmatrix}$ 방향 정사영(직교 투영) 길이이므로 ① 식이 A, B를 잘 구별하는 방향일 때 $\bar{z}_A - \bar{z}$, $\bar{z}_B - \bar{z}$의 절댓값은 커집니다. 전변동 S_T에 대해 그룹간 변동 S_B가 차지하는 비율이 클 때는 A와 B를 확실하게 구별할 수 있다는 것입니다. 이 (a, b)를 ① 식에 대입하면 선형판별함수를 얻을 수 있습니다. 이러한 (a, b)의 방향은 다음 식과 같이 구할 수 있습니다.

$$\begin{bmatrix}a \\ b\end{bmatrix} // \begin{bmatrix}s_{xx} & s_{xy} \\ s_{xy} & s_{yy}\end{bmatrix}^{-1} \begin{bmatrix}\bar{x}_A - \bar{x}_B \\ \bar{y}_A - \bar{y}_B\end{bmatrix} \qquad \text{//는 평행을 나타냄}$$

따라서 ① 식은 다음과 같이 됩니다.

$$z = [x - x_0 \quad y - y_0]\begin{bmatrix}s_{xx} & s_{xy} \\ s_{xy} & s_{yy}\end{bmatrix}^{-1}\begin{bmatrix}\bar{x}_A - \bar{x}_B \\ \bar{y}_A - \bar{y}_B\end{bmatrix}$$

(a, b)가 조건을 만족할 때 $(-a, -b)$도 조건을 만족하므로 (a, b)나 $(-a, -b)$ 중 하나를 선택하면 $z > 0$일 때 (x, y)가 그룹 A가 되도록 조정할 수 있습니다.

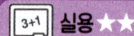 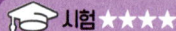

마할라노비스 거리

판별분석의 발전 형태 중 하나로 기억해 둡시다.

선형이 아닌 판별함수를 만드는 방법

2차원 데이터 (x, y)에 관해 다음 식과 같은 $D(> 0)$를 정의할 수 있음

$$D^2 = [x - \bar{x}, \quad y - \bar{y}] \begin{bmatrix} s_{xx} & s_{xy} \\ s_{xy} & s_{yy} \end{bmatrix}^{-1} \begin{bmatrix} x - \bar{x} \\ y - \bar{y} \end{bmatrix}$$

D를 **마할라노비스 거리(Mahalanobis distance)** 라고 함

그룹 A에서 계산한 마할라노비스 거리를 $D_A(x, y)$, 그룹 B에서 계산한 마할라노비스 거리를 $D_B(x, y)$라 할 때 다음과 같은 판별을 할 수 있음

$D_A(x, y) < D_B(x, y)$일 때 (x, y)는 A에 속함

$D_A(x, y) > D_B(x, y)$일 때 (x, y)는 B에 속함

이를 **마할라노비스 거리에 따른 판별** 이라고 함

마할라노비스 거리에 따른 판별의 원리

1차원 데이터로 마할라노비스 거리에 따른 판별을 실시합니다. 그룹 A에 속한 데이터는 $N(\mu_A, \sigma_A^2)$을 따르고 그룹 B에 속한 데이터는 $N(\mu_B, \sigma_B^2)$을 따른다고 하겠습니다. 이때 x가 어느 그룹에 속하는지를 판별하려면 어떻게 해야 할까요? 다음과 같이 판별하면 됩니다.

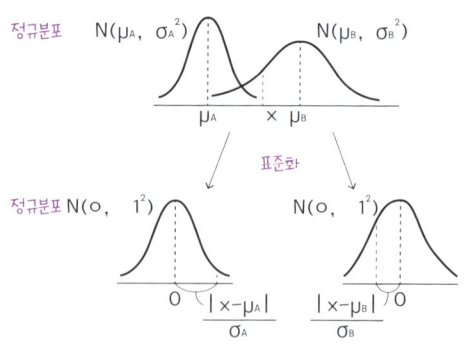

$\dfrac{|x - \mu_A|}{\sigma_A} < \dfrac{|x - \mu_B|}{\sigma_B}$ 일 때 x는 A에 속한다

$\dfrac{|x - \mu_A|}{\sigma_A} > \dfrac{|x - \mu_B|}{\sigma_B}$ 일 때 x는 B에 속한다

이는 A, B 각각의 평균, 표준편차로 표준화하여 절댓값이 작은 쪽의 그룹을 선택하는 것입니다. 절댓값이 작은 쪽이 상대적으로 평균에 가깝다고 할 수 있습니다. 이는 정규분포의 확률밀도함수 $f(x) = \dfrac{1}{\sqrt{2\pi}\sigma} e^{-\frac{(x-\mu)^2}{2\sigma^2}}$ 에서 e의 지수 부분이 큰 쪽을 선택하는 것이 됩니다.

2차원 데이터 판정에서도 데이터 2개를 비교하는 것으로 충분함

2차원일 때도 마찬가지로 생각할 수 있습니다. 2차원 데이터 (x, y)에 관해 그룹 A의 평균이 $(\bar{x}_A, \bar{y}_A)$, 분산공분산이 s_{xx}, s_{yy}, s_{xy}, 상관계수가 ρ라고 합시다. 그룹 A의 데이터가 2변량정규분포를 따른다고 할 때 분포의 형태는 $N(\bar{x}_A, \bar{y}_A, s_{xx}, s_{yy}, \rho)$가 됩니다. 이 분포의 확률밀도함수에서 e의 지수는 다음과 같습니다.

$$-\frac{1}{2}[x - \bar{x}_A, \ y - \bar{y}_A] \begin{bmatrix} s_{xx} & s_{xy} \\ s_{xy} & s_{yy} \end{bmatrix}^{-1} \begin{bmatrix} x - \bar{x}_A \\ y - \bar{y}_A \end{bmatrix} = -\frac{1}{2} D_A^{\ 2}$$

D_A가 작을 때는 (x, y)가 그룹 A에 속할 확률이 높아지고 D_A가 클 때의 확률은 낮아집니다. 즉, **$D_A(x, y)$와 $D_B(x, y)$를 비교하기만 해도 어느 그룹에 속할 확률이 높은가를 알 수 있습니다.**

$D =$ (일정)의 곡선은 항상 타원이 됩니다. 04절의 선형판별분석에서 판별함수는 x와 y의 1차식이었지만, 일반적으로 마할라노비스 거리를 이용한 판별함수에 따른 경계선은 2차곡선이 됩니다(2차원에 한함). A, B의 분산공분산행렬이 일치하면 경계선은 직선(선형판별함수의 직선)이 됩니다.

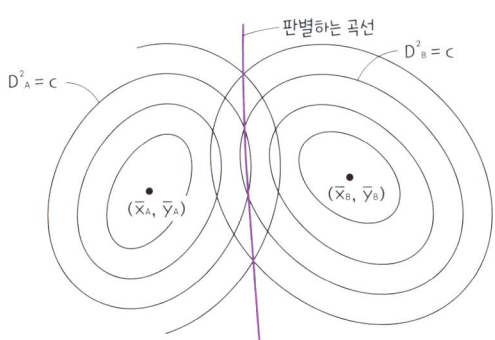

06 수량화 제1방법과 제2방법

일본에서 시작한 변량분석입니다. 가변수 사용법을 알아둡시다.

> **Point**
> **독립변수가 취하는 값을 0, 1로 함**
> - **수량화 제1방법**: 독립변수가 질적 데이터, 종속변수가 양적 데이터인 회귀분석
> - **수량화 제2방법**: 독립변수가 질적 데이터, 종속변수가 질적 데이터인 판별분석

독립변수에 질적 데이터를 이용하는 수량화 이론

질적 데이터를 다루는 다변량분석 이론을 **수량화 이론**이라 부릅니다. 수량화 이론에는 제1 방법부터 제4방법까지 있습니다.

회귀분석이나 판별분석에서는 독립변수가 모두 양적 데이터였습니다. 이와는 달리 **독립변수가 질적 데이터일 때가 수량화 제1방법, 수량화 제2방법입니다**. 회귀분석이나 판별분석 모두 종속변수가 있습니다. 종속변수가 있다는 것은 **외적 기준이 있다**는 것입니다.

예를 들어 수량화 제1방법에서 다루는 데이터는 다음 표와 같은 데이터입니다. 이는 A부터 E까지 5명에게 '연인은 있는지, 부모와 함께 사는지, 한 달 용돈은 얼마인지' 등의 질문을 한 결과를 정리한 것입니다.

	이성친구	부모와 동거	용돈(만 원)
A	있음	있음	3
B	없음	있음	2
C	없음	없음	1
D	있음	없음	1.5
E	없음	있음	2.5

	x	y	z
A	1	1	3
B	0	1	2
C	0	0	1
D	1	0	1.5
E	0	1	2.5

왼쪽 표에 대해 연인이 있다면 $x = 1$, 없다면 $x = 0$, 부모와 함께 산다면 $y = 1$, 그렇지 않다면 $y = 0$, 한 달 용돈을 z로 다시 바꿔 쓴 것이 오른쪽 표입니다. 이때 0과 1을 **가변수**(dummy variable)라 합니다.

수량화 제1방법은 오른쪽 표의 x, y를 독립변수, z를 종속변수로 하여 다중회귀분석을 수행하는 것과 같습니다. 회귀분석을 실행하면 $z = 0.64x + 1.35y + 0.92$가 됩니다. 이때 '연인'과 같은 질적 변수를 항목(아이템), 연인이 '있다', '없다'를 범주(카테고리), 0.64를 연인(이 있음)에 할당한 범주 점수 또는 범주 가중이라 합니다. 범주에 수량을 지정하여 분석하므로 수량화 이론이라 합니다.

더불어 범주가 3개 이상이든 2개 이상이든 가변수를 이용하면 마찬가지로 0과 1의 가변수로 분석할 수 있습니다.

종속변수로 판별하는 수량화 제2방법

예를 들어 수량화 제2방법에서 다루는 데이터는 다음 표와 같은 데이터입니다. 이는 A부터 E까지 5명을 대상으로 '이 닦기 습관이 있는지, 단 것을 좋아하는지, 충치가 있는지'라는 질문을 한 결과입니다. 이 닦기 습관과 단 것을 좋아하는지, 충치가 있는지에 대해 '있다'나 '예'를 1로, '없다'나 '아니오'를 0으로 한 것이 오른쪽 표입니다.

	이 닦기	단 것	충치
A	있음	예	없음
B	없음	아니오	있음
C	없음	예	있음
D	있음	아니오	없음
E	없음	아니오	없음

	x	y	z
A	1	1	0
B	0	0	1
C	0	1	1
D	1	0	0
E	0	0	0

z를 종속변수, x, y를 독립변수로 하여 회귀분석하면 $z = -0.71x + 0.28y + 0.57$이 됩니다. 충치가 있는 무리의 평균 (0, 0.5)와 충치가 없는 무리의 평균 (0.67, 0.33)과의 가운뎃점은 $(x_0, y_0) = (0.33, 0.42)$입니다. 그러므로 $(x, y) = (x_0, y_0)$일 때 $z = 0$이 되는 절편을 정해 $z = -0.71x + 0.28y + 0.12$라고 하면 z의 부호로 충치 유무를 판별할 수 있습니다. z는 02절의 방법으로 구한 판별함수의 상수 부분으로, 판별함수로 사용할 수 있습니다.

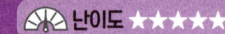  

수량화 제3방법과 대응분석

외적 기준이 없는 수량화 방법입니다. 마케팅 분야에 많은 응용 예가 있습니다.

 한 마디로 주성분분석의 수량화 버전
- **수량화 제3방법**: 표 안의 수가 0, 1인 집계표에 대해 상관계수가 최대가 되도록 범주(카테고리)를 수량화하는 분석법
- **대응분석**: 집계표에 대해 상관계수가 최대가 되도록 범주를 수량화하는 분석법

※ 주성분분석을 가변수로 하는 것만으로는 수량화 제3방법이라 할 수 없음

1을 대각선으로 나열

A, B, C, D 4명에게 아침, 낮, 밤의 좋고 싫음을 설문 조사한 결과(좋음 = 1, 싫음 = 0) 표 1과 같은 결과를 얻었습니다. 행 머리글, 열 머리글의 범주를 새로 나열하여 가능한 한 대각선 위에 1이 나열되도록 하면 표 2와 같이 됩니다. 표 2에서 서로 이웃한 사람은 기호가 닮았다고 할 수 있을 겁니다. **이를 이용하여 그룹을 나누거나 포지션 등을 분석할 수 있습니다.** 이 예에서라면 A와 C 사이를 나누어 B, A는 '아침–밤파', C, D는 '낮파'라 이름 붙일 수 있습니다.

표1	아침	낮	밤
A	0	0	1
B	1	0	1
C	0	1	1
D	0	1	0

표2	아침	낮	밤
B	1	1	0
A	0	1	0
C	0	1	1
D	0	0	1

수량화하여 다시 나열함

앞에서는 직접 눈으로 보며 다시 나열했지만, 이번에는 수량화하여 다시 나열해 봅시다. A, B, C, D를 x_1, x_2, x_3, x_4, 아침, 낮, 밤을 y_1, y_2, y_3으로 합니다. 이를 이용하여 다음 표처럼 6개의 데이터 (x_1, y_1), …가 있다고 합시다.

이 데이터의 상관계수가 최대가 되도록 x_i와 y_i를 정합니다. 상관계수는 변수의 1차 변환으로 불변이므로 x_i와 y_i 모두 표준화한 것으로 생각해도 상관없습니다. 즉, x_1, x_2, x_3, x_4의 평균 $\bar{x}$, 분산 s_x^2, y_1, y_2, y_3의 평균 $\bar{y}$, 분산 s_y^2은 다음과 같습니다.

	아침 y_1	낮 y_2	밤 y_3
A x_1			(x_1, y_3)
B x_2	(x_2, y_1)		(x_2, y_3)
C x_3		(x_3, y_2)	(x_3, y_3)
D x_4		(x_4, y_2)	

$$\bar{x} = 0,\ s_x^2 = 1,\ \bar{y} = 0,\ s_y^2 = 1$$

앞 식을 x_i, y_i로 나타내면 다음 식을 만족한다고 하겠습니다.

$$x_1 + 2x_2 + 2x_3 + x_4 = 0 \qquad x_1^2 + 2x_2^2 + 2x_3^2 + x_4^2 = 1$$
$$y_1 + 2y_2 + 3y_3 = 0 \qquad y_1^2 + 2y_2^2 + 3y_3^2 = 1$$

앞 조건을 이용하면 공분산은 다음 식과 같습니다.

$$s_{xy} = x_1 y_3 + x_2 y_1 + x_2 y_3 + x_3 y_2 + x_3 y_3 + x_4 y_2$$

앞 식이 최대가 되는 x_i와 y_i를 구하면 됩니다.

대학에서 배운 미분이나 선형대수 지식(라그랑주 승수법, 고윳값, 고유벡터)을 이용하여 x_i, y_i를 구하면 다음과 같습니다.

$$(x_1, x_2, x_3, x_4) = \frac{1}{10}(-\sqrt{5}, -2\sqrt{5}, \sqrt{5}, 3\sqrt{5})$$
$$(y_1, y_2, y_3) = \frac{1}{30}(-3\sqrt{30}, 3\sqrt{30}, -\sqrt{30})$$

x_i와 y_i를 작은 순서로 다시 나열하면 다음과 같습니다.

$$x_2 < x_1 < x_3 < x_4 \qquad y_1 < y_3 < y_2$$

이를 이용하여 A, B, C, D와 아침, 낮, 밤을 다시 나열하면 표 2와 같이 됩니다.

BUSINESS 중간 관리직은 힘든 일

수량화 제3방법에서는 표 안의 수가 0과 1인 집계표를 다루지만, 대응분석에서는 0과 1 이외의 수가 들어간 집계표를 다룹니다. 대응분석도 수량화 제3방법과 원리는 같으므로 상관계수가 최대가 되도록 범주에 숫자를 부여합니다.

마이클 그리네크러의 직종과 흡연 습관에 관한 데이터를 예로 들어 대응분석을 해보도록 합시다.

직종 \ 흡연 습관	피지 않음	적음	중간	많음	합계
상급 관리직	4	2	3	2	11
중간 관리직	4	3	7	4	18
중견 사원	25	10	12	4	51
신입 사원	18	24	33	13	88
비서	10	6	7	2	25
합계	61	45	62	25	193

출처: Greenacre(1984) 데이터

직종과 흡연 습관과의 관계

구하는 방법은 **수량화 제3방법과 마찬가지로 표준화한 범주 가중 중에서 공분산 s_{xy}가 최대가 되는 것을 고르면 됩니다.**

직종의 범주 가중을 x_i, 흡연 습관의 범주 가중을 y_i로 하면 표준화 조건은 다음 식과 같습니다.

$$\bar{x} = 0 \Rightarrow 11x_1 + 18x_2 + 51x_3 + 88x_4 + 25x_5 = 0$$
$$S_x^2 = 0 \Rightarrow 11x_1^2 + 18x_2^2 + 51x_3^2 + 88x_4^2 + 25x_5^2 = 1$$
$$\bar{y} = 0 \Rightarrow 61y_1 + 45y_2 + 62y_3 + 25y_4 = 0$$
$$S_y^2 = 0 \Rightarrow 61y_1^2 + 45y_2^2 + 62y_3^2 + 25y_4^2 = 1$$

이때 공분산은 다음 식과 같습니다.

$$s_{xy} = 4x_1y_1 + 2x_1y_2 + \ldots + 7x_5y_3 + 2x_5y_4$$

앞 식에서 최대가 되는 x_i, y_i를 고르면 됩니다. 앞의 수량화 제3방법 예에서는 2번째로 큰 고윳값에 대응하는 범주 가중만 구했으므로 결과는 1차원이었습니다. 이 대응분석 예에서는 2번째, 3번째의 고윳값에 대한 범주 가중도 구하여 제1성분, 제2성분으로 합니다. 실제로 소프트웨어에서는 결과를 좌표평면에 그려 출력할 때가 흔합니다.

직종(x_i)과 흡연 습관(y_i)의 범주 가중은 다음과 같습니다.

	상급 관리직	중간 관리직	중견 사원	신입 사원	비서
제1성분	−0.241	0.947	−1.393	0.853	−0.736
제2성분	1.935	2.431	0.108	−0.579	−0.787

	피지 않음	적음	중간	많음
제1성분	−1.438	0.363	0.717	1.075
제2성분	0.304	−1.410	−0.070	1.976

이를 좌표평면에 나타내면 다음과 같습니다.

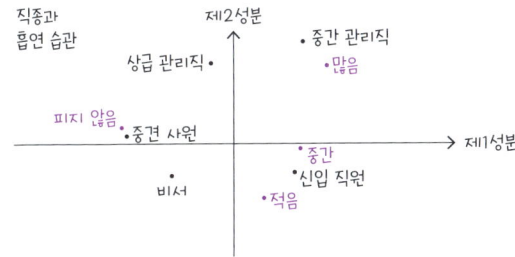

그러므로 중간 관리직은 흡연 습관이 있으며 중견 사원은 흡연 습관이 없는 경향이 있다고 말할 수 있습니다. 또한 소프트웨어에 따라서는 $s_x^2 = 1$, $s_y^2 = 1$의 1 대신 고윳값의 제곱근을 이용할 때도 있으므로 이와는 다른 결과가 나올 수도 있습니다.

08 인자분석

심리학, 마케팅 등에서 자주 사용합니다.

Point: 변량을 (인자의 1차식) + (유일인자)로 나타냄

각 성분 x_j는 표준화된 p차원의 변량 $(x_1, x_2, ..., x_p)$에 대해 i번째의 데이터를 $(x_{1i}, x_{2i}, ..., x_{pi})$로 함. 상수 $a_1, b_1, ..., a_p, b_p$와 2차원 변량 (f_1, f_2), p개의 1차원 변량 $e_1, e_2, ..., e_p$를 준비하여 다음 식처럼 나타내는 것을 **인자분석(2인자 모델)** 이라고 함

$$x_{1i} = a_1 f_{1i} + b_1 f_{2i} + e_{1i}$$
$$x_{2i} = a_2 f_{1i} + b_2 f_{2i} + e_{2i}$$
$$......$$
$$x_{pi} = a_p f_{1i} + b_p f_{2i} + e_{pi}$$

여기서 f_1, f_2는 표준화한 것으로, 각각의 평균 $E[f_1]$, $E[f_2]$와 분산 $V[f_1]$, $V[f_2]$는 다음과 같음

$$E[f_1] = 0 \quad V[f_1] = 1 \quad E[f_2] = 0 \quad V[f_2] = 1 \quad ...... \text{①}$$

또한 (f_1, f_2), $e_1, e_2, ..., e_p$ 사이에는 다음과 같은 공분산, 평균, 분산이 성립하도록 선택함

$$\left. \begin{array}{l} \text{Cov}[f_1, e_1] = 0, \text{Cov}[f_1, e_2] = 0, ..., \text{Cov}[f_1, e_p] = 0 \\ \text{Cov}[f_2, e_1] = 0, \text{Cov}[f_2, e_2] = 0, ..., \text{Cov}[f_2, e_p] = 0 \\ E[e_i] = 0, \text{Cov}[e_i, e_j] = 0 (i \neq j), V(e_i) = 1 \end{array} \right\} ...... \text{②}$$

이때 인자부하량, 공통인자, 유일인자, 인자점수는 다음과 같음

- **인자부하량**(factor loading): $a_1, b_1, ..., a_p, b_p$
- **공통인자**(common factor): f_1, f_2
- **유일인자**(unique factor): $e_1, e_2, ..., e_p$
- i번째 데이터의 **인자점수**(factor score): (f_{1i}, f_{2i})

$\text{Cov}[f_1, f_2] = 0$일 때는 **직교 모델**, $\text{Cov}[f_1, f_2] \neq 0$일 때는 **사교 모델**이라고 함

인자분석 사용 방법

4과목의 시험 데이터를 인자 2개로 설명하는 모델을 이용해 인자분석을 설명합니다($p = 4$ 일 때에 해당합니다). 국어, 수학, 과학, 사회 등 4과목의 시험을 실시하고 국어 점수를 x_1, 수학 점수를 x_2, 과학 점수를 x_3, 사회 점수를 x_4로 합니다. 이에 대해 공통인자를 f_1, f_2, 유일인자를 e_1, e_2, e_3, e_4로 준비하고 각 과목의 점수를 다음 식처럼 둡니다.

$$x_1 = a_1 f_1 + b_1 f_2 + e_1$$
$$x_2 = a_2 f_1 + b_2 f_2 + e_2$$
$$x_3 = a_3 f_1 + b_3 f_2 + e_3$$
$$x_4 = a_4 f_1 + b_4 f_2 + e_4$$

이때 Point의 ①, ② 조건을 만족하도록 주어진 데이터를 이용하여 상수 $a_1, b_1, ..., b_4$를 구하는 것이 인자분석입니다. 관측 변수를 (인자의 1차식) + (유일인자)로 나타낸 식을 **측정방정식**이라 합니다. 관측 변수와 인자의 관계를 나타낸 것을 **경로도표**(path diagram) 라 합니다. 데이터와 ①, ② 조건으로 상수 $a_1, b_1, ..., b_4$를 구했을 때 다음 식 및 그림과 같이 되었다고 합시다.

$$x_1 = 0.8 f_1 + 0.2 f_2 + e_1$$
$$x_2 = 0.5 f_1 + 0.9 f_2 + e_2$$
$$x_3 = 0.2 f_1 + 0.8 f_2 + e_3$$
$$x_4 = 0.9 f_1 + 0.1 f_2 + e_4$$

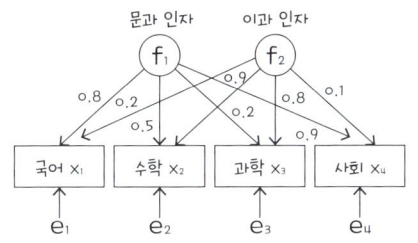

인자부하량(0.8부터 0.1까지 8개)의 모양(f_1에 대해 문과 과목의 인자부하량은 크고 이과 과목의 인자부하량은 작음)을 볼 때 f_1을 문과 인자, f_2를 이과 인자라고 이름 붙여도 좋을 것입니다. (x_1, x_2, x_3, x_4)의 관측값에 대해 문과, 이과의 인자점수 (f_1, f_2)와 각 과목의 유일인자 (e_1, e_2, e_3, e_4)가 정해집니다.

이 예에서는 공통인자를 f_1, f_2의 2개로 했습니다만, 3개 이상으로 해도 마찬가지로 인자분석을 할 수 있습니다.

BUSINESS 외국 브랜드 인자분석

다음 표는 유명 외국 브랜드에 대해 '인기도'부터 '광고가 매력적'까지 454명을 대상으로 9항목에 대해 ○, ×로 답하도록 설문 조사한 데이터입니다. Point에서 $p = 9$일 때에 해당합니다.

브랜드	인기도	인지도	소유율	고급감	뿌듯함	품질의 신뢰성	센스가 있음	친밀감	광고가 매력적
샤넬	159	377	209	318	136	150	123	36	86
에르메스	145	327	136	245	104	154	127	27	41
티파니	145	327	136	182	86	136	136	77	59
루이비통	136	359	186	177	77	186	82	109	18
구찌	123	350	154	163	73	141	114	68	32
랄프로렌	114	295	200	54	27	114	91	154	36
까르띠에	109	291	109	232	95	150	95	14	23
페라가모	109	286	68	159	64	109	77	32	18
프라다	104	245	45	104	50	77	82	59	18
캘빈클라인	100	263	123	32	23	64	118	132	54
베네통	86	327	241	18	5	54	59	227	95

인자 2개에 대해 분석을 했더니 인자부하량 $a_1, b_1, ..., a_9, b_9$는 다음 왼쪽 표와 같았습니다. 각 데이터의 공통인자 f_1, f_2에 대한 인자점수는 오른쪽 표와 같았습니다.

	인자부하량	
	a_i	b_i
인기도	.812	.360
인지도	.466	.801
소유율	−.170	.955
고급감	.990	.102
뿌듯함	.994	.095
품질의 신뢰성	.774	.242
센스가 있음	.556	.062
친밀감	−.866	.488
광고가 매력적	−.133	.691

브랜드	f_1	f_2
샤넬	1.810	1.057
에르메스	0.953	−0.202
티파니	0.433	0.199
루이비통	0.298	0.874
구찌	0.168	−0.015
랄프로렌	0.996	0.560
카르티에	0.697	−0.847
페라가모	0.101	−1.352
프라다	0.567	−1.497
캘빈클라인	−1.207	−0.385
베네통	−1.489	1.607

제1인자는 인기도, 고급감, 뿌듯함, 품질의 신뢰성, 센스가 있음의 인자부하량이 크므로 '우아함', 제2인자는 인지도, 소유욕, 친밀감, 광고의 인자부하량이 크므로 '친근함' 정도로 이름 붙이면 어떨까 합니다. 여러분의 센스를 발휘할 순간입니다.

인자부하량은 한 가지만이 아님

변량 (f_1, f_2)가 $V[f_1] = 1$, $V[f_2] = 1$, $\text{Cov}[f_1, f_2] = 0$을 만족할 때 (f'_1, f'_2)를 다음 식과 같이 정했다고 생각해보겠습니다.

$$\begin{bmatrix} f'_1 \\ f'_2 \end{bmatrix} = \begin{bmatrix} \cos\theta & -\sin\theta \\ \sin\theta & \cos\theta \end{bmatrix} \begin{bmatrix} f_1 \\ f_2 \end{bmatrix}$$

앞 식에 따라 $V[f'_1] = 1$, $V[f'_2] = 1$, $\text{Cov}[f'_1, f'_2] = 0$이 성립합니다.

그 밖의 인자분석 조건도 만족하므로 인자분석 조건을 만족하는 (f_1, f_2)가 하나라도 있다면 해는 무수히 있는 것이 됩니다. 또한 인자가 3개 이상의 모델일 때도 공통인자 벡터에 회전행렬을 곱하면 그 결과는 인자분석 조건을 만족합니다. 그러므로 인자분석은 자의적으로 표현할 수 있습니다.

애당초 인자분석은 심리학 분야에서 사용했습니다. 처음에 가설을 세우고 이에 맞도록 공통인자를 발견했던 것입니다. 해가 무수히 있을 정도이므로 공통인자를 발견하는 방법에도 여러 가지가 있습니다.

주성분 인자분석법에서는 $\boldsymbol{a} = (a_1, ..., a_p)$, $\boldsymbol{b} = (b_1, ..., b_p)$를 주성분분석의 제1주성분, 제2주성분으로 합니다. 이때 $\text{Cov}(e_i, e_j) = 0$이라는 조건은 희생됩니다. 인자분석의 해를 1개 발견했을 때 회전한 인자부하량 중에서 '인자부하량 제곱의 분산'을 최대화하는 회전을 베리맥스 회전(분산최대 회전, varimax rotation)이라 합니다.

참고로 앞서 설명한 브랜드 조사에서는 회전을 하지 않았습니다.

  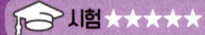

09 공분산구조분석

공분산구조분석에서는 직접 구조 모델을 설계하여 분석합니다.

> **Point**
> '경로도표를 사용자화한 인자분석' + '회귀분석'
>
> **공분산구조분석**
> 관측변수, 잠재변수, 오차변수에 대한 구조 모델을 관측변수의 공분산을 이용하여 정하는 방법. 구조방정식 모델(structural equation model)이라고도 함

경로도표 설계

공분산구조분석(covariance structure analysis)에서는 먼저 다음 그림처럼 경로도표를 설정합니다. 이른바 분석의 설계도입니다.

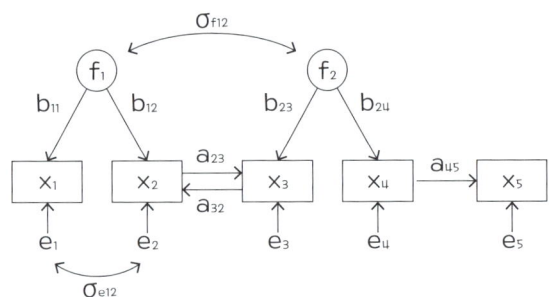

앞 경로도표를 식으로 나타내면 다음과 같습니다.

$$x_1 = b_{11}f_1 \qquad\qquad\qquad + e_1$$
$$x_2 = b_{12}f_1 \qquad\quad + a_{32}x_3 + e_2$$
$$x_3 = \qquad\quad b_{23}f_2 + a_{23}x_2 + e_3$$
$$x_4 = \qquad\quad b_{24}f_2 \qquad\quad + e_4$$
$$x_5 = \qquad\qquad\qquad a_{45}x_4 + e_5$$

$$\text{Cov}[f_1, f_2] = \sigma_{f12} \qquad \text{Cov}[e_1, e_2] = \sigma_{e12}{}^* \cdots\cdots ①$$

---

* 오차변수 사이에 상관을 가정하는 이론과 그렇지 않은 이론이 있습니다.

이처럼 경로도표의 →는 계수를, ↔는 공분산, 상관계수를 나타냅니다.

관측할 수 있는 변수를 **관측변수**(x_i), 인자분석에서 공통인자라 불렀던 것을 **잠재변수**(f_i), 유일인자라 불렀던 것을 **오차변수**(e_i)라 합니다. 관측변수 x_i를 잠재변수 f_i를 이용하여 나타낸 식(x_1부터 x_4까지)을 관측방정식, 관측변수끼리의 관계를 나타낸 식(x_5)을 **구조방정식**이라 합니다. 관측방정식은 인자분석, 구조방정식은 회귀분석을 한다고 볼 수 있으므로 공분산구조분석은 마치 표어처럼 '회귀분석과 인자분석을 합한 분석 방법'이라고 표현할 수 있습니다.

f_2에서 x_1, x_2로 경로가 없어도 되고 x_2와 x_3에 1차 관계가 있어도 되며 잠재변수 사이나 오차변수 사이에 상관계수가 있어도 되는 등 분석자가 자유도를 가지고 모델을 구축할 수 있다는 점이 공분산구조분석의 장점입니다.

관측 데이터 $x = (x_1, x_2, x_3, x_4, x_5)$는 각 성분의 기댓값이 0이 되도록 중심화($x_i$를 $x_i - \bar{x}$로 치환)한 것으로 하겠습니다. x로 다음 미지수를 정하는 것이 목표입니다.

$$\text{미지수} \begin{cases} \text{계수 } b_{11}, b_{12}, b_{23}, b_{24}, a_{23}, a_{32}, a_{45} \\ \text{공분산 } \sigma_{f12}, \sigma_{e12} \quad \text{오차변수 } e_1, e_2, e_3, e_4, e_5 \text{의 분산} \end{cases}$$

BUSINESS 공분산구조분석으로 적재적소에 인원 배치하기

인사부장 K씨는 팀워크와 전문적인 기술 모두를 살린 조직 만들기를 고민 중입니다. 이에 어떤 조사의 공분산구조분석 결과를 사용하여 각자의 협력성, 나이, 전문지식, 적극성에 관한 설문 조사를 통해 팀워크와 전문적인 기술을 계산한 다음 인재 배치를 수행한 결과 최적의 조직을 만들 수 있었습니다.

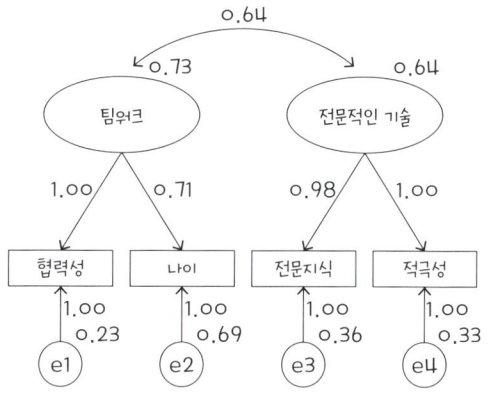

10 계층적군집분석

난이도 ★ 실용 ★★★★ 시험 ★★

군집분석의 거리를 계산하는 방법과 그룹의 결합 기준을 선택하여 분석합니다.

> **Point 가까이에 있는 것을 하나로 묶음**
>
> **계층적군집분석**
> 다변량의 표본 개체에 거리를 설정하고 이를 바탕으로 그룹(군집)을 만드는 것. 결과는 **덴드로그램(dendrogram)**으로 정리할 수 있음

덴드로그램 그리기

계층적군집분석(hierarchical cluster analysis)을 다음 예와 함께 살펴보겠습니다. 개체 1~5까지에 대해 개체 2개의 거리를 계산한 결과가 오른쪽 표와 같았습니다. 이를 바탕으로 군집분석을 해봅시다.

	1	2	3	4	5
1	–				
2	3	–			
3	5	4	–		
4	9	8	5	–	
5	8	6	6	2	–

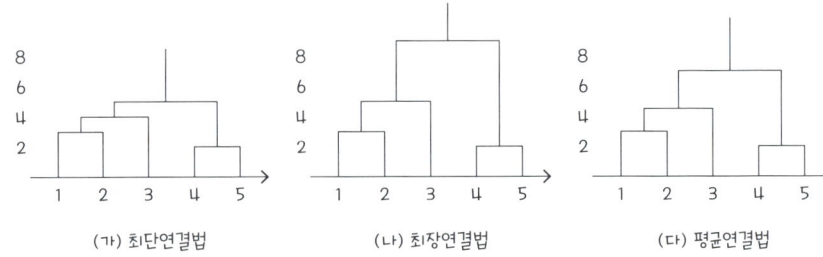

(가) 최단연결법   (나) 최장연결법   (다) 평균연결법

그룹을 만드는 방법에는 **최단연결법, 최장연결법, 평균연결법** 등이 있습니다. (가), (나), (다) 덴드로그램 모두 4와 5의 거리는 2수준이고 1과 2의 거리는 3수준인 그룹입니다. 개체 2개로 이루어진 그룹에 관해서는 세 가지 방법 모두 같은 거리 수준으로 정리됩니다. 그룹 2개 사이(한쪽은 개체여도 됨)를 그룹 1개로 정리할 때는 연결법 3종류에 따라 차이가 생깁니다.

---

* 비계층적군집분석에는 K-평균 군집화가 있음

(1, 2)와 3을 합쳐 그룹 1개로 만들 때를 살펴봅시다. 1과 3의 거리는 5, 2와 3의 거리는 4입니다. 최단연결법에서는 (1, 2)와 3이라는 개체 사이의 거리는 4이므로 4수준에서 (1, 2)와 3이 그룹 1개가 됩니다만, 최장연결법에서는 최장거리가 5이므로 5수준에서 (1, 2)와 3이 그룹 1개가 됩니다. 평균연결법에서는 (4 + 5) ÷ 2 = 4.5수준으로 묶습니다. 평균연결법으로 (1, 2, 3)과 (4, 5)를 합칠 때는 4와 1, 4와 2, 4와 3, 5와 1, 5와 2, 5와 3의 거리 평균 (9 + 8 + 5 + 8 + 6 + 6) ÷ 6 = 7에 따라 거리는 7수준입니다.

덴드로그램이 오른쪽 그림과 같다면 그룹은 없습니다. 이러한 상태를 **연쇄효과**(chain effect)라 부릅니다. 참고로 그룹을 만들 때 분산이 가장 작은 것부터 결합하는 **와드연결법**(ward linkage)은 연쇄효과를 피하는 데 효과적이라 알려져 있습니다.

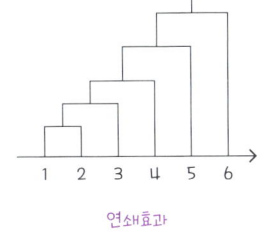

연쇄효과

두 개체 ($x_1, x_2, ..., x_k$)와 ($y_1, y_2, ..., y_k$)의 거리를 계산하는 방법으로는 **민코프스키 거리**(Minkowski distance)가 있으며, 식은 다음과 같습니다.

$$d = \left(\sum_{i=1}^{k} |x_i - y_i|^p \right)^{\frac{1}{p}}$$

또한 **유클리드 거리**(Euclidean distance, 앞 식에서 $p = 2$일 때), **맨해튼 거리**(Manhattan distance, 앞 식에서 $p = 1$일 때), **마할라노비스 거리**(05절) 등 다양한 방법이 있습니다. 군집분석은 그룹 개수, 그룹 만들기 방법, 거리 계산 방법을 선택하여 분석할 수 있다는 자유도가 있는 탐색적인 분석 방법입니다.

BUSINESS 닮은 사람끼리 나누어 업무를 맡김

인사부장 H씨는 신입사원 6명의 성격 테스트 결과를 군집분석했습니다. 그 결과 A~C, D~F로 그룹이 나뉘었습니다. 이제 그룹 2개에 속한 신입사원을 기획팀에 배정할 것인가 영업팀에 배정할 것인가를 검토 중입니다.

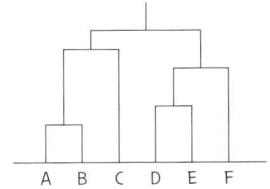

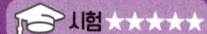

11 다차원척도법

주로 심리학이나 사회과학에서 사용하는 방법입니다.

> **가능하면 낮은 차원에서 거리 관계를 실현하고자 함**
>
> **다차원척도법**
>
> 개체 i와 개체 j에 대해 값 s_{ij}가 주어졌을 때 개체를 좌표공간에 그려 s_{ij}를 2점 사이의 거리로 나타내어 개체 사이의 위치 관계를 표현하는 것

개체 사이의 비유사도를 간결하게 나타내는 다차원구성법

A, B, C, D에 대해 개체끼리 닮지 않았을 때는 큰 값이, 닮았을 때는 작은 값이 되는 **비유사도(dissimilarity)**가 다음 표와 같이 주어졌다고 합시다.

	A	B	C	D
A	–			
B	4	–		
C	3	5	–	
D	7	6	5	–

비유사도 s_{ij} 표

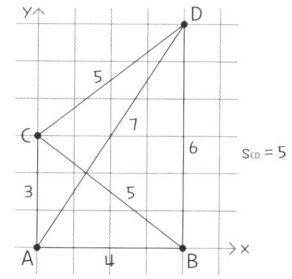

이때 A, B, C, D를 좌표평면에 A(0, 0), B(4, 0), C(0, 3), D(4, 6)으로 그리면 개체 사이의 비유사도와 개체 사이의 거리가 거의 일치합니다. A와 D만 비유사도가 7임에도 거리는 $\sqrt{52}$ = 7.2로 조금 어긋납니다만, 다른 것은 일치합니다.

A, B, C, D의 비유사도는 2차원으로 거의 표현할 수 있습니다. 이를 3차원으로 나타내면 A부터 D까지를 정확히 표현할 수 있습니다만, **가능하면 낮은 차원에서 어느 정도 정확하게 표현한다는 데 그 가치가 있습니다.**

다차원척도법(multi-dimensional scaling, MDS)에는 크게 나눠 **계량형 다차원척도법**(metric MDS)과 **비계량형 다차원척도법**(nonmetric MDS) 두 가지가 있습니다.*

---

* 수량화 제4방법을 준계량형 다차원척도법으로 보는 견해도 있습니다.

계량형 다차원척도법에서는 주로 거리나 시간 등의 양적 데이터를, 비계량형 다차원척도법에서는 주로 서열척도로 계측한 친근감이나 비유사도를 다룹니다. 어떤 다차원척도법이든 개체 i와 개체 j에 관해 주어진 s_{ij}를 좌표공간에 그린 개체 i와 개체 j 사이의 거리 d_{ij}로 실현한다는 데는 공통점이 있습니다.

계량형 다차원척도법의 경우 차원에 얽매이지 않는다면 선형대수로 알려진 **영-하우스홀더 변환(Young-Householder transformation)**에서 사용하는 방법을 이용하여 s_{ij}를 거리 d_{ij}로 거의 실현하는 좌표공간 표현을 구할 수 있습니다. 저차원으로 표현하고자 할 때는 **적합도**(주성분석의 기여율에 해당)를 보면서 차원을 고르는 것이 됩니다.

비계량형 다차원척도법의 경우는 s_{ij}의 순서 관계를 가능한 한 유지하는 d_{ij} 실현을 목표로 합니다. 이때 s_{ij}의 순서를 완전히 보존하는 $f(d_{ij})$(**불일치(disparity)**라 불리며 $s_{ij} < s_{kl} \Leftrightarrow f(d_{ij}) < f(d_{kl})$을 만족)를 중간에 넣습니다. $f(d_{ij})$와 d_{ij}에 대해 정해진 **스트레스**라 불리는 지표 S(차 식)가 최소가 되는 좌표공간에서의 표현을 최급강하법 등의 알고리즘으로 찾습니다.

$$S = \sqrt{\frac{\sum_{i<j}(d_{ij} - f(d_{ij}))^2}{\sum_{i<j}d_{ij}^{\,2}}}$$

요컨대 계량형 다차원척도법은 s_{ij}의 '거리'로서의 성질을, 비계량형 다차원척도법은 s_{ij}의 순서 관계를 유지한 채 좌표공간에서 표현하는 것을 목표로 한다고 할 수 있습니다.

BUSINESS 다차원척도법으로 새 브랜드 포지셔닝

음료회사의 기획과장 J씨는 녹차, 커피, 홍차, 생수 네 가지에 관해 녹차를 살 수 없을 때는 무엇을 살까, 커피를 살 수 없을 때는 무엇을 살까, … 등 음료의 유사성에 관한 설문 조사를 실시했습니다. 이러한 설문 조사를 정리할 때는 유사성이 있을 때는 거리를 가깝게, 유사성이 없을 때는 거리를 멀게 표현하면 좋으므로 다차원척도법이 도움이 됩니다.

Column

포지셔닝 맵을 만들려면

다변량분석에는 다양한 분석 방법이 있으므로 어떤 방법을 사용해야 좋을지 잘 모르는 사람도 많을 것입니다. 특히 주성분분석, 인자분석, 수량화 제3방법, 대응분석, 다차원척도법은 모두 다차원 데이터를 낮은 차원으로 축약하는 분석 방법입니다. 인자분석, 다차원척도법은 그 안에서도 몇 가지 선택지가 있으므로 그리 간단한 분석 방법이 아닌 셈입니다.

주성분분석, 수량화 제3방법, 대응분석은 좌표 변환을 이용하여, 인자분석은 인자를 설정하여, 다차원척도법은 좌표 간 거리에 착안하여 고차원 데이터를 저차원으로 축약합니다. 이처럼 착안점은 다르지만 2차원으로 축약하면 모두 좌표평면에 결과를 표현할 수 있습니다. 그러므로 결과만 보면 무엇으로 분석했는지 알 수 없습니다.

상품 마케팅을 담당하는 사람이라면 다음 그림과 같은 포지셔닝 맵을 알 것입니다. 결론부터 이야기하면 상품 설문 조사 결과(집계표)로 포지셔닝 맵을 만들 때는 앞서 예를 든 분석법 중 어떤 방법을 사용해도 상관없습니다. "어떤 분석 방법이 가장 신뢰가 있는가?"는 어리석은 질문입니다. 여러 가지 분석 방법 모두 좋습니다. 저자 개인적으로는 수학적으로 결과가 하나로 정해지는 주성분분석, 대응분석을 선호하는 편입니다.

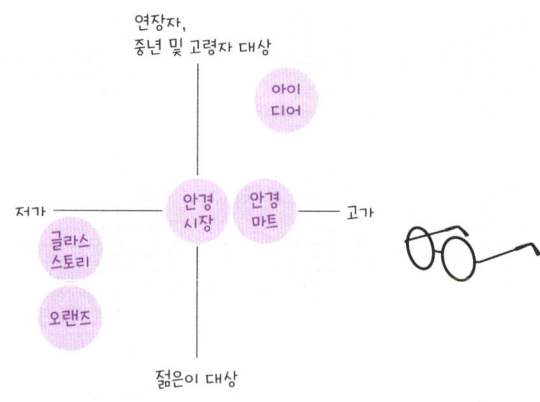

주요 안경 체인점의 포지셔닝

Chapter 11

베이즈 통계

Introduction

우리의 사고방식과 비슷한 베이즈 통계

오늘날 베이즈 통계는 생활 깊숙이 자리하고 있습니다. 예를 들어 스팸 메일을 거르기 위한 필터나 'Windows 도움말', 외국어 번역, 음성 인식 등 이루 헤아릴 수 없을 정도입니다. 최근 눈부시게 발전을 거듭한 머신러닝이나 인공지능에도 베이즈 통계 이론이 깊이 자리잡고 있습니다.

역사적으로는 목사였던 토머스 베이즈(1701~1761)가 **원인의 확률**(결과에서 A, B 어떤 것이 원인인지의 비율을 계산한 것. **역확률**이라고도 함) 문제를 생각하는 과정 중 조건부확률에 관한 정리를 생각해낸 것이 그 시작입니다. 그 후 수학자 라플라스가 『확률에 대한 철학적 시론(A Philosophical Essay on Probabilities)』에서 이 생각을 공식화하고 누구든 응용할 수 있도록 이론적으로 정리한 덕분에 수학 이외의 분야에서도 베이즈 통계 사고방식으로 계산하는 사람이 등장했습니다. 즉, 베이즈 통계에는 오늘날에 어울리는 참신한 느낌이 있을지도 모르겠으나 그 바탕을 이루는 사고방식은 평상시 우리가 흔히 하는 자연스런 것입니다.

베이즈 통계에서는 알 수 없는 분포에 대해 일단 확률분포(이를 **사전분포**라 합니다)를 설정합니다(같은 확률로 설정하거나 자신이 있다면 추측하는 등). 이 확률은 3장에서 살펴본 **빈도확률**(일어난 경우의 수 ÷ 전체 경우의 수)이 아니라 **주관적 확률**(생각을 수식으로 나타낸 것)입니다. 이대로라면 단순한 주관이지만 베이즈 정리를 이용하여 데이터의 측정값을 반영하고 확률분포를 다시 씁니다(이를 **베이즈 갱신**이라 합니다). 이처럼 바꿔 쓴 확률을 **사후분포**라 합니다. 처음 설정한 사전분포는 지레짐작이며 실제 확률분포와는 동떨어진 분포였지만 베이즈 갱신을 반복한 사후분포는 안정적이 되어 사후확률의 값은 일정한 값에 가까워집니다.

적은 정보만으로 판단해야 할 때 베이즈 통계는 그 진가를 발휘합니다. 예를 들어 초등학교 선생님인 A씨의 성격을 알고 싶을 때 '초등학교 선생님'이 공통으로 가진 성격을 미리 가정합니다. 선입관이라 해도 좋습니다. 그러나 실제로 A씨와 지내보면 그의 성격을 자세하게 알게 됩니다. 즉, 처음 생각했던 '초등학교 선생님'의 성격을 수정하여 A씨의 실제 성격을 파악해 가는 것입니다.

베이즈 통계가 학문으로 인정받기까지

실용적인 베이즈 통계입니다만, 학문 세계에서 인정받기까지는 먼 길을 돌아야 했습니다. 칼 피어슨이나 존 메이너드 케인스는 베이즈 통계에 의구심은 있었으나 점점 그 효용성을 인정하고 용인했습니다. 하지만 **빈도확률만 인정했던 로널드 에일머 피셔, 예르지 네이만은 주관적 확률을 이용한다는 사실을 몹시 비판**하는 등 1930년대 베이즈 통계는 일단 무대에서 그 모습을 감추게 됩니다.

그럼에도 빈약한 데이터밖에 없는 단계에서 재빠르게 의사결정을 해야 하는 현장에서는 베이즈 통계 사고방식을 계속 사용했습니다. 예를 들어 수학자인 조제프 베르트랑(1822~1900)은 베이즈 통계로 계산하여 효율적인 표적 명중을 위한 대포 쏘기 이론을 제안했습니다. 또한 미국의 전화회사 AT&T에서는 엔지니어였던 에드워드 C. 몰리나(1877~1964)가 베이즈 통계 사고방식을 이용하여 비용 대비 효과가 높은 전화 시스템을 구축했습니다.

이뿐만 아니라 데이터 축적이 없었던 미국 노동국의 통계학자는 베이즈 통계를 이용하여 노동재해보험의 보험료를 정했습니다. 특히 유명한 베이즈 통계 이용 성과로는 제2차 세계대전 중 영국의 앨런 튜링이 독일 U 보트를 침몰시키고자 **암호 에니그마를 푼 것**을 들 수 있습니다. 이처럼 많은 응용이 있었음에도 여전히 학문 분야로는 빛을 보지 못했습니다.

1950년대에 들어 튜링의 제자였던 어빙 존 굿이 『확률 그리고 증거의 무게(Probability and the Weighing of Evidence)』(1950)를, 레너드 새비지가 『통계학의 기초(The Foundations of Statistics)』(1954)를 출판하는 등 베이즈 통계는 학문적으로도 인정받기 시작했습니다. 새비지는 그의 저서에서 주관적 확률을 공리로서 논하여 베이즈 통계를 수학적인 이론으로 정립했습니다.

베이즈 통계는 보험료 설정, 암호 해독 이외에서도 그 응용 범위를 넓혀 왔습니다. 안전보장 분야에서는 미국의 과학자가 베이즈 통계를 이용하여 핵무기 사고가 일어날 확률을 계산하기도 했습니다. 실제로 일어난 적이 없는 사건의 확률을 계산하는 것이므로 빈도확률로는 맞설 수 없습니다. 베이즈 통계의 독무대입니다.

이처럼 오늘날의 통계학에서 베이즈 통계는 **빼놓을 수 없는** 존재입니다.

  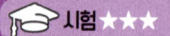

조건부확률

베이즈 통계를 이해하는 첫걸음은 조건부확률로 시작합니다.

전체사건을 조건으로 했을 때의 확률

조건부확률

사건 A, B에 대해 B가 일어났을 때 A가 일어날 확률. $P(A|B)$로 나타내며 참고로 고등학교 교과서에는 $P(A|B)$를 $P_B(A)$로 나타내기도 함. 이는 다음 식과 같이 계산함

$$P(A|B) = \frac{P(A \cap B)}{P(B)} \quad \cdots\cdots \text{①}$$

A와 B의 대등성을 이용하여 분자를 바꿔 쓰면 다음 식도 성립함

$$P(A|B) = \frac{P(B|A)P(A)}{P(B)} \quad \cdots\cdots \text{②}$$

벤 다이어그램으로 이해하는 조건부확률

$P(A|B)$를 벤 다이어그램으로 설명하면 보라색 원(B)을 1이라 했을 때의 칠한 부분($A \cap B$) 비율입니다. 즉, $P(B)$를 1로 했을 때의 $P(A \cap B)$ 비율입니다.

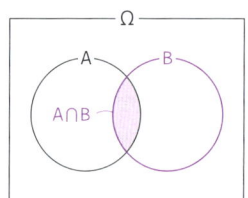

보통의 확률에서는 전체사건 Ω를 1로 하여 확률을 계산하지만, 조건부확률 $P(A|B)$에서는 B를 이른바 '전체사건'으로 보고 확률을 계산합니다.

조건부확률을 계산하는 다른 방법

①에 따라 $P(A|B)P(B) = P(A \cap B)$입니다. A, B는 대등 관계이므로 좌변을 바꿔 쓰면 $P(B|A)P(A) = P(A \cap B)$입니다. 이를 ①의 분자에 대입하면 ②를 이끌어낼 수 있습니다.

BUSINESS 출근 방법의 조건부확률 구하기

남녀 합하여 40명인 부서에서 출근 방법에 대해 설문 조사를 진행했습니다. 이 40명 중에서 추첨으로 1명을 뽑을 때를 생각해 봅시다.

	남자	여자	합계
도보	8	3	11
버스	17	12	29
합계	25	15	40

뽑힌 사람이 도보로 출근할 확률은 행 머리글의 합계 항목을 보면 $\frac{11}{40}$ 임을 알 수 있습니다. 여기서 뽑힌 사람이 남자라는 정보를 얻었다면 도보 출근일 확률은 어떻게 계산해야 할까요? 뽑힌 사람이 남자임을 알므로 열 머리글의 남자 항목을 보고 확률은 $\frac{8}{25}$ 이라고 하면 됩니다. 이는 뽑힌 사람이 남자라는 조건을 바탕으로 한 도보 출근일 확률, 즉 **조건부확률**(conditional probability)입니다.

조건부확률은 부분 사건을 전체사건으로 보고 계산하는 확률이라 할 수 있습니다. 조건을 부여함에 따라 확률을 계산할 때 분모가 작아진다는 점에 주목하세요.

뽑힌 사람이 도보 출근일 사건을 A, 남자일 사건을 B라 하면 확률은 다음과 같습니다.

$$P(A) = \frac{11}{40}, \ P(B) = \frac{25}{40}, \ P(A \cap B) = \frac{8}{40}$$

뽑힌 사람이 남자라는 조건을 바탕으로 뽑힌 사람이 도보 출근일 조건부확률은 B일 때 A일 조건부확률이므로 $P(A|B)$로 나타냅니다. Point 식을 이용하면 다음과 같습니다.

$$P(A|B) = \frac{P(A \cap B)}{P(B)} = \frac{8}{40} \Big/ \frac{25}{40} = \frac{8}{25}$$

이는 앞 표를 이용하여 구한 조건부확률과 일치합니다.

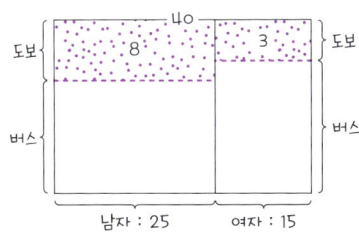

나이브 베이즈 분류

간단하므로 모르는 사람이 있다면 알려주도록 합시다.

독립으로 가정하여 단순화

나이브 베이즈 분류

확률변수 $X = (X_1, X_2, ..., X_n)$, Y에 대한 조건부확률이 $P(X_1 = x_1, X_2 = x_2, ..., X_n = x_n | Y = y)$일 때 $X_1, X_2, ..., X_n$이 독립이라 가정하고 $P(X_1 = x_1 | Y = y)P(X_2 = x_2 | Y = y)...P(X_n = x_n | Y = y)$로 계산하여 Y의 범주를 판정하는 것을 말함

조건부확률이라도 독립이라면 곱으로 나타낼 수 있음

확률변수 X_1, X_2가 독립일 때 다음 식이 성립합니다.

$$P(X_1 = x_1, X_2 = x_2) = P(X_1 = x_1)P(X_2 = x_2)$$

이는 조건부확률일 때도 마찬가지입니다. 확률변수 X_1, X_2가 Y라는 조건에서 서로 독립이라면 다음 식이 성립합니다.

$$P(X_1 = x_1, X_2 = x_2 | Y = y) = P(X_1 = x_1 | Y = y)P(X_2 = x_2 | Y = y)$$

이 개념을 **나이브 베이즈 분류**(naive Bayes classifier)라 합니다.

스팸 메일을 분류하는 간단한 방법은?

스팸 메일 때문에 고민 중인 사람이 많을 것으로 생각합니다. 스팸 메일을 차단하는 필터의 원리를 조건부확률을 이용하여 설명해 보겠습니다.

스팸 메일에 있을 듯한 단어 집합이 {광고, 당첨, 대출, ...}과 같다고 합시다. 확률변수 X_i는 메일 안에 i번째의 단어가 있을 때 1, 없을 때 0, 확률변수 Y는 스팸 메일일 때 1, 그렇지 않을 때 0이 된다고 합시다. 그럼 스팸 메일 안에 i번째 단어가 들어 있을 확률은 $P(X_i = 1 | Y = 1)$로 나타낼 수 있습니다.

여러분이 받은 메일 안에 스팸 단어 집합 i번째 단어(광고), j번째 단어(당첨), k번째 단어 (대출)가 들었습니다. 어떻게 판단할까요? 스팸 메일 안에 '광고', '당첨', '대출'이 들었을 확률 $P(X_i = 1, X_j = 1, X_k = 1|Y = 1)P(Y = 1)$과 스팸 메일 이외에 이 단어가 들었을 확률 $P(X_i = 1, X_j = 1, X_k = 1|Y = 0)P(Y = 0)$을 계산하여 전자의 확률 쪽이 높다면 스팸 메일이라 판정하고 낮다면 스팸 메일이 아니라고 판정할 것입니다.

$P(X_i = 1, X_j = 1, X_k = 1|Y = 1)$은 <u>조건부확률이므로 앞 절의 공식에 따르면 분수로 계산해야 합니다.</u> 데이터로 계산한다고 해도 (단어 수가 늘수록) 계산이 번거롭습니다. 이에 X_1, X_2, ..., X_n을 독립으로 보고 다음과 같이 계산합니다.

$$P(X_i = 1, X_j = 1, X_k = 1|Y = 1)$$
$$= P(X_i = 1|Y = 1)P(X_j = 1|Y = 1)P(X_k = 1|Y = 1)$$

$P(X_i = 1, X_j = 1, X_k = 1|Y = 1)$을 공식대로 계산하려면 무척 번거롭지만 앞의 식을 이용해 계산한다면 $P(X_i = 1|Y = 1)$은 스팸 메일에서 i번째 단어가 나올 확률만 계산하면 되므로 간단합니다. 단어 수가 많더라도 이 식의 곱은 간단히 계산할 수 있습니다.

나이브 베이즈 분류의 나이브(naive)란 '소박한', '순수한' 등의 뜻입니다. 즉, <u>원래라면 번거로운 조건부확률을 간단하게 만들어 계산하는 것입니다.</u> 단, 이 정도로 간단한 원리이다 보니 스팸 메일이 아님에도 스팸 메일로 판정해버릴 때가 있긴 합니다.

03 베이즈 정리

난이도 ★ 실용 ★★ 시험 ★★★

베이즈 통계학의 근본 원리입니다. 암기하지 말고 직접 유도할 수 있도록 합시다.

Point 조건부확률의 정의식을 확장한 식

사건 A, B에 대해 다음 식이 성립하면 이를 베이즈 정리(Bayes' theorem)라고 함

$$P(A|B) = \frac{P(B|A)P(A)}{P(B|A)P(A) + P(B|\bar{A})P(\bar{A})}$$

벤 다이어그램으로 이해하는 베이즈 정리 성립 이유

$P(B)$를 오른쪽 그림과 같이 색칠한 부분과 굵은 선 부분 2개로 나누어 계산합니다.

색칠한 부분은 01절 ①의 A와 B를 거꾸로 한 식을 이용하여 다음 식으로 나타냅니다.

$$P(A \cap B) = P(B|A)P(A)$$

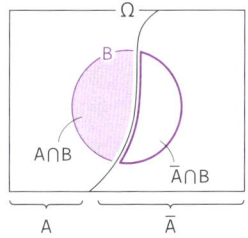

굵은 선 부분도 마찬가지로 $P(\bar{A} \cap B) = P(B|\bar{A})P(\bar{A})$이므로 $P(B)$는 다음 식과 같습니다.

$$P(B) = P(A \cap B) + P(\bar{A} \cap B)$$
$$= P(B|A)P(A) + P(B|\bar{A})P(\bar{A})$$

따라서 $P(A|B) = \dfrac{P(B|A)P(A)}{P(B)} = \dfrac{P(B|A)P(A)}{P(B|A)P(A) + P(B|\bar{A})P(\bar{A})}$ 입니다.

전체사건 Ω가 A_1, A_2, A_3으로 나누어져 있다면 앞 식을 다음 식과 같이 구체적으로 나타낼 수 있습니다.

$$P(A_2|B) = \frac{P(B|A_2)P(A_2)}{\sum_{i=1}^{3} P(B|A_i)P(A_i)}$$

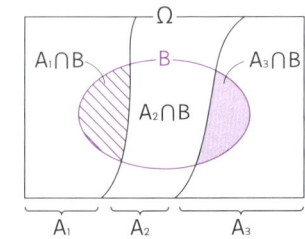

BUSINESS 검사에서 양성이 나왔을 때 마음의 준비

질병 검사에서 양성이 나왔을 때 드디어 자신이 이 병에 걸린 것인가라고 비관적으로 생각하는 사람이 많으리라 생각합니다. 잠시만 기다리세요. 다음 문제를 풀고 다시 생각해 봅시다.

> **문제** 1,000명 중 5명의 비율로 걸리는 병이 있습니다. 이 질병의 검사에서 걸린 사람을 양성으로 판정할 확률은 90%, 걸리지 않은 사람을 양성이라 판정할 확률은 8%라고 합니다. 이 검사로 양성이라 판정한 사람이 실제로 이 병에 걸렸을 확률을 구하세요.

병에 걸린 사람을 '환자', 걸리지 않은 사람을 '건강'이라 표현하도록 합시다. 문자를 이용하여 문제의 조건을 정리하면 다음 식과 같습니다.

$$P(환자) = 0.005,\ P(양성|환자) = 0.9,\ P(양성|건강) = 0.08$$

베이즈 정리로 ($A \to$ 환자, $\overline{A} \to$ 건강, $B \to$ 양성)이라 하면 다음과 같은 식이 성립합니다.

$$P(환자|양성) = \frac{P(양성|환자)P(환자)}{P(양성|환자)P(환자) + P(양성|건강)P(건강)} \leftarrow \frac{P(B|A)P(A)}{P(B|A)P(A) + P(B|\overline{A})P(\overline{A})}$$

$$= \frac{0.9 \times 0.005}{0.9 \times 0.005 + 0.08 \times (1-0.005)} = \frac{90 \times 5}{90 \times 5 + 8 \times 995} = 0.053$$

즉, 이 병의 검사에서는 양성이라 판정하더라도 실제로 병에 걸렸을 확률은 약 5%라는 것입니다. 그러므로 검사에서 양성이 나왔다고 해도 비관적이 될 필요는 없습니다.

참고로 의학에서는 $P(양성|환자)$를 민감도(sensitivity) 또는 재현율(recall), $P(음성|건강)$을 특이도(specificity), $P(환자|양성)$을 양성(긍정)예측값(positive predictive value, PPV) 또는 정밀도(precision)라 부릅니다.

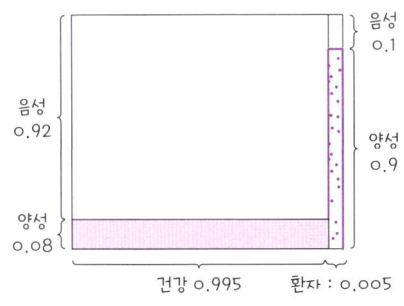
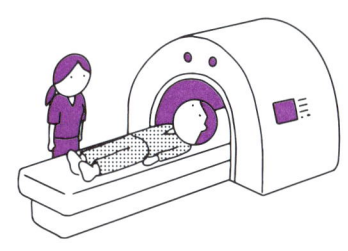

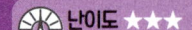

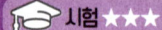

04 베이즈 갱신(이산형)

얼핏 보면 단순한 조건부확률 공식처럼 보입니다만, 베이즈 통계학의 기본으로 그 사상을 나타내는 공식입니다.

 조건부확률 공식을 다르게 읽기

조건부확률 공식

$$P(H \mid D) = \frac{P(D \mid H)P(H)}{P(D)} \quad (H: 원인, D: 데이터)$$

지레짐작으로 답한 확률도 주관적 확률

Point의 식은 조건부확률 공식으로, A를 H(원인), B를 D(데이터)로 한 것입니다. H는 가설(hypothesis)의 머리글자입니다. H를 원인으로 설명할 때도 잦으므로 H를 '확률을 정하는 원리'로 생각하면 좋습니다.

여기서 $P(H)$가 나타내는 것은 주관적 확률입니다. **주관적 확률**(subjective probability)이란 3장에서 소개한 빈도확률과는 다릅니다. **빈도확률**(frequentist probability)은 (일어난 사건의 경우의 수) ÷ (전체 경우의 수)라는 식으로 계산했습니다. 예를 들어 1묶음의 트럼프 52매 중 1매의 카드를 골랐을 때 하트가 나올 확률은 13 ÷ 52 = 0.25라고 계산할 수 있습니다. 이것이 빈도확률입니다.

이와는 달리 주관적 확률은 주관적으로 생각하는 확률, 다른 말로 하면 그렇게 되리라 생각한 확률, 마음대로 예상한 확률입니다. 트럼프를 예로 들어 설명해 보겠습니다.

3묶음의 트럼프 카드(52 × 3 = 156매, 조커 제외)를 실수로 모두 섞어 버렸습니다. 일단은 카드를 정렬하지 않고 52매씩을 상자에 넣었습니다. 이 중 한 상자에 대해 생각해 봅시다. 이 상자에서 1매를 꺼냈을 때 하트를 꺼낼 확률은 얼마일까요? 상자 안의 카드 상태를 모르므로 정할 수 없을 겁니다. 그러나 하트를 뽑을 확률이 15/52라고 마음대로 정하는 것이 주관적 확률입니다. 확률값은 굳이 15/52가 아닌 18/52이든 1/2(나옴 혹은 나오지 않음)이든 상관없습니다. 0부터 1 사이의 값이라면 어떤 값이든 좋습니다.

한 상자의 카드 모두를 조사하지 않으면 하트가 나올 확률은 알 수 없다고 생각하는 것이 빈도확률을 한계 짓는 사고방식입니다. 주관적 확률에서는 자유롭게 확률값을 정할 수 있습니다.

주관적 확률은 같은 사건의 확률이 사람에 따라 다른 값이라도 상관없습니다. A씨는 하트를 꺼낼 확률을 12/52라는 주관적 확률로 설정했습니다. B씨는 하트를 꺼낼 확률을 0.8이라 설정했습니다. 이렇게 하더라도 전혀 상관없습니다. 단, 이 상황에서 하트를 꺼낼 확률로 0.75보다 큰 값을 주관적 확률로 설정하는 것은 너무 센스가 없는 사람입니다. 생각은 자유이지만 조금만 생각해 보면 말이 안 된다는 것을 알 수 있으니까요.

그럼 이런 주관적 확률이 도대체 어디에 도움이 되는지 궁금한 사람도 많을 겁니다. 그야말로 지레짐작인 확률이니까요. 주관적 확률은 그대로만으로는 도움이 되지 않습니다. 이 주관적 확률과 데이터 정보를 함께 섞어야만 비로소 도움이 됩니다. 이를 위한 방법이 베이즈 갱신(Bayesian updating)이라 부르는 계산입니다.

Point에서 소개하는 계산식의 $P(H)$는 처음으로 모델에 할당한 주관적 확률로, 사전확률(prior probability)이라 합니다. 이와는 달리 $P(H|D)$는 D(데이터) 정보를 반영한 다음의 확률이므로 사후확률(posterior probability)이라 합니다.

BUSINESS 신입 호텔 직원은 베이즈 갱신으로 실수를 만회할 수 있을까?

> **문제** 신입 호텔 직원인 K씨는 프런트 담당입니다. 4인 단체 고객에 대해 남녀구성을 숙박표에 기록하지 않고 방을 안내했습니다. 이에 방을 방문하여 노크했더니 안에서 남자의 목소리가 들려왔습니다.
> 4명이 남녀 혼합 그룹임은 확실하다고 하겠습니다. 즉, '남자 1, 여자 3'이나 '남자 2, 여자 2'이나 '남자 3, 여자 1' 중 한 가지입니다. 이때 베이즈 갱신을 이용하여 각각의 남녀 구성 확률을 구하세요.

방 안의 남녀 구성(확률을 정하는 원리)은 다음 H_1, H_2, H_3 세 가지입니다.

H_1: 남자 1, 여자 3 H_2: 남자 2, 여자 2 H_3: 남자 3, 여자 1

여기서 H_1, H_2, H_3의 확률분포를 설정합니다. 특별한 정보가 없으므로 일단 다음 식처럼 두겠습니다.

$$P(H_1) = \frac{1}{3} \quad P(H_2) = \frac{1}{3} \quad P(H_3) = \frac{1}{3}$$

이를 **이유불충분의 원리**(principle of insufficient reason, **무관심의 원리**)라 합니다. 이것이 남녀 구성에 관한 **사전확률분포(사전분포)** 입니다.

K씨가 '남자 3명일 가능성은 작겠지?'라고 생각한다면 H_3을 1/3보다 낮게 설정해도 상관없습니다. 이처럼 사전에 주관을 섞어 확률을 정한다는 점이 베이즈 통계학의 참모습으로, 여기서는 객관적으로 생각해 이유불충분의 원리에 따라 H_1, H_2, H_3을 같은 확률로 두겠습니다. 그럼 '대답했던 사람이 남자'라는 조건(D=데이터)으로 조건부확률 $P(H_1|D)$, $P(H_2|D)$, $P(H_3|D)$를 구하는 것은 남녀 구성에 관한 사후확률분포(사후분포)입니다.

대답했던 사람이 남자일 확률인 $P(D)$는 다음 식과 같이 계산할 수 있습니다.

$$P(D) = P(D|H_1)P(H_1) + P(D|H_2)P(H_2) + P(D|H_3)P(H_3)$$
$$= \frac{1}{4} \times \frac{1}{3} + \frac{2}{4} \times \frac{1}{3} + \frac{3}{4} \times \frac{1}{3} = \frac{1}{2}$$

이를 이용하면 조건부확률 $P(H_1|D)$, $P(H_2|D)$, $P(H_3|D)$는 다음 식과 같습니다.

$$P(H_1|D) = \frac{P(D|H_1)P(H_1)}{P(D)} = \left(\frac{1}{4} \times \frac{1}{3}\right) \Big/ \frac{1}{2} = \frac{1}{6}$$

$$P(H_2 \mid D) = \frac{P(D \mid H_2)P(H_2)}{P(D)} = \left(\frac{2}{4} \times \frac{1}{3}\right) \bigg/ \frac{1}{2} = \frac{2}{6}$$

$$P(H_3 \mid D) = \frac{P(D \mid H_3)P(H_3)}{P(D)} = \left(\frac{3}{4} \times \frac{1}{3}\right) \bigg/ \frac{1}{2} = \frac{3}{6}$$

즉, H_1, H_2, H_3에 할당한 확률 $\frac{1}{3}$, $\frac{1}{3}$, $\frac{1}{3}$(사전분포)이 D(대답했던 사람이 남자)라는 정보에 따라 $\frac{1}{6}$, $\frac{2}{6}$, $\frac{3}{6}$(사후분포)로 갱신되었다는 것입니다.

잠시 후 한 번 더 노크를 했더니 이번에는 여자 목소리가 들렸습니다. 계속해서 베이즈 갱신을 해봅시다. 이번에는 문제의 결과를 이용하여 사전분포를 다음 식과 같이 두겠습니다.

$$P(H_1) = \frac{1}{6} \qquad P(H_2) = \frac{2}{6} \qquad P(H_3) = \frac{3}{6}$$

이번 D는 '대답했던 사람이 여자'라는 조건을 나타낸다고 합시다. 그럼 확률 $P(D)$는 다음 식과 같이 계산할 수 있습니다.

$$P(D) = P(D \mid H_1)P(H_1) + P(D \mid H_2)P(H_2) + P(D \mid H_3)P(H_3)$$
$$= \frac{3}{4} \times \frac{1}{6} + \frac{2}{4} \times \frac{2}{6} + \frac{1}{4} \times \frac{3}{6} = \frac{10}{24}$$

그럼 조건부확률 $P(H_1|D)$, $P(H_2|D)$, $P(H_3|D)$는 다음 식과 같습니다.

$$P(H_1 \mid D) = \frac{P(D \mid H_1)P(H_1)}{P(D)} = \left(\frac{3}{4} \times \frac{1}{6}\right) \bigg/ \frac{10}{24} = \frac{3}{10}$$

$$P(H_2 \mid D) = \frac{P(D \mid H_2)P(H_2)}{P(D)} = \left(\frac{2}{4} \times \frac{2}{6}\right) \bigg/ \frac{10}{24} = \frac{4}{10}$$

$$P(H_3 \mid D) = \frac{P(D \mid H_3)P(H_3)}{P(D)} = \left(\frac{1}{4} \times \frac{3}{6}\right) \bigg/ \frac{10}{24} = \frac{3}{10}$$

이번에는 H_1, H_2, H_3에 할당한 확률이 $\frac{1}{6}$, $\frac{2}{6}$, $\frac{3}{6}$(사전분포)에서 $\frac{3}{10}$, $\frac{4}{10}$, $\frac{3}{10}$(사후분포)으로 갱신되었습니다.

지금까지 '1번째 남자, 2번째 여자'로 베이즈 갱신을 했습니다만, '1번째 여자, 2번째 남자'일 때도 사후분포는 마찬가지 결과입니다. 일반적으로 대답한 성별 순서와 관계없이 (사람 수만으로) 사후분포가 정해진다는 것을 증명할 수 있습니다.

05 몬티 홀 문제

조건부확률 응용의 하나로 매우 잘 알려진 이야기입니다. 결론뿐만 아니라 과정도 잘 이해하도록 합시다.

> **Point 사회자가 상자를 어떻게 여는지가 기준이 됨**
>
> X, Y, Z 3개의 상자(안은 보이지 않음) 중 1개에 상품이 들었고, 무대에 오른 사람은 3개의 상자 중 1개를 선택하고 안에 상품이 있다면 받을 수 있음. 여러분이 무대에 올라 X 상자를 고른 후 어떤 상자에 상품이 있는지를 아는 사회자는 여러분이 고른 상자 이외의 1개를 엶. 예를 들어 Z를 열었는데 상자는 비어 있음
>
>
>
> 이때 여러분에게 선택할 상자를 바꿀 선택권, 즉 처음에 고른 X 그대로 유지해도 되고 열지 않은 Y를 골라도 좋은 상황이 주어졌을 때 상품을 얻을 확률을 올리려면 여러분은 어떻게 해야 할까?

몬티 홀 문제에서 자주 등장하는 해법

상품이 든 것은 X 또는 Y 중 하나이므로 상품이 당첨될 확률이 둘 다 1/2이라 생각하는 것은 누구라도 하고 마는 잘못입니다.

'사회자는 여러분이 고른 상자 이외에 상품이 들어 있지 않은 상자(여기서는 Y, Z) 중 하나를 반드시 연다(상품이 들어 있지 않은 상자가 하나밖에 없다면 그것을 연다)'라는 가정을 이용하여 풀어 봅시다. 상품이 들어 있지 않은 상자를 정답이라고 합시다. 사회자가 Z를 열 사건은 다음의 배반사건 A, B의 합사건입니다.

A: X가 정답이고 Z를 연다. $P(A) = \dfrac{1}{3} \times \dfrac{1}{2} = \dfrac{1}{6}$

B: Y가 정답이고 Z를 연다. $P(B) = \dfrac{1}{3} \times 1 = \dfrac{1}{3}$

따라서 Z를 열었다는 조건을 이용하여 Y, X가 정답일 조건부확률은 다음과 같습니다.

$$P(Y = 정답 | Z = 열기) = \frac{P(Y = 정답, Z = 열기)}{P(Z = 열기)} = \frac{P(B)}{P(A \cup B)} = \frac{\frac{1}{3}}{\frac{1}{6} + \frac{1}{3}} = \frac{2}{3}$$

$$P(X = 정답 | Z = 열기) = 1 - P(Y = 정답 | Z = 열기) = \frac{1}{3}$$

이때 $P(Y = 정답 | Z = 열기) > P(X = 정답 | Z = 열기)$이므로 선택을 바꿔 Y를 고르는 쪽이 확률이 높아집니다.

실제로는 이 해법이 올바르지 않을 수도 있음

'사회자가 여러분이 고른 상자(X) 이외의 하나(Y 또는 Z)를 무작위로 골라 연다'라는 가정을 이용하여 풀어 봅시다. 이때 사회자가 상품이 든 상자를 열 수도 있습니다. 연출자의 관점에서는 어이가 없을 수도 있겠지만요.

사회자가 Z를 열었더니 상품이 없을 사건은 다음 배반사건 A, B의 합사건입니다.

A: X가 정답이고 Z를 연다. $P(A) = \frac{1}{3} \times \frac{1}{2} = \frac{1}{6}$

B: Y가 정답이고 Z를 연다. $P(B) = \frac{1}{3} \times \frac{1}{2} = \frac{1}{6}$

따라서 Z를 열었다는 조건을 이용하여 Y가 정답일 조건부확률은 다음 식과 같으므로 선택한 상자를 그대로 유지하든 바꾸든 당첨 확률은 똑같습니다.

$$P(Y = 정답 | Z = 열기) = \frac{P(Y = 정답, Z = 열기)}{P(Z = 열기)} = \frac{P(B)}{P(A \cup B)} = \frac{\frac{1}{6}}{\frac{1}{6} + \frac{1}{6}} = \frac{1}{2}$$

즉, 몬티 홀 문제(Monty Hall problem)는 사회자가 열 상자를 어떻게 고르는지에 따라 답이 달라집니다. 사회자가 상자를 어떤 기준으로 여는지 모른다면 Y 상자에 상품이 있을 확률은 계산할 수 없습니다. 유명한 문제입니다만, 실은 민감한 문제입니다.

 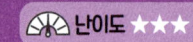  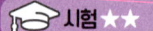

베이즈 갱신(연속형)

베이즈 추론의 근간이 되는 공식입니다. 문제를 통해 확실하게 개념을 잡도록 합시다.

 데이터를 반영하여 분포를 갱신

$$\pi(\theta|D) \propto f(D|\theta)\pi(\theta)$$

∝는 '비례하다'라는 기호

사후분포   가능도   사전분포
(posterior distribution)   (prior distribution)

이산형의 조건부확률 공식으로 연속형을 구함

04절의 베이즈 갱신 식에서 H(원인, 확률을 정하는 원리)를 확률 모델의 모수(파라미터) θ로 바꾸고 P 중 모수 θ의 확률분포를 π로, 사건 D가 일어날 확률을 f로 바꾸면 다음의 가운데 식이 됩니다. 데이터를 얻은 다음에는 $f(D)$가 일정하므로 오른쪽의 비례식이 됩니다.

$$P(H|D) = \frac{P(D|H)P(H)}{P(D)} \rightarrow \pi(\theta|D) = \frac{f(D|\theta)\pi(\theta)}{f(D)} \rightarrow \pi(\theta|D) \propto f(D|\theta)\pi(\theta)$$

04절에서는 사건 D가 일어났다는 것을 이용해 확률을 정하는 원리 $H_1, H_2, \dots, H_n$의 확률분포(사전분포) $P(H_1), \dots, P(H_n)$을 갱신하고 이를 사후분포 $P(H_1|D), \dots, P(H_n|D)$로 했습니다.

한편 이 절의 베이즈 갱신(모수의 확률분포)에서도 사건 D가 일어났다는 것을 이용하여 확률을 정하는 원리 θ에 대한 확률분포(사전확률)를 갱신하고 이를 사후분포 $\pi(\theta|D)$로 합니다.

이 갱신에는 θ를 정하는 모델에서 D가 일어날 확률 $f(D|\theta)$를 이용합니다. $f(D|\theta)$를 가능도(likelihood)라 합니다.

BUSINESS 베이즈 갱신으로 자기 인식을 새롭게 하여 성장하는 신입 영업사원

> **문제** 신입 영업사원인 A씨는 계약 성공 확률 θ에 대한 확률밀도함수가 $\pi(\theta) = 2\theta$ ($0 \leq \theta \leq 1$)라고 생각했습니다. 2번의 영업 활동 중 1번째 성공, 2번째는 실패였습니다. θ의 사후분포를 구하세요.

확률 모델은 베르누이 분포 $Be(\theta)$이고 모수 θ의 사전분포는 $\pi(\theta) = 2\theta$ ($0 \leq \theta \leq 1$)입니다.

D를 '1번째 성공, 2번째 실패할 사건'이라 하면 가능도는 $f(D|\theta) = \theta(1-\theta)$입니다. θ의 사후분포 $f(\theta|D)$는 Point의 공식을 이용하여 다음 식과 같이 나타낼 수 있습니다.

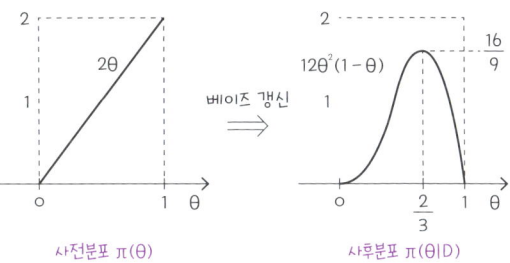

사전분포 $\pi(\theta)$ / 사후분포 $\pi(\theta|D)$

$$\pi(\theta|D) \propto f(D|\theta)\pi(\theta) = \theta(1-\theta) \cdot 2\theta = 2\theta^2(1-\theta) \ (0 \leq \theta \leq 1)$$

이때 앞 식은 $\theta^2(1-\theta)$에 비례하므로 $\pi(\theta|D) = k\theta^2(1-\theta)$ (k는 상수)라고 둡니다. 우변은 확률밀도함수이므로 다음 계산 결과가 1이어야 합니다. 즉, $k = 12$입니다.

$$\int_0^1 k\theta^2(1-\theta)d\theta = \left[k\left(\frac{1}{3}\theta^3 - \frac{1}{4}\theta^4\right)\right]_0^1 = k\left(\frac{1}{3} - \frac{1}{4}\right) = \frac{k}{12}$$

D를 반영하여 사전분포 $\pi(\theta) = 2\theta$ ($0 \leq \theta \leq 1$)를 사후분포 $\pi(\theta|D) = 12\theta^2(1-\theta)$ ($0 \leq \theta \leq 1$)로 갱신합니다.

사후분포의 확률밀도를 최대로 만드는 θ를 구해 보겠습니다. 사후분포를 θ로 미분하면 $\frac{d}{d\theta}\pi(\theta|D) = 12\theta(2-3\theta)$가 됩니다. 즉, $\theta = \frac{2}{3}$일 때 $\pi(\theta|D)$의 값은 최대가 됩니다. $\theta = \frac{2}{3}$를 추정값으로 얻는 것을 **최대사후확률**(maximum a posteriori, MAP) **추정**이라 합니다. 사전분포를 상수로 얻으면 최대사후확률 추정값은 최대가능도의 추정값과 일치합니다. 그러므로 최대사후확률 추정은 이른바 '사전분포 재정규화(renormalization) 가능도 추정'이라 할 수 있습니다.

07 켤레사전분포

통계 검정 시험을 준비하는 사람은 확률모델분포와 켤레사전분포의 대응을 기억해 둡시다.

> **Point 1.**
> **식으로 계산할 수 있는 사후분포**
>
> **켤레사전분포**
> 주어진 가능도에 대해 사전분포와 사후분포가 같은 분포족에 속하는 사전분포. 자연켤레사전분포(natural conjugate prior distribution)를 줄여 일컫는 말

BUSINESS 켤레사전분포로 베이즈 갱신하여 목표를 정하는 중견 영업사원

주어진 가능도에 대해 사전분포를 잘 선택하면 베이즈 갱신을 간단하게 식으로 표현할 수가 있습니다. 여기서는 확률 모델이 베르누이 분포일 때의 켤레사전분포(conjugate prior distribution)를 소개합니다. 켤레사전분포는 베타 분포가 됩니다.

> **참고: 베타 분포 $Beta(\alpha, \beta)$**
>
> 확률밀도함수는 $f(x) = \dfrac{x^{\alpha-1}(1-x)^{\beta-1}}{B(\alpha, \beta)}$ (α, β는 양수, $B(\alpha, \beta)$는 베타 함수)

 문제 중견 영업사원 P씨는 계약 성공 확률 θ가 베타 분포 $Beta(2, 5)$를 따른다고 생각했습니다. 7번의 계약 상담에서 3번 연속 성공하고 다음 4번째는 실패했습니다. 성공 확률 θ의 분포를 어떻게 수정하면 될까요?

3번 성공한 다음 4번째 실패할 사건을 D라 하면 확률 $P(D|\theta)$는 $\theta^3(1-\theta)^4$입니다. 즉, 가능도는 $f(D|\theta) = \theta^3(1-\theta)^4$이 됩니다.

한편, θ의 사전분포 $\pi(\theta)$는 베타 분포 $Beta(2, 5)$를 따르므로 다음 식과 같습니다.

$$\pi(\theta) = c\theta^{2-1}(1-\theta)^{5-1} \qquad c = \dfrac{1}{B(2, 5)}$$

이를 베이즈 갱신 공식에 대입하면 다음과 같은 결과를 계산할 수 있습니다.

$$\pi(\theta|D) \propto f(D|\theta)\pi(\theta) = \theta^3(1-\theta)^4 \times c\theta^{2-1}(1-\theta)^{5-1}$$
$$= c\theta^{3+2-1}(1-\theta)^{4+5-1}$$

따라서 $\pi(\theta|D) = d\theta^{3+2-1}(1-\theta)^{4+5-1}$으로 둘 수 있습니다.

앞 식이 확률밀도함수가 되도록((0, 1)에서 적분하여 1이 되도록) 전확률 조건 d를 정합니다. 식의 형태로부터 베타 분포 Beta(3 + 2, 4 + 5)가 된다는 것을 알므로 $d = \dfrac{1}{B(5, 9)}$이 됩니다. θ의 분포를 Beta(5, 9)로 바꾸는 것이 좋다는 것을 알 수 있습니다.

이 문제에서 d를 간단히 구할 수 있었던 것은 확률 모델인 베르누이 분포에 대해 **사전분포를 베타 분포로 설정**했기 때문입니다. 식의 형태가 닮았으므로 사후분포를 간단하게 구할 수 있었습니다. 켤레사전분포를 정하면 베이즈 갱신을 반복하더라도 분포의 모수만 바꾸면 되므로 편리합니다.

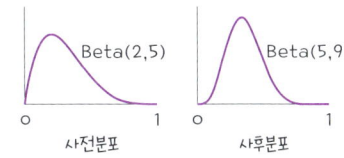

확률 모델의 형태와 켤레사전분포를 표로 정리

확률 모델의 확률분포를 정하면 가능도의 형태가 정해집니다. 이에 대해 켤레사전분포를 선택했을 때 사후분포가 어떻게 갱신될 것인가를 정리한 것이 다음 표입니다. 더불어 임의의 확률분포에 대해 항상 켤레사전분포가 있다고는 할 수 없습니다.

확률 모델	가능도	사전분포	사후분포
Beta(θ)	$\theta^a(1-\theta)^{n-a}$	Beta(α, β)	Beta($\alpha + a, \beta + n - a$)
Po(θ)	$\prod_{i=1}^{n} \dfrac{e^{-\theta}\theta^{x_i}}{x_i!}$	Ga(α, λ)	Ga$\left(\alpha + \prod_{i=1}^{n} x_i,\ \lambda + n\right)$
$N(\mu, \sigma^2)$ σ^2은 미지수	$\prod_{i=1}^{n} \dfrac{1}{\sqrt{2\pi}\sigma} e^{-\frac{(x_i-\mu)^2}{2\sigma^2}}$	μ에 대해 $N(\mu_0, \sigma_0^2)$	$N\left(\dfrac{\dfrac{\mu_0}{\sigma_0^2} + \dfrac{n\bar{x}}{\sigma^2}}{\dfrac{1}{\sigma_0^2} + \dfrac{n}{\sigma^2}},\ \dfrac{1}{\dfrac{1}{\sigma_0^2} + \dfrac{n}{\sigma^2}}\right)$

※ Ga는 감마 분포

08 쿨백-라이블러 발산

다음 절의 아카이케 정보기준 전에 알아 두어야 할 개념입니다.

>
> **실제 모델과 어느 정도 벗어났는지를 알 수 있음**
>
> **이산형**
>
> 전체사건 Ω를 배반이 되도록 분할한 사건 $A_i(i = 1, ..., n)$의 확률이 $P(A_i) = p_i$라고 하면, $P(A_i) = q_i$라고 예상했을 때 상대 엔트로피 $D(\boldsymbol{p}, \boldsymbol{q})$는 다음 식과 같음
>
> $$D(\boldsymbol{p}, \boldsymbol{q}) = \sum_{i=1}^{n} p_i \log \frac{p_i}{q_i}$$
>
> 이때 앞 식을 $\boldsymbol{q} = (q_1, ..., q_n)$에 대한 $\boldsymbol{p} = (p_1, ..., p_n)$의 **쿨백-라이블러 발산 (Kullback-Leibler divergence, KLD)** 이라고 함
>
> 임의의 $\boldsymbol{p}, \boldsymbol{q}$에 대해 $D(\boldsymbol{p}, \boldsymbol{q}) \geqq 0$이 성립하며, $D(\boldsymbol{p}, \boldsymbol{q}) = 0$일 때는 $\boldsymbol{p} = \boldsymbol{q}$가 됨
>
> **연속형**
>
> 확률변수 X의 확률밀도함수를 $f(x)$라고 하면, X의 확률밀도함수를 $g(x)$라고 예상했을 때 상대 엔트로피 $D(f, g)$는 다음 식과 같음
>
> $$D(f, g) = \int f(x) \log \frac{f(x)}{g(x)} dx$$
>
> 이때 앞 식을 $g(x)$에 대한 $f(x)$의 쿨백-라이블러 발산이라고 함
>
> 임의의 $f(x), g(x)$에 대해 $D(f, g) \geqq 0$이 성립하며, $D(f, g) = 0$일 때는 $f(x) = g(x)$가 됨

엔트로피와의 관련성

Point의 설정에서 $\boldsymbol{p}$에 대한 $H(\boldsymbol{p})$를 $H(\boldsymbol{p}) = -\sum_{i=1}^{n} p_i \log p_i$로 정했을 때 $H(\boldsymbol{p})$를 $\boldsymbol{p}$의 **엔트로피** 또는 **정보량**이라 하며 불확실성의 척도를 나타냅니다. $\boldsymbol{p}_1 = \left(\frac{1}{2}, \frac{1}{2}\right)$, $\boldsymbol{p}_2 = \left(\frac{1}{4}, \frac{1}{4}, \frac{1}{4}, \frac{1}{4}\right)$로 두면 $H(\boldsymbol{p}_1) < H(\boldsymbol{p}_2)$입니다. 즉, **1을 잘게 나눌수록 불확실성은 늘어납니다.** 원래 엔트로피는 분자의 난잡함을 나타내는 통계역학 용어입니다만, 이를 정보이론에 채용한 것입니다.

$$D(\boldsymbol{p},\ \boldsymbol{q}) = \sum_{i=1}^{n} p_i \log \frac{p_i}{q_i} = -\sum_{i=1}^{n} p_i \log q_i - \left(-\sum_{i=1}^{n} p_i \log p_i\right)$$

그러므로 $D(\boldsymbol{p}, \boldsymbol{q})$를 상대 엔트로피라 부릅니다.

쿨백-라이블러 발산의 과제

$\boldsymbol{p}$, $f(x)$를 실제 모델, $\boldsymbol{q}$, $g(x)$를 예상 모델이라 했을 때 쿨백-라이블러 발산 $D(\boldsymbol{p}, \boldsymbol{q})$, $D(f, g)$는 $\boldsymbol{q}$, $g(x)$가 얼마나 실제 모델과 가까운가를 나타냅니다. 그러나 현장에서는 실제 모델을 알 수 있을 때가 드물기 때문에 과제가 남습니다. 이 과제를 극복하는 것이 09절에서 소개할 아카이케 정보기준입니다.

BUSINESS 쿨백-라이블러 발산으로 예상 모델을 선택

실제 확률분포 $\boldsymbol{p}$에 대해 확률분포의 예상 모델이 $\boldsymbol{q}_A$, $\boldsymbol{q}_B$ 두 가지가 있다고 합시다. $D(\boldsymbol{p}, \boldsymbol{q}_A) > D(\boldsymbol{p}, \boldsymbol{q}_B)$라면 예상 모델 $\boldsymbol{q}_B$ 쪽이 $\boldsymbol{p}$에 가깝다고 할 수 있습니다. 이처럼 쿨백-라이블러 발산은 예상 모델의 우열을 판정하는 데 사용할 수 있는 정보의 하나입니다.

> **문제** 프로젝트 X의 실제 성공 확률은 0.6이라 합니다. A씨는 이 확률을 0.7로 예상하고 B씨는 이 확률을 0.5로 예상했습니다. 누구의 예상이 실제 확률에 가까운 모델인지를 쿨백-라이블러 발산으로 계산하여 판정하세요.

성공할 사건을 L_1, 실패할 사건을 L_2라 하면 L_1, L_2에 관한 실제 확률분포는 $\boldsymbol{p} = (p_1, p_2)$ = (0.6, 0.4)가 됩니다. 이를 A씨는 $\boldsymbol{q}_A = (q_{A1}, q_{A2}) = (0.7, 0.3)$, B씨는 $\boldsymbol{q}_B = (q_{B1}, q_{B2}) = (0.5, 0.5)$라고 예상했습니다. 따라서 쿨백-라이블러 발산 $D(\boldsymbol{p}, \boldsymbol{q}_A)$와 $D(\boldsymbol{p}, \boldsymbol{q}_B)$는 다음과 같습니다.

$$D(\boldsymbol{p},\ \boldsymbol{q}_A) = \sum_{i=1}^{2} p_i \log \frac{p_i}{q_{Ai}} = p_1 \log \frac{p_1}{q_{A1}} + p_2 \log \frac{p_2}{q_{A2}} = 0.6 \log \frac{0.6}{0.7} + 0.4 \log \frac{0.4}{0.3} = 0.0226$$

$$D(\boldsymbol{p},\ \boldsymbol{q}_B) = \sum_{i=1}^{2} p_i \log \frac{p_i}{q_{Bi}} = p_1 \log \frac{p_1}{q_{B1}} + p_2 \log \frac{p_2}{q_{B2}} = 0.6 \log \frac{0.6}{0.5} + 0.4 \log \frac{0.4}{0.5} = 0.0201$$

↑ 자연로그로 계산

그러므로 B씨 쪽의 예상이 모델에 가깝습니다.

09 아카이케 정보기준

난이도 ★★★   실용 ★★★★★   시험 ★

현장에서 자주 사용합니다. 의미까지 알아두면 좋습니다.

> **Point**
>
> **가장 좋은 확률 모델을 선택할 때의 기준 중 하나**
>
> **아카이케 정보기준**
>
> 모수 $\theta = (\theta_1, ..., \theta_k)$를 이용해 정한 확률함수 $f(x \mid \theta)$를 따르는 확률변수 X의 실현값이 $x_1, x_2, ..., x_n$일 때 아카이케 정보기준은 다음 평가 지표가 성립함
>
> $$-2\sum_{i=1}^{n} \log f(x_i \mid \hat{\theta}) + 2k \quad \text{(로그의 밑은 } e\text{)}$$
>
> $-2 \times$ (로그 가능도의 최댓값) $+ 2 \times$ (자유로운 모수의 개수)
>
> 여기서 $\hat{\theta}$은 θ의 최대가능도 추정량임

좋은 모델을 발견하는 데 도움이 되는 아카이케 정보기준

임의의 $n + 1$개 점(x 좌표는 다름)을 xy 평면 위에 그릴 때 이 점을 지나는 n차 다항식 함수가 반드시 있습니다(계수를 정하는 연립 1차 방정식을 풀면 됨). 이러한 다항식의 차수(모수)가 커지면 정확하게 표현하는 다항식(모델)을 얻을 수 있습니다.

그런데 좋은 확률 모델이란 무엇일까요? 다항식 함수의 예처럼 모수(파라미터)의 개수가 많아지면 이미 얻은 데이터는 얼마든지 정확하게 나타낼 수 있습니다. 그러나 이렇게 얻은 모델은 새 데이터에는 대응하지 못하고 예상에는 사용할 수 없게 됩니다(과적합). 이때 적절한 모델을 발견할 때 도움이 되는 지표가 아카이케 정보기준(Akaike information criterion, AIC)입니다. 로그 가능도가 클 때와 모수의 개수가 적을 때 아카이케 정보기준은 작아집니다. 즉, 아카이케 정보기준이 작은 쪽이 좋은 모델입니다.

💻 BUSINESS 모수가 많다고 반드시 좋은 모델은 아님

정사면체 주사위(눈이 1부터 4)를 60번 던졌을 때 결과가 다음과 같다고 합시다.

눈	1	2	3	4
횟수	10	18	13	19

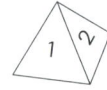

j라는 눈이 나올 확률을 모수(파라미터) θ_j라 하여 $\boldsymbol{\theta} = (\theta_1, \theta_2, \theta_3, \theta_4)$로 둡니다. i번째 나온 주사위 눈을 확률변수 X_i로 두면 확률질량함수는 $x_i = j$일 때 $f(x_i|\boldsymbol{\theta}) = \theta_j$입니다. j라는 눈이 나올 횟수의 실현값을 n_j, $n = n_1 + n_2 + n_3 + n_4$라면 평가 지표는 $\sum_{i=1}^{n} \log f(x_i \mid \boldsymbol{\theta}) = n_1 \log \theta_1 + n_2 \log \theta_2 + n_3 \log \theta_3 + n_4 \log \theta_4$입니다.

여기서 2개의 모델 M1, M2를 가정해 봅시다.

M1 $\theta_1 = \theta_3 = \theta$, $\theta_2 = \theta_4 = \dfrac{1}{2} - \theta$ (모수 1개)

M2 $\theta_1, \theta_2, \theta_3$을 자유롭게 움직임. $\theta_4 = 1 - \theta_1 - \theta_2 - \theta_3$ (모수 3개)

모델 2개에 대해 앞의 실현값 n_j를 적용한 아카이케 정보기준을 계산하겠습니다.

M1일 때 $L(\boldsymbol{\theta}) = \prod_{i=1}^{n} f(x_i \mid \boldsymbol{\theta}) = \theta_1^{n_1} \theta_2^{n_2} \theta_3^{n_3} \theta_4^{n_4} = \theta^{n_1+n_3} \left(\dfrac{1}{2} - \theta\right)^{n_2+n_4}$ 이고

$\dfrac{dL}{d\theta} = \theta^{n_1+n_3-1} \left(\dfrac{1}{2} - \theta\right)^{n_2+n_4-1} \left\{-n\theta + \dfrac{1}{2}(n_1 + n_3)\right\}$ 이 되므로

θ_1, θ_3의 최대가능도 추정량은 $\hat{\theta}_1 = \hat{\theta}_3 = \dfrac{1}{2} \times \dfrac{n_1 + n_3}{n} = \dfrac{1}{2} \times \dfrac{10+13}{60} = \dfrac{23}{120}$

θ_2, θ_4의 최대가능도 추정량은 $\hat{\theta}_2 = \hat{\theta}_4 = \dfrac{1}{2} - \dfrac{23}{120} = \dfrac{37}{120}$

$\text{AIC(M1)} = -2 \sum_{i=1}^{n} \log f(x_i \mid \hat{\boldsymbol{\theta}}) + 2 \times (\text{모수의 개수})$

$= -2 \left(10 \log \dfrac{23}{120} + 18 \log \dfrac{37}{120} + 13 \log \dfrac{23}{120} + 19 \log \dfrac{37}{120}\right) + 2 \times 1 = 165.1$

M2일 때 $L(\boldsymbol{\theta}) = \prod_{i=1}^{n} f(x_i \mid \boldsymbol{\theta}) = \theta_1^{n_1} \theta_2^{n_2} \theta_3^{n_3} \theta_4^{n_4} = \theta_1^{n_1} \theta_2^{n_2} \theta_3^{n_3} (1 - \theta_1 - \theta_2 - \theta_3)^{n_4}$ 이고

$\dfrac{\partial L}{\partial \theta_1} = 0$, $\dfrac{\partial L}{\partial \theta_2} = 0$, $\dfrac{\partial L}{\partial \theta_3} = 0$에 따라 $\theta_1, \theta_2, \theta_3$의 최대가능도 추정량은

$\hat{\theta}_1 = \dfrac{10}{60}$, $\hat{\theta}_2 = \dfrac{18}{60}$, $\hat{\theta}_3 = \dfrac{13}{60}$, $\left(\hat{\theta}_4 = 1 - \hat{\theta}_1 - \hat{\theta}_2 - \hat{\theta}_3 = \dfrac{19}{60}\right)$

$\text{AIC(M2)} = -2 \sum_{i=1}^{n} \log f(x_i \mid \hat{\boldsymbol{\theta}}) + 2 \times (\text{모수의 개수})$

$= -2 \left(10 \log \dfrac{10}{60} + 18 \log \dfrac{18}{60} + 13 \log \dfrac{13}{60} + 19 \log \dfrac{19}{60}\right) + 2 \times 3 = 168.6$

아카이케 정보기준의 값이 작을수록 좋은 모델이므로 M1, M2의 순서로 좋은 모델입니다. 모수의 개수를 늘렸다고 해서 반드시 좋은 모델이란 법은 없습니다.

몬테카를로 적분

마르코프 연쇄 몬테카를로(Markov chain Monte Carlo, MCMC) 방법의 뒷부분인 몬테카를로에 관한 기법입니다.

> **Point**
>
> ### $g(\theta_i)$의 단순평균으로도 $g(\theta)$의 기댓값을 계산할 수 있음
>
> θ의 확률밀도함수를 $p(\theta)$라 할 때 θ의 표본 $\{\theta_1, \theta_2, ..., \theta_N\}$과 θ의 함수 $g(\theta)$에 대해 다음 식과 같이 r을 정의함
>
> $$r = \frac{1}{N} \sum_{i=1}^{n} g(\theta_i)$$
>
> 이때 앞 식을 **몬테카를로 적분(Monte Carlo integration)**이라고 함. 표본 크기 N이 커지면 r은 다음 식에 근사함
>
> $$E[g(\theta)] = \int_{-\infty}^{\infty} g(\theta) p(\theta) d\theta$$

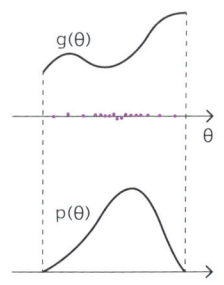

몬테카를로 방법으로 넓이 구하기

좌표평면 위에 오른쪽 그림과 같이 영역 R(둘러싼 부분)을 설정합니다. 이때 R의 넓이 S를 **몬테카를로 방법(Monte Carlo method)**으로 구해 봅시다.

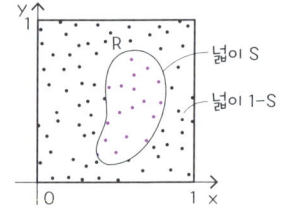

0부터 1까지의 난수를 2번(x와 y라 함) 만들고 $0 \leq x \leq 1$, $0 \leq y \leq 1$(그림에서 굵은 선의 정사각형) 안에 점을 찍는 작업을 N번 반복합니다. 이는 'X, Y가 균등분포 $U(0, 1)$을 따를 때 (X, Y)에 대해 크기 N인 표본을 얻는다'라고 바꿔 말해도 됩니다.

N개의 점 중 R에 포함된 점(보라색 점)의 개수를 I, R에 포함되지 않은 점(검은 점)의 개수를 E라 합시다. 이때 N이 커질수록 $I:E$의 비는 $S:1-S$에 가까워진다는 것을 감각적으로 알 수 있습니다. $I:N$은 $S:1$에 가까워집니다. 즉, N이 커지면 $\frac{I}{N}$는 S에 가까워집니다.

이렇게 몬테카를로 방법으로 S의 대략적인 값을 구할 수 있습니다. 확률적인 난수를 이용하므로 카지노가 있는 도시 이름을 따 몬테카를로 방법이라 이름 지었습니다.

몬테카를로 적분이 성립하는 이유

고등학교 수학에서는 정적분을 다음 식으로 계산한다고 배웠을 겁니다.

$$\int_a^b f(x)dx = \lim_{n \to \infty} \frac{1}{n} \sum_{i=1}^n f(x_i) \quad \cdots\cdots \text{①}$$

여기서 $x_1, x_2, …, x_n$은 $[a, b]$를 n등분한 점입니다.

Point에서 설명한 r도 비슷한 형태이므로 r은 $\int_{-\infty}^{\infty} g(\theta)d\theta$에 가까워진다고 생각한 사람이 있을지도 모르겠습니다. 그러나 $\theta_1, \theta_2, …, \theta_N$은 $p(\theta)$를 따르는 모집단에서 추출한 표본이므로 확률이 높은 곳에서는 밀도가 높고 확률이 낮은 곳에서는 밀도도 낮습니다. 그러므로 $\theta_1, \theta_2, …, \theta_N$은 균등한 분포가 아닙니다. θ_i를 이용한다는 점이 ① 식과의 차이입니다.

N개 중 구간 $[s, t]$에 포함되는 개수를 I개라 하면 N이 커질수록 큰 수의 법칙에 따라 $\frac{I}{N}$는 $P(s \leq \theta \leq t)$에 가까워집니다. 그러므로 N이 커질수록 r은 $g(\theta)$에 $p(\theta)$를 곱한 $g(\theta)p(\theta)$의 적분에 가까워집니다.

이 예에서는 θ가 1차원인데, θ가 고차원이 되면 $p(\theta)$의 분포를 실현하는 표본추출 방법, 즉 난수를 발생시키는 것이 어려워집니다. 이를 해결하고자 고민한 결과가 뒤에서 설명할 깁스 표집이나 메트로폴리스–헤이스팅스 알고리즘입니다.

BUSINESS 베이즈 통계 계산을 담당하는 마르코프 연쇄 몬테카를로 방법

베이즈 갱신에서 사전분포로 사후분포를 구하려면 적분을 해야 합니다. 그러나 통계 모델을 정의 그대로 계산하는 것이 쉽지는 않으므로 몬테카를로 적분을 이용합니다. 게다가 난수를 발생할 때는 **마르코프 연쇄**(Markov chain, MC)라 부르는, 확률적으로 다음 수를 고르는 방법을 이용해 효율적으로 계산합니다. 이를 모두 포함한 방법을 **마르코프 연쇄 몬테카를로**라 하며 깁스 표집, 메트로폴리스–헤이스팅스 알고리즘 등 다양한 방법이 있습니다. 베이즈 통계 현장에서는 모두 마르코프 연쇄 몬테카를로 방법을 사용합니다.

11 깁스 표집

난이도 ★★★   실용 ★★★★★   시험 ★

마르코프 연쇄 몬테카를로 방법의 하나입니다.

Point 주변확률을 사용한 무작위 이동

모수(파라미터) x, y에 관해 결합확률밀도함수 $h(x, y)$, x의 주변확률밀도함수 $h(x|y)$, y의 주변확률밀도함수 $h(y|x)$가 주어졌을 때 $h(x|y)$, $h(y|x)$는 표본을 쉽게 만들 수 있는 것으로 함

- **깁스 표집(Gibbs sampling)**: 앞 조건에서 다음 알고리즘에 따라 $h(x, y)$ 표본을 만드는 방법
  ① (x_1, y_1)을 적당히 고르고 $i = 1$로 둠
  ② $h(x|y_i)$를 이용하여 확률적으로 x_{i+1}을 얻음
  ③ $h(y|x_{i+1})$을 이용하여 확률적으로 y_{i+1}을 얻음
  ④ i를 1 늘림
  ⑤ ②로 돌아감

깁스 표집의 개념

Point의 알고리즘 자체는 베이즈 통계가 아니더라도 사용할 수 있습니다. 베이즈 통계에서는 $h(x, y)$를 사후분포로 합니다. 앞의 알고리즘으로 (x, y) 표본을 만든 다음, 이 표본을 바탕으로 몬테카를로 적분을 이용하여 x, y의 평균, 분산, 분포 등을 베이즈 추정합니다.

깁스 표집 알고리즘을 그림으로 나타냈을 때 그림의 곡선 C_1은 주변확률밀도함수 $h(x | y_1)$의 그래프입니다. 이를 이용해 확률적으로 x_2를 얻습니다. 다음으로 곡선 C_2가 나타내는 주변확률밀도함수 $h(y | x_2)$를 이용해 y_2를 얻습니다. 이렇게 차례대로 (x, y)의 표본을 추출해 갑니다.

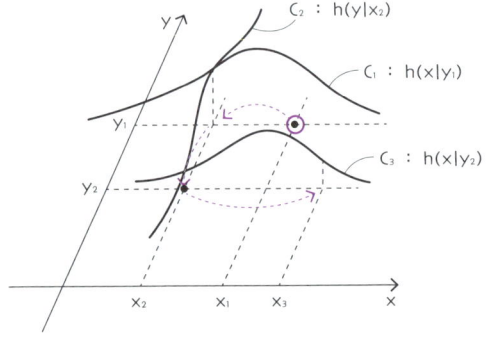

'$h(x \mid y_i)$를 이용하여 확률적으로 x_{i+1}을 얻는다'이므로 y_i에 대하여 x_{i+1}이 하나로 정해지는 것은 아닙니다. 즉, $x_{i+1} = 1$일 수도 있고 $x_{i+1} = 2$일 수도 있다는 것입니다. 주변확률을 사용하여 무작위로 이동하는 모습입니다.

단, $h(x \mid y_i)$를 이용하여 여러 번 x를 얻으면 $h(x \mid y_i)$가 큰 곳에서는 고밀도로, 작은 곳에서는 저밀도로 x를 얻게 되므로 $h(x, y)$의 분포에 따라 표본을 만들 수 있습니다.

이처럼 $h(x, y)$의 함수 형태에 따라 표본 만들기가 쉬울 때도 있고 어려울 때도 있습니다. '$h(x \mid y)$, $h(y \mid x)$는 표본을 쉽게 만들 수 있는 것으로 한다'라고 한 것처럼 **표본 만들기가 쉬울 때만 깁스 표집이 유효합니다**.

BUSINESS 데이터가 고차원일 때 깁스 표집의 활용도가 높음

Point에서는 그림으로 나타낼 수 있는 2차원일 때를 설명했는데, 물론 k차원으로 확장할 수도 있습니다. 차원이 클 때(k차원으로 함)는 k개의 난수를 발생하여 표본을 만들려고 하면 통계량이 커지게 됩니다. 이에 표본을 효율적으로 만들고자 이용하는 것이 깁스 표집입니다.

$(\theta_1, \theta_2, ..., \theta_k)$에 대해 표본을 얻기 쉬운 주변확률밀도함수가 다음 식과 같다고 생각해보겠습니다.

$$\left. \begin{array}{l} h(\theta_1 \mid \theta_2, \theta_3, \cdots, \theta_k) \\ h(\theta_2 \mid \theta_1, \theta_3, \cdots, \theta_k) \\ \cdots \\ h(\theta_k \mid \theta_1, \theta_2, \cdots, \theta_{k-1}) \end{array} \right\} \cdots\cdots ☆$$

앞 식을 이용하여 차례대로 $\theta_1, \theta_2, ..., \theta_k$의 표본을 얻으면 됩니다.

$(\theta_1, \theta_2, ..., \theta_k)$에 대해 ☆의 식이 주어졌을 때 **완전조건부분포가 주어졌다**고 합니다. 완전조건부분포가 주어졌을 때 깁스 표집을 사용할 수 있습니다.

12 메트로폴리스-헤이스팅스 알고리즘

역시 마르코프 연쇄 몬테카를로 방법의 한 예입니다. 여기서 더 발전한 것도 있으므로 이 내용은 이해하도록 합시다.

Point ! $f(x)$를 이용하여 무작위로 이동

- 메트로폴리스-헤이스팅스 알고리즘(Metropolis-Hastings methods*): 확률밀도함수 $f(x)$에 대해 다음 과정으로 $f(x)$의 표본을 만드는 방법

  ① x_0을 적당히 얻음. 이때 $i = 0$으로 둠
  ② 확률적으로 a를 얻음
  ③ $U(0, 1)$의 표본 u와 $\min\left(1, \dfrac{f(a)}{f(x_i)}\right)$를 비교하여

  $u < \min\left(1, \dfrac{f(a)}{f(x_i)}\right)$라면 $x_{i+1} = a$

  $u \geq \min\left(1, \dfrac{f(a)}{f(x_i)}\right)$라면 $x_{i+1} = x_i$

  ④ i를 1 늘림
  ⑤ ②로 돌아감

어떻게 간단하게 $f(x)$의 표본을 만들 수 있는 것일까?

Point의 ③ 과정은 x_i에 대해 x_{i+1}을 얻는 방법을 다음과 같이 한다는 것입니다.

(i) $f(a) > f(x_i)$라면 항상 $x_{i+1} = a$로 하고

(ii) $f(a) \leq f(x_i)$라면 확률 $\dfrac{f(a)}{f(x_i)}$로 $x_{i+1} = a$, 확률 $1 - \dfrac{f(a)}{f(x_i)}$로 $x_{i+1} = x_i$

확률적으로 선택한다는 부분에서 $U(0, 1)$의 난수를 이용합니다. 이렇게 하면 $f(x)$가 큰 곳에서 표본은 고밀도가 되고, 작은 곳에서는 저밀도가 됩니다.

---

* sampling이나 algorithm으로 쓸 때도 있음

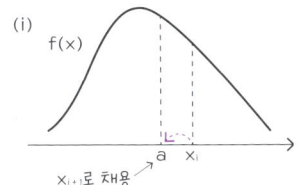
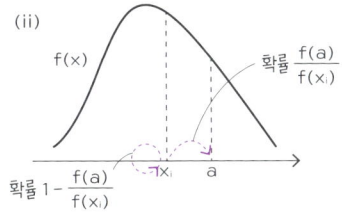

$K(x, y) = \min\left(1, \dfrac{f(y)}{f(x)}\right)$ 라 두면 $K(x, y)$는 x에서 y로의 추이확률을 나타내는 밀도함수가 됩니다. 그리고 다음 식이 성립합니다.

$$K(x, y)f(x) = K(y, x)f(y) \quad f(x) > f(y)\text{라 두고 확인하자}$$

$K(x, y)$는 마르코프 연쇄의 전이확률행렬(transition probability matrix)에 해당하므로 앞 식이 성립한다는 것은 메트로폴리스–헤이스팅스 알고리즘으로 정상 상태를 얻을 수 있음을 시사합니다. 실제 메트로폴리스–헤이스팅스 알고리즘으로 $f(x)$의 분포를 실현하는 표본을 얻을 수 있습니다. 더불어 x가 1차원일 때를 설명했습니다만, 다차원에서도 마찬가지입니다.

a를 얻을 때도 궁리를 할 필요가 있음

a를 얻는 방법에는 몇 가지가 있습니다.

① 무작위 이동 알고리즘
 a를 $N(x_i, \sigma^2)$의 표본으로 얻습니다. σ^2이 작으면 a의 채용 확률이 높지만, x가 표본 전체를 이동하는 데 시간이 걸립니다. σ^2이 크면 x를 표본 전체에서 얻을 수 있지만, 채용 확률은 낮습니다. 실제 적용할 때 알맞은 σ^2값을 찾는 것이 중요합니다.

② 독립 연쇄 알고리즘
 x_i의 값과는 관계없이 어떤 확률분포의 표본으로 얻습니다.

③ 깁스 표집 이용
 $f(x)$가 다차원 확률밀도함수일 때 x의 i번째 성분만 깁스 표집을 이용하는 등 사용할 수 있는 곳에서는 깁스 표집을 섞어 사용합니다. 메트로폴리스–헤이스팅스 알고리즘에서는 $f(a) \leq f(x_i)$일 때 모처럼 만든 a를 이용하지 않을 수도 있으므로 계산 효율이 떨어집니다. 그러므로 깁스 표집을 함께 사용하는 것입니다.

13 베이즈 네트워크

난이도 ★★★   실용 ★★★★★   시험 ★

조건부확률의 응용문제입니다. 네트워크 추정이 실제 적용에서의 과제입니다.

조건부확률의 곱

0과 1인 값을 갖는 확률변수 $X = (X_1, X_2, ..., X_n)$에 대해 그래프 G에 따라 조건부확률 C가 주어졌을 때 (X, G, C)를 **베이즈 네트워크**(Bayesian network)라고 함. X의 결합확률질량함수는 다음 식으로 나타냄

$$P(X) = \prod_{i=1}^{n} P(X_i \mid pa(X_i))$$

이때 $pa(X_i)$는 X_i의 부모 노드 집합을 나타냄

혼수 상태에서 두통이 있을 때 전이성 암일 확률은?

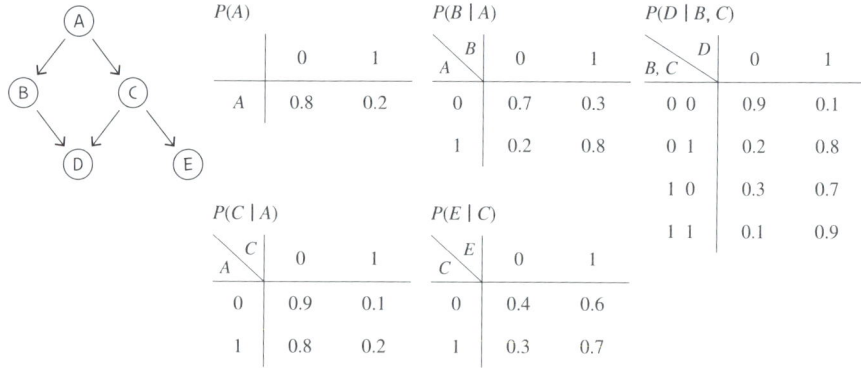

앞 그림과 같이 사건과 화살표를 조합한 그림을 이산수학 분야에서는 **그래프**라 합니다. ○ 안에 있는 문자는 사건을 나타내며 ○, ○ 등을 **노드**라 합니다. 앞 그림에서 D로 화살표가 뻗은 B와 C는 **부모 노드**, 이와 반대로 A가 화살표로 가리키는 C는 **자식 노드**라 합니다. 각 노드에는 부모 노드에 대한 조건부확률이 있습니다. 여기서는 알기 쉽게 사건 A에 대한 확률변수도 A로 나타내도록 하겠습니다.

A: 전이성 암 　　있음($A = 1$), 없음($A = 0$)
B: 혈액 중 칼슘 　증가($B = 1$), 감소($B = 0$)
C: 뇌종양 　　　있음($C = 1$), 없음($C = 0$)
D: 혼수상태 　　있음($D = 1$), 없음($D = 0$)
E: 두통 　　　　있음($E = 1$), 없음($E = 0$)

A, B, C, D, E의 결합확률은 Point의 식을 이용하여 다음과 같이 계산할 수 있습니다.

$$P(A, B, C, D, E) = P(E|C)P(D|B, C)P(B|A)P(C|A)P(A)$$

구체적인 확률은 조건부확률표에서 값을 가져와 다음과 같이 계산합니다.

$P(A = 1, B = 0, C = 0, D = 1, E = 1)$
$= P(E = 1|C = 0)P(D = 1|B = 0, C = 0)P(B = 0|A = 1)P(C = 0|A = 1)P(A = 1)$
$= 0.6 \times 0.1 \times 0.2 \times 0.8 \times 0.2 = 0.00192$

$P(A = 1, D = 1, E = 1)$을 구하려면 B, C가 0과 1인 경우 네 가지를 더해 주변화합니다.

$P(A = 1, D = 1, E = 1)$
$= P(A = 1, B = 0, C = 0, D = 1, E = 1) + P(A = 1, B = 0, C = 1, D = 1, E = 1)$
$+ P(A = 1, B = 1, C = 0, D = 1, E = 1) + P(A = 1, B = 1, C = 1, D = 1, E = 1)$
$= 0.08032$
$P(A = 0, D = 1, E = 1) = 0.16744$

이를 통해 혼수상태($D = 1$)이고 두통이 있다($E = 1$)는 조건을 바탕으로 한 전이성 암($A = 1$)일 확률은 다음과 같습니다.

$$P(A = 1 | D = 1, \ E = 1) = \frac{0.08032}{0.08032 + 0.16744} = 0.324$$

BUSINESS 머신러닝이나 인공지능의 모델로 활용

데이터를 통해 사건의 뒤편에 있는 베이즈 네트워크를 추측하여 인과관계를 찾을 수 있습니다. 또한 베이즈 네트워크는 머신러닝이나 인공지능의 모델로도 활용됩니다.

Column

기계 번역의 원리

초기 기계 번역에서는 문장을 품사로 분해하고 문법 법칙을 적용하여 그것에 맞게 번역했습니다. 저자가 외국어를 배울 때 사용한 방법과 거의 비슷합니다. 그러나 현재의 기계 번역에서 우리가 아는 문법 법칙은 중요하지 않습니다. 문법을 모르는 기계가 어떻게 번역을 하는지 신기할 따름입니다.

지금의 기계 번역에서는 문장 안에서 단어와 단어의 연결에 주목합니다. 자연스런 문장이라면, 예를 들어 'sweet'라는 단어 다음에는 주로 어떤 단어가 오는가를 생각하는 것입니다. 'do'가 올 확률은 낮고 'cake'가 올 확률은 높다는 방식입니다. 실제로 기계 번역에서는 단어마다 그 전후에 어떤 단어가 이어지는지에 대한 출현 확률을 엄청나게 많은 예문을 통해 계산하고 이를 행렬로 표현합니다. 또한 문장의 품사 분석 대신 단어와 단어의 연결에서 단어의 호환성을 다원적으로 평가하여 각 단어를 벡터로 표현합니다. 이를 바탕으로 기계 번역을 수행합니다.

번역(여기서는 한영 번역을 예로 함)이란 한국어 문장 집합 $\{x_1, x_2, ...\}$과 영어 문장 집합 $\{y_1, y_2, ...\}$을 대응시키는 것입니다. 이를 위해 한국어 문장을 나타내는 확률변수를 X, 영어 문장을 나타내는 확률변수를 Y로 합니다. 한국어 문장 x_i를 번역하려면 조건부확률 $P(Y = y_j | X = x_i)$가 가장 커지는 y_j를 고르면 됩니다. 이 조건부확률은 출현 확률을 나타내는 행렬이나 단어의 특징을 나타내는 벡터를 바탕으로 곱의 법칙(multiplication rule)을 이용하여 계산합니다. 즉, 베이즈 통계를 이용하여 기계 번역을 한다는 것입니다.

언어학자인 놈 촘스키(1928~)는 아기가 짧은 시간에 언어를 습득할 수 있는 이유로 사람은 태어날 때부터 '보편문법'을 가졌기 때문이라 했습니다. 품사나 구의 구조 규칙을 이용한 촘스키식의 기계 번역보다도 단어의 연결에 착안한 베이즈식 기계 번역의 품질이 더 나은 현재 관점에서 바라볼 때 '보편문법'이란 뇌의 신경망을 일컫는 것은 아닐까요?

부록 Appendix

1 표준정규분포표(상위확률)

z	0.00	0.01	0.02	0.03	0.04	0.05	0.06	0.07	0.08	0.09
0.0	0.5000	0.4960	0.4920	0.4880	0.4840	0.4801	0.4761	0.4721	0.4681	0.4641
0.1	0.4602	0.4562	0.4522	0.4483	0.4443	0.4404	0.4364	0.4325	0.4286	0.4247
0.2	0.4207	0.4168	0.4129	0.4090	0.4052	0.4013	0.3974	0.3936	0.3897	0.3859
0.3	0.3821	0.3783	0.3745	0.3707	0.3669	0.3632	0.3594	0.3557	0.3520	0.3483
0.4	0.3446	0.3409	0.3372	0.3336	0.3300	0.3264	0.3228	0.3192	0.3156	0.3121
0.5	0.3085	0.3050	0.3015	0.2981	0.2946	0.2912	0.2877	0.2843	0.2810	0.2776
0.6	0.2743	0.2709	0.2676	0.2643	0.2611	0.2578	0.2546	0.2514	0.2483	0.2451
0.7	0.2420	0.2389	0.2358	0.2327	0.2296	0.2266	0.2236	0.2206	0.2177	0.2148
0.8	0.2119	0.2090	0.2061	0.2033	0.2005	0.1977	0.1949	0.1922	0.1894	0.1867
0.9	0.1841	0.1814	0.1788	0.1762	0.1736	0.1711	0.1685	0.1660	0.1635	0.1611
1.0	0.1587	0.1562	0.1539	0.1515	0.1492	0.1469	0.1446	0.1423	0.1401	0.1379
1.1	0.1357	0.1335	0.1314	0.1292	0.1271	0.1251	0.1230	0.1210	0.1190	0.1170
1.2	0.1151	0.1131	0.1112	0.1093	0.1075	0.1056	0.1038	0.1020	0.1003	0.0985
1.3	0.0968	0.0951	0.0934	0.0918	0.0901	0.0885	0.0869	0.0853	0.0838	0.0823
1.4	0.0808	0.0793	0.0778	0.0764	0.0749	0.0735	0.0721	0.0708	0.0694	0.0681
1.5	0.0668	0.0655	0.0643	0.0630	0.0618	0.0606	0.0594	0.0582	0.0571	0.0559
1.6	0.0548	0.0537	0.0526	0.0516	0.0505	0.0495	0.0485	0.0475	0.0465	0.0455
1.7	0.0446	0.0436	0.0427	0.0418	0.0409	0.0401	0.0392	0.0384	0.0375	0.0367
1.8	0.0359	0.0351	0.0344	0.0336	0.0329	0.0322	0.0314	0.0307	0.0301	0.0294
1.9	0.0287	0.0281	0.0274	0.0268	0.0262	0.0256	0.0250	0.0244	0.0239	0.0233
2.0	0.0228	0.0222	0.0217	0.0212	0.0207	0.0202	0.0197	0.0192	0.0188	0.0183
2.1	0.0179	0.0174	0.0170	0.0166	0.0162	0.0158	0.0154	0.0150	0.0146	0.0143
2.2	0.0139	0.0136	0.0132	0.0129	0.0125	0.0122	0.0119	0.0116	0.0113	0.0110
2.3	0.0107	0.0104	0.0102	0.0099	0.0096	0.0094	0.0091	0.0089	0.0087	0.0084
2.4	0.0082	0.0080	0.0078	0.0075	0.0073	0.0071	0.0069	0.0068	0.0066	0.0064
2.5	0.0062	0.0060	0.0059	0.0057	0.0055	0.0054	0.0052	0.0051	0.0049	0.0048
2.6	0.0047	0.0045	0.0044	0.0043	0.0041	0.0040	0.0039	0.0038	0.0037	0.0036
2.7	0.0035	0.0034	0.0033	0.0032	0.0031	0.0030	0.0029	0.0028	0.0027	0.0026
2.8	0.0026	0.0025	0.0024	0.0023	0.0023	0.0022	0.0021	0.0021	0.0020	0.0019
2.9	0.0019	0.0018	0.0018	0.0017	0.0016	0.0016	0.0015	0.0015	0.0014	0.0014
3.0	0.0013	0.0013	0.0013	0.0012	0.0012	0.0011	0.0011	0.0011	0.0010	0.0010

2 t분포표(상위 2.5% 지점, 5% 지점)

3 χ^2분포표(상위 97.5% 지점, 5% 지점, 2.5% 지점)

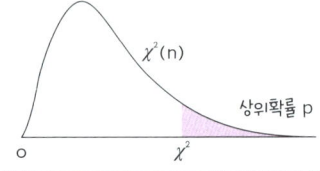

n \ p	0.050	0.025
1	6.314	12.706
2	2.920	4.303
3	2.353	3.182
4	2.132	2.776
5	2.015	2.571
6	1.943	2.447
7	1.895	2.365
8	1.860	2.306
9	1.833	2.262
10	1.812	2.228
11	1.796	2.201
12	1.782	2.179
13	1.771	2.160
14	1.761	2.145
15	1.753	2.131
16	1.746	2.120
17	1.740	2.110
18	1.734	2.101
19	1.729	2.093
20	1.725	2.086
21	1.721	2.080
22	1.717	2.074
23	1.714	2.069
24	1.711	2.064
25	1.708	2.060
26	1.706	2.056
27	1.703	2.052
28	1.701	2.048
29	1.699	2.045
30	1.697	2.042
31	1.696	2.040
32	1.694	2.037
33	1.692	2.035
34	1.691	2.032
35	1.690	2.030
36	1.688	2.028
37	1.687	2.026
38	1.686	2.024
39	1.685	2.023
40	1.684	2.021

n \ p	0.975	0.050	0.025
1	0.001	3.841	5.024
2	0.051	5.991	7.378
3	0.216	7.815	9.348
4	0.484	9.488	11.143
5	0.831	11.070	12.833
6	1.237	12.592	14.449
7	1.690	14.067	16.013
8	2.180	15.507	17.535
9	2.700	16.919	19.023
10	3.247	18.307	20.483
11	3.816	19.675	21.920
12	4.404	21.026	23.337
13	5.009	22.362	24.736
14	5.629	23.685	26.119
15	6.262	24.996	27.488
16	6.908	26.296	28.845
17	7.564	27.587	30.191
18	8.231	28.869	31.526
19	8.907	30.144	32.852
20	9.591	31.410	34.170
22	10.982	33.924	36.781
24	12.401	36.415	39.364
26	13.844	38.885	41.923
28	15.308	41.337	44.461
30	16.791	43.773	46.979
40	24.433	55.758	59.342
50	32.357	67.505	71.420
60	40.482	79.082	83.298
70	48.758	90.531	95.023
80	57.153	101.879	106.629
90	65.647	113.145	118.136
100	74.222	124.342	129.561
110	82.867	135.480	140.917
120	91.573	146.567	152.211

4 F분포표(상위 5% 지점)

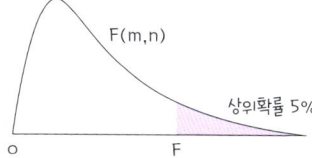

n \ m	1	2	3	4	5	6	7	8	9	10	15	20
2	18.51	19.00	19.16	19.25	19.30	19.33	19.35	19.37	19.38	19.40	19.43	19.45
3	10.13	9.55	9.28	9.12	9.01	8.94	8.89	8.85	8.81	8.79	8.70	8.66
4	7.71	6.94	6.59	6.39	6.26	6.16	6.09	6.04	6.00	5.96	5.86	5.80
5	6.61	5.79	5.41	5.19	5.05	4.95	4.88	4.82	4.77	4.74	4.62	4.56
6	5.99	5.14	4.76	4.53	4.39	4.28	4.21	4.15	4.10	4.06	3.94	3.87
7	5.59	4.74	4.35	4.12	3.97	3.87	3.79	3.73	3.68	3.64	3.51	3.44
8	5.32	4.46	4.07	3.84	3.69	3.58	3.50	3.44	3.39	3.35	3.22	3.15
9	5.12	4.26	3.86	3.63	3.48	3.37	3.29	3.23	3.18	3.14	3.01	2.94
10	4.96	4.10	3.71	3.48	3.33	3.22	3.14	3.07	3.02	2.98	2.85	2.77
11	4.84	3.98	3.59	3.36	3.20	3.09	3.01	2.95	2.90	2.85	2.72	2.65
12	4.75	3.89	3.49	3.26	3.11	3.00	2.91	2.85	2.80	2.75	2.62	2.54
13	4.67	3.81	3.41	3.18	3.03	2.92	2.83	2.77	2.71	2.67	2.53	2.46
14	4.60	3.74	3.34	3.11	2.96	2.85	2.76	2.70	2.65	2.60	2.46	2.39
15	4.54	3.68	3.29	3.06	2.90	2.79	2.71	2.64	2.59	2.54	2.40	2.33
16	4.49	3.63	3.24	3.01	2.85	2.74	2.66	2.59	2.54	2.49	2.35	2.28
17	4.45	3.59	3.20	2.96	2.81	2.70	2.61	2.55	2.49	2.45	2.31	2.23
18	4.41	3.55	3.16	2.93	2.77	2.66	2.58	2.51	2.46	2.41	2.27	2.19
19	4.38	3.52	3.13	2.90	2.74	2.63	2.54	2.48	2.42	2.38	2.23	2.16
20	4.35	3.49	3.10	2.87	2.71	2.60	2.51	2.45	2.39	2.35	2.20	2.12
22	4.30	3.44	3.05	2.82	2.66	2.55	2.46	2.40	2.34	2.30	2.15	2.07
24	4.26	3.40	3.01	2.78	2.62	2.51	2.42	2.36	2.30	2.25	2.11	2.03
26	4.23	3.37	2.98	2.74	2.59	2.47	2.39	2.32	2.27	2.22	2.07	1.99
28	4.20	3.34	2.95	2.71	2.56	2.45	2.36	2.29	2.24	2.19	2.04	1.96
30	4.17	3.32	2.92	2.69	2.53	2.42	2.33	2.27	2.21	2.16	2.01	1.93
32	4.15	3.29	2.90	2.67	2.51	2.40	2.31	2.24	2.19	2.14	1.99	1.91
34	4.13	3.28	2.88	2.65	2.49	2.38	2.29	2.23	2.17	2.12	1.97	1.89
36	4.11	3.26	2.87	2.63	2.48	2.36	2.28	2.21	2.15	2.11	1.95	1.87
38	4.10	3.24	2.85	2.62	2.46	2.35	2.26	2.19	2.14	2.09	1.94	1.85
40	4.08	3.23	2.84	2.61	2.45	2.34	2.25	2.18	2.12	2.08	1.92	1.84
42	4.07	3.22	2.83	2.59	2.44	2.32	2.24	2.17	2.11	2.06	1.91	1.83
44	4.06	3.21	2.82	2.58	2.43	2.31	2.23	2.16	2.10	2.05	1.90	1.81
46	4.05	3.20	2.81	2.57	2.42	2.30	2.22	2.15	2.09	2.04	1.89	1.80
48	4.04	3.19	2.80	2.57	2.41	2.29	2.21	2.14	2.08	2.03	1.88	1.79
50	4.03	3.18	2.79	2.56	2.40	2.29	2.20	2.13	2.07	2.03	1.87	1.78
60	4.00	3.15	2.76	2.53	2.37	2.25	2.17	2.10	2.04	1.99	1.84	1.75
70	3.98	3.13	2.74	2.50	2.35	2.23	2.14	2.07	2.02	1.97	1.81	1.72
80	3.96	3.11	2.72	2.49	2.33	2.21	2.13	2.06	2.00	1.95	1.79	1.70
90	3.95	3.10	2.71	2.47	2.32	2.20	2.11	2.04	1.99	1.94	1.78	1.69
100	3.94	3.09	2.70	2.46	2.31	2.19	2.10	2.03	1.97	1.93	1.77	1.68

(저자가 만든 표)

5 F분포표(상위 2.5% 지점)

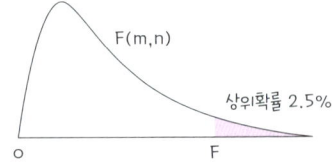

m\n	1	2	3	4	5	6	7	8	9	10	15	20
2	38.51	39.00	39.17	39.25	39.30	39.33	39.36	39.37	39.39	39.40	39.43	39.45
3	17.44	16.04	15.44	15.10	14.88	14.73	14.62	14.54	14.47	14.42	14.25	14.17
4	12.22	10.65	9.98	9.60	9.36	9.20	9.07	8.98	8.90	8.84	8.66	8.56
5	10.01	8.43	7.76	7.39	7.15	6.98	6.85	6.76	6.68	6.62	6.43	6.33
6	8.81	7.26	6.60	6.23	5.99	5.82	5.70	5.60	5.52	5.46	5.27	5.17
7	8.07	6.54	5.89	5.52	5.29	5.12	4.99	4.90	4.82	4.76	4.57	4.47
8	7.57	6.06	5.42	5.05	4.82	4.65	4.53	4.43	4.36	4.30	4.10	4.00
9	7.21	5.71	5.08	4.72	4.48	4.32	4.20	4.10	4.03	3.96	3.77	3.67
10	6.94	5.46	4.83	4.47	4.24	4.07	3.95	3.85	3.78	3.72	3.52	3.42
11	6.72	5.26	4.63	4.28	4.04	3.88	3.76	3.66	3.59	3.53	3.33	3.23
12	6.55	5.10	4.47	4.12	3.89	3.73	3.61	3.51	3.44	3.37	3.18	3.07
13	6.41	4.97	4.35	4.00	3.77	3.60	3.48	3.39	3.31	3.25	3.05	2.95
14	6.30	4.86	4.24	3.89	3.66	3.50	3.38	3.29	3.21	3.15	2.95	2.84
15	6.20	4.77	4.15	3.80	3.58	3.41	3.29	3.20	3.12	3.06	2.86	2.76
16	6.12	4.69	4.08	3.73	3.50	3.34	3.22	3.12	3.05	2.99	2.79	2.68
17	6.04	4.62	4.01	3.66	3.44	3.28	3.16	3.06	2.98	2.92	2.72	2.62
18	5.98	4.56	3.95	3.61	3.38	3.22	3.10	3.01	2.93	2.87	2.67	2.56
19	5.92	4.51	3.90	3.56	33.3	3.17	3.05	2.96	2.88	2.82	2.62	2.51
20	5.87	4.46	3.86	3.51	3.29	3.13	3.01	2.91	2.84	2.77	2.57	2.46
22	5.77	4.38	3.78	3.44	3.22	3.05	2.93	2.84	2.76	2.70	2.50	2.39
24	5.72	4.32	3.72	3.38	3.15	2.99	2.87	2.78	2.70	2.64	2.44	2.33
26	5.66	4.27	3.67	33.3	3.10	2.94	2.82	2.73	2.65	2.59	2.39	2.28
28	5.61	4.22	3.63	3.29	3.06	2.90	2.78	2.69	2.61	2.55	2.34	2.23
30	5.57	4.18	3.59	3.25	3.03	2.87	2.75	2.65	2.57	2.51	2.31	2.20
32	5.53	4.15	3.56	3.22	3.00	2.84	2.71	2.62	2.54	2.48	2.28	2.16
34	5.50	4.12	3.53	3.19	2.97	2.81	2.69	2.59	2.52	2.45	2.25	2.13
36	5.47	4.09	3.50	3.17	2.94	2.78	2.66	2.57	2.49	2.43	2.22	2.11
38	5.45	4.07	3.48	3.15	2.92	2.76	2.64	2.55	2.47	2.41	2.20	2.09
40	5.42	4.05	3.46	3.13	2.90	2.74	2.62	2.53	2.45	2.39	2.18	2.07
42	5.40	4.03	3.45	3.11	2.89	2.73	2.61	2.51	2.43	2.37	2.16	2.05
44	5.39	4.02	3.43	3.09	2.87	2.71	2.59	2.50	2.42	2.36	2.15	2.03
46	5.37	4.00	3.42	3.08	2.86	2.70	2.58	2.48	2.41	2.34	2.13	2.02
48	5.35	3.99	3.40	3.07	2.84	2.69	2.56	2.47	2.39	2.33	2.12	2.01
50	5.34	3.97	3.39	3.05	2.83	2.67	2.55	2.46	2.38	2.32	2.11	1.99
60	5.29	3.93	3.34	3.01	2.79	2.63	2.51	2.41	2.33	2.27	2.06	1.94
70	5.25	3.89	3.31	2.97	2.75	2.59	2.47	2.38	2.30	2.24	2.03	1.91
80	5.22	3.86	3.28	2.95	2.73	2.57	2.45	2.35	2.28	2.21	2.00	1.88
90	5.20	3.84	3.26	2.93	2.71	2.55	2.43	2.34	2.26	2.19	1.98	1.86
100	5.18	3.83	3.25	2.92	2.70	2.54	2.42	2.32	2.24	2.18	1.97	1.85

6 맨-휘트니 U 검정표(단측확률 2.5% 지점)

k\l	4	5	6	7	8	9	10	11	12	13	14	15	16	17	18	19	20
2	–	–	–	–	0	0	0	0	1	1	1	1	1	2	2	2	2
3	–	0	1	1	2	2	3	3	4	4	5	5	6	6	7	7	8
4	0	1	2	3	4	4	5	6	7	8	9	10	11	11	12	13	14
5		2	3	5	6	7	8	9	11	12	13	14	15	17	18	19	20
6			5	6	8	10	11	13	14	16	17	19	21	22	24	25	27
7				8	10	12	14	16	18	20	22	24	26	28	30	32	34
8					13	15	17	19	22	24	26	29	31	34	36	38	41
9						17	20	23	26	28	31	34	37	39	42	45	48
10							23	26	29	33	36	39	42	45	48	52	55
11								30	33	37	40	44	47	51	55	58	62
12									37	41	45	49	53	57	61	65	69
13										45	50	54	59	63	67	72	76
14											55	59	64	69	74	78	83
15												64	70	75	80	85	90
16													75	81	86	92	98
17														87	93	99	105
18															99	106	112
19																113	119
20																	127

7 윌콕슨 부호순위검정표
(단측 2.5% 지점, 5% 지점)

n \ p	0.050	0.025
5	0	–
6	2	0
7	3	2
8	5	3
9	8	5
10	10	8
11	13	10
12	17	13
13	21	17
14	25	21
15	30	25
16	35	29
17	41	34
18	47	40
19	53	46
20	60	52
21	67	58
22	75	65
23	83	73
24	91	81
25	100	89

8 프리드먼 검정표(단측 5% 지점)

3무리

n	
3	6.00
4	6.50
5	6.40
6	7.00
7	7.14
8	6.25
9	6.22
∞	5.99

4무리

n	
2	6.00
3	7.40
4	8.70
5	7.80
∞	7.81

9 크러스컬-월리스 검정표(단측 5% 지점)

3무리

n	n_1	n_2	n_3	
7	2	2	3	4.714
8	2	2	4	5.333
	2	3	3	5.361
9	2	2	5	5.160
	2	3	4	5.444
	3	3	3	5.600
10	2	2	6	5.346
	2	3	5	5.251
	2	4	4	5.455
	3	3	4	5.791
11	2	2	7	5.143
	2	3	6	5.349
	2	4	5	5.273
	3	3	5	5.649
	3	4	4	5.599
12	2	2	8	5.356
	2	3	7	5.357
	2	4	6	5.340
	2	5	5	5.339
	3	3	6	5.615
	3	4	5	5.656
	4	4	4	5.692
13	2	2	9	5.260
	2	3	8	5.316
	2	4	7	5.376
	2	5	6	5.339
	3	3	7	5.620
	3	4	6	5.610
	3	5	5	5.706
	4	4	5	5.657
14	2	2	10	5.120
	2	3	9	5.340
	2	4	8	5.393
	2	5	7	5.393
	2	6	6	5.410
	3	3	8	5.617
	3	4	7	5.623
	3	5	6	5.602
	4	4	6	5.681
	4	5	5	5.657

3무리 계속

n	n_1	n_2	n_3	
15	2	2	11	5.164
	2	3	10	5.362
	2	4	9	5.400
	2	5	8	5.415
	2	6	7	5.357
	3	3	9	5.589
	3	4	8	5.623
	3	5	7	5.607
	3	6	6	5.625
	4	4	7	5.650
	4	5	6	5.661
	5	5	5	5.780

4무리

n	n_1	n_2	n_3	n_4	
8	2	2	2	2	6.167
9	2	2	2	3	6.333
10	2	2	2	4	6.546
	2	2	3	3	6.527
11	2	2	2	5	6.564
	2	2	3	4	6.621
	2	3	3	3	6.727
12	2	2	2	6	6.539
	2	2	3	5	6.664
	2	2	4	4	6.731
	2	3	3	4	6.795
	3	3	3	3	7.000
13	2	2	2	7	6.565
	2	2	3	6	6.703
	2	2	4	5	6.725
	2	3	3	5	6.822
	2	3	4	4	6.874
	3	3	3	4	6.984
14	2	2	2	8	6.571
	2	2	3	7	6.718
	2	2	4	6	6.743
	2	2	5	5	6.777
	2	3	3	6	6.876
	2	3	4	5	6.926
	2	4	4	4	6.957
	3	3	3	5	7.019
	3	3	4	4	7.038

10 스튜던트화 범위 분포표(상위 5% 지점)

$q(k, \phi_e, 0.05)$값

ϕ_e \ k	2	3	4	5	6	7	8	9
2	6.085	8.331	9.798	10.881	11.734	12.434	13.027	13.538
3	4.501	5.910	6.825	7.502	8.037	8.478	8.852	9.177
4	3.927	5.040	5.757	6.287	6.706	7.053	7.347	7.602
5	3.635	4.602	5.218	5.673	6.033	6.330	6.582	6.801
6	3.460	4.339	4.896	5.305	5.629	5.895	6.122	6.319
7	3.344	4.165	4.681	5.060	5.359	5.605	5.814	5.995
8	3.261	4.041	4.529	4.886	5.167	5.399	5.596	5.766
9	3.199	3.948	4.415	4.755	5.023	5.244	5.432	5.594
10	3.151	3.877	4.327	4.654	4.912	5.124	5.304	5.460
11	3.113	3.820	4.256	4.574	4.823	5.028	5.202	5.353
12	3.081	3.773	4.199	4.508	4.750	4.949	5.118	5.265
13	3.055	3.734	4.151	4.453	4.690	4.884	5.049	5.192
14	3.033	3.701	4.111	4.407	4.639	4.829	4.990	5.130
15	3.014	3.673	4.076	4.367	4.595	4.782	4.940	5.077
16	2.998	3.649	4.046	4.333	4.557	4.741	4.896	5.031
17	2.984	3.628	4.020	4.303	4.524	4.705	4.858	4.991
18	2.971	3.609	3.997	4.276	4.494	4.673	4.824	4.955
19	2.960	3.593	3.977	4.253	4.468	4.645	4.794	4.924
20	2.950	3.578	3.958	4.232	4.445	4.620	4.768	4.895
21	2.941	3.565	3.942	4.213	4.424	4.597	4.743	4.870
22	2.933	3.553	3.927	4.196	4.405	4.577	4.722	4.847
23	2.926	3.542	3.914	4.180	4.388	4.558	4.702	4.826
24	2.919	3.532	3.901	4.166	4.373	4.541	4.684	4.807
25	2.913	3.523	3.890	4.153	4.358	4.526	4.667	4.789
26	2.907	3.514	3.880	4.141	4.345	4.511	4.652	4.773
27	2.902	3.506	3.870	4.130	4.333	4.498	4.638	4.758
28	2.897	3.499	3.861	4.120	4.322	4.486	4.625	4.745
29	2.892	3.493	3.853	4.111	4.311	4.475	4.613	4.732
30	2.888	3.487	3.845	4.102	4.301	4.464	4.601	4.720
31	2.884	3.481	3.838	4.094	4.292	4.454	4.591	4.709
32	2.881	3.475	3.832	4.086	4284	4.445	4.581	4.698
33	2.877	3.470	3.825	4.079	4.276	4.436	4.572	4.689
34	2.874	3.465	3.820	4.072	4.268	4.428	4.563	4.680
35	2.871	3.461	3.814	4.066	4.261	4.421	4.555	4.671
36	2.868	3.457	3.809	4.060	4.255	4.414	4.547	4.663
37	2.865	3.453	3.804	4.054	4.249	4.407	4.540	4.655
38	2.863	3.449	3.799	4.049	4.243	4.400	4.533	4.648
39	2.861	3.445	3.795	4.044	4.237	4.394	4.527	4.641
40	2.858	3.442	3.791	4.039	4.232	4.388	4.521	4.634
41	2.856	3.439	3.787	4.035	4.227	4.383	4.515	4.628
42	2.854	3.436	3.783	4.030	4.222	4.378	4.509	4.622
43	2.852	3.433	3.779	4.026	4.217	4.373	4.504	4.617
44	2.850	3.430	3.776	4.022	4.213	4.368	4.499	4.611
45	2.848	3.428	3.773	4.018	4.209	4.364	4.494	4.606
46	2.847	3.425	3.770	4.015	4.205	4.359	4.489	4.601
47	2.845	3.423	3.767	4.011	4.201	4.355	4.485	4.597
48	2.844	3.420	3.764	4.008	4.197	4.351	4.481	4.592
49	2.842	3.418	3.761	4.005	4.194	4.347	4.477	4.588
50	2.841	3.416	3.758	4.002	4.190	4.344	4.473	4.584
60	2.829	3.399	3.737	3.977	4.163	4.314	4.441	4.550
80	2.814	3.377	3.711	3.947	4.129	4.278	4.402	4.509
100	2.806	3.365	3.695	3.929	4.109	4.256	4.379	4.484
120	2.800	3.356	3.685	3.917	4.096	4.241	4.363	4.468
240	2.786	3.335	3.659	3.887	4.063	4.205	4.324	4.427
360	2.781	3.328	3.650	3.877	4.052	4.193	4.312	4.413
∞	2.772	3.314	3.633	3.858	4.030	4.170	4.286	4.387

마치면서

흔히 접하는 내용부터 시작하여 전문적인 내용까지 다루는 것이 좋겠다는 편집 방침에 따라 이 책에는 생활에서 자주 보는 통계학 응용 예를 많이 포함하고자 했습니다. 그러므로 어려운 내용이라도 주변에서 곧잘 접하는 통계학이라는 느낌을 받을 수 있을 것입니다.

그러나 이는 법화경의 '화성유품'을 읊는 것과 마찬가지로 먼 목표를 바라는 사람이 중도에 포기하지 않도록 희망에 찬 미래를 보여줄 뿐입니다. 그러므로 수식이 없는의 응용 예만 읽고 만족감을 느끼지 않기 바랍니다.

통계학 실력을 높이려면 이론을 이해하는 힘과 계산하는 힘을 균형 있게 키워야 합니다. 이론을 이해하는 힘과 계산하는 힘은 이른바 수레의 두 바퀴로, 한쪽만 키워서는 통계학을 내 것으로 만들 수 없습니다. 그리고 이론을 이해하려면 수식을 읽는 능력도 반드시 필요합니다. 따라서 여러분이 수학에 익숙하지 않다면 수식에 대한 저항감을 없앤 다음, 이 책을 다시 한 번 꼼꼼하게 읽기 바랍니다.

또한 이 책에서는 이론만 다루므로 계산하는 힘을 키우고 싶다면 다른 통계학 책을 참고하거나 통계 관련 소프트웨어를 직접 다루어 보면서 이를 보충하기 바랍니다. 모쪼록 여러분이 통계학을 현실 사회에 적절히 응용하여 결과로 풍요롭고 행복한 생활을 보낼 수 있었으면 합니다.

이 책을 만드는 데 오오쿠보 하루 님(쇼에이샤), 사쿠라이 마사오 님, 세키타니 켄타 님(메이쇼당)이 너무 많은 수고를 해주셨습니다. 또한 야자네 타카시 님, 하마노 켄이치로 님, 사사키 카즈미 님, 마츠무라 타카히로 님, 코야마 히로아키 님은 이 책의 내용에 관한 귀중한 의견을 주셨습니다. 진심으로 고마움을 전합니다. 이 책을 집필할 기회를 마련해 준 쇼에이샤의 하세가와 카즈토시 님, '어른을 위한 수학 교실'의 호리구치 토모유키 님, 도쿄 출판사 쿠로키 미사오 님에게도 고마움을 전합니다.

2020년 7월
이시이 토시아키(石井俊全)

찾아보기

◆ 기호·번호

'=RAND( )' 함수 ········· 119
χ^2분포 ········· 102
χ^2분포 정의식 ········· 105
2×2 교차표 ········· 163
2단계추출 ········· 118
2차원 그래프 ········· 030

◆ A
ANOVA ········· 204

◆ B
BPT 분포 ········· 067

◆ F
F분포 ········· 102
F분포 정의식 ········· 105

◆ I
INV ········· 112
ITT 분석 ········· 156

◆ K
$k×l$ 집계표 ········· 164

◆ N
n변량정규분포 ········· 110

◆ P
PP 분석 ········· 156
p값 ········· 140

◆ Q
Q–Q 플롯 ········· 036

◆ R
R ········· 112

◆ T
t분포 ········· 102
t분포 정의식 ········· 105

◆ ㄱ
가능도 ········· 120, 182
가능도 함수 ········· 120, 182
가변수 ········· 244
가설 ········· 136
가설검정 ········· 057
가우스–마르코프 정리 ········· 131
가우스 분포 ········· 100
간격 데이터 ········· 004
갈톤 보드 ········· 101
강건성 ········· 017
거듭제곱 법칙 ········· 005
거품형 그래프 ········· 033
검정 ········· 136
검정력 ········· 142
검정통계량 ········· 138
결정계수 ········· 187
결합확률 ········· 072
결합확률밀도함수 ········· 078, 286
결합확률분포 ········· 076
결합확률질량 ········· 076
결합확률질량함수 ········· 076, 290
경로도표 ········· 251
계급 ········· 006
계급값 ········· 006, 014

계급폭	006		기하분포	092
계량형 다차원척도법	258		기하평균	016
계층적군집분석	256		깁스 표집	286
계통추출	118		꺾은선 그래프	027
고유벡터	236			
고장률함수	107		◆ ㄴ	
곱사건	058			
곱의 법칙	292		나이브 베이즈 분류	266
공분산	042		네이만 배분법	119
공분산구조분석	254		노드	290
공분산행렬	111		누적기여율	237
공사건	058		누적분포함수	066
공통인자	250		누적상대도수	008
관측도수	160, 164			
관측변수	255		◆ ㄷ	
교란순열	061			
교차 집계표	024		다변량분석	232
교차표	024		다봉형	007
구간추정	057, 114, 122		다중공선성	192
구조방정식	255		다중비교	203
구조방정식 모델	254		다중회귀분석	184
국소관리 원칙	218		다차원척도법	258
귀무가설	136		다항계수	109, 166
귀무가설족	203		다항분포	108
균등분포	065, 098		단봉형	007
그래프	290		단순 무작위추출법	118
그룹간 변동	206		단순가설	142
그룹간 편차	206		단순회귀분석	184
그룹내 변동	206		단측검정	141
그룹내 편차	206		대기행렬이론	095
기각	137		대립가설	136
기각역	139		대응분석	246
기계 번역	292		대푯값	016
기대도수	160, 164		데밍 추출법	119
기댓값	068		덴드로그램	256
기본사건	058		도박사의 오류	073
기여율	234		도수	006
			도수분포표	006, 014

독립 · 072
독립성검정 · 162
독립항등분포 · · · · · · · · · · · · · · · · · · 053, 117
드몽모르 수 · 061
등간척도 · 004
등분산검정 · 154

◆ ㄹ

레이더 그래프 · 028
레일리 분포 · 106
로그 정규분포 · 106
로렌츠 곡선 · 034
로지스틱 함수 · 196
로지스틱 회귀분석 · · · · · · · · · · · · · · · · · 197

◆ ㅁ

마르코프 연쇄 · 285
마르코프 연쇄 몬테카를로 · · · · · · · · · 285
마코위츠의 평균 · 분산 모델 · · · · · · · 071
마할라노비스 거리 · · · · · · · · · · · · · · · · 242
막대그래프 · 027
맥니머 검정 · 168
맨-휘트니 U 검정 · · · · · · · · · · · · · · · · 172
맨해튼 거리 · 257
머신러닝 · 291
메트로폴리스-헤이스팅스 알고리즘 · · · 288
명목척도 · 004
모분산 · 114
모비율 · 126
모비율 차이검정 · · · · · · · · · · · · · · · · · · · 152
모수 · 114, 185, 283
모자이크 그래프 · · · · · · · · · · · · · · · · · · · 028
모집단 · 057, 114
모평균 · 114
모표준편차 · 114
모회귀계수 · 194
모회귀직선 · 194
몬테카를로 방법 · · · · · · · · · · · · · · · · · · · 284
몬테카를로 적분 · · · · · · · · · · · · · · · · · · · 284
몬티 홀 문제 · 275

무관심의 원리 · 272
무기억성 · 093, 099
무상관검정 · 051
무작위 배정 임상 시험 · · · · · · · · · · · · · 156
무작위 추출 · 057
무작위화 블록 설계 · · · · · · · · · · · · · · · · 219
무작위화 원칙 · 219
민감도 · 269
민코프스키 거리 · · · · · · · · · · · · · · · · · · · 257

◆ ㅂ

박쥐 날개 · 029
반복 원칙 · 219
반복측정 분산분석 · · · · · · · · · · · · · · · · · 215
배반사건 · 058
범위 · 022
범주 데이터 · 004
베렌스-피셔 문제 · · · · · · · · · · · · · · · · · · 151
베르누이 분포 · 090
베르누이 시행 · 090
베리맥스 회전 · 253
베이불 분포 · 106
베이즈 갱신 · 271
베이즈 네트워크 · · · · · · · · · · · · · · · · · · · 290
베이즈 정리 · 268
베이즈 통계 · 262
베이즈 통계학 · 115
변동계수 · 013
변수감소법 · 193
변수증가법 · 193
변수증감법 · 193
복원추출 · 116
복합가설 · 142
본페로니 교정 · 224
부모 노드 · 290
부분적 귀무가설 · · · · · · · · · · · · · · · · · · · 203
부호검정 · 174
분산 · 012, 068
분산공분산행렬 · · · · · · · · · · · · · · · · · · · 237
분산분석 · 204

분산분석표	208
분산비	204
분산팽창인수	193
불일치	259
블랙–숄즈 모델	071
비계량형 다차원척도법	258
비례추출	119
비모수검정	158
비복원추출	116
비유사도	258
비율 데이터	004
비율척도	004
비편향분산	115, 128
비편향성	128
비편향추정량	128
빈도확률	270

◆ ㅅ

사건	058
사교 모델	250
사분위수	022
사전분포 재정규화	277
사전확률	271
사전확률분포	272
사후확률	271
산술평균	016
산점도	030
산점도 행렬	032
산포도	023
상관	040
상관계수	042
상관도표	052, 053
상대 엔트로피	281
상대도수	008
상자 수염 그림	023
상호작용	215
생존함수	099, 107
섀퍼 방법	225
서열척도	004
선형비편향추정량	130

선형예측자	198
선형판별함수	238
선형회귀모델	194
셰페 방법	226
수량화 이론	244
수량화 제1방법	244
수량화 제2방법	244
수량화 제3방법	246
수용역	140
수준	207
순위 데이터	004
스네데코르의 F분포	104
스터지스 공식	006
스튜던트의 t분포	105
스튜던트화	105
스트레스	259
스티븐스의 멱법칙	005
스피어만의 순위상관계수	044
시계열 모델	053
시그마 기호	011
시행	058
신뢰계수	122, 123
신뢰도함수	107
실험계획법	218
실현값	160

◆ ㅇ

아카이케 정보기준	193, 282
양성(긍정)예측값	269
양측검정	141
에니그마	263
엑셀	112
엔트로피	280
여사건	059
역함수	112
역확률	262
연결함수	198
연속균등분포	098
연속확률변수	064
연쇄효과	257

영-하우스홀더 변환	259
예이츠의 보정	163
예측값	186
오즈	131
오차변수	255
오차자유도	226
오차제곱합	182
와드연결법	257
완전 무작위화 설계	219
완전순열	061
완전조건부분포	287
왜도	020
요인	207
우측검정	141
운용과학	095
원그래프	026
웰치의 t 검정	151
위험률	142
위험함수	107
윌콕슨 부호순위검정	177
윌콕슨 순위합검정	173
유의수준	137
유일인자	250
유클리드 거리	257
유한모집단	116
유한모집단수정	097
음이항분포	092
의사상관	041
이산확률변수	062
이원배치 분산분	215
이원배치 분산분석	211
이유불충분의 원리	272
이중맹검법	219
이항분포	090
인공지능	291
인자부하량	236, 250
인자분석	250
인자점수	250
일반선형모델	182, 198
일반화선형모델	182, 198
일원배치 분산분석	207
일치성	128
일치추정량	129

◆ ㅈ

자기공분산	052
자기상관계	052
자기상관함수	052
자식 노드	290
자연켤레사전분포	278
자유도	103
작은 표본이론	115
잔차	186
잔차제곱합	182
잠재변수	255
재현율	269
적합도	259
적합도검정	160
전변동	204
전수조사	114
전제곱합	204
전체사건	058
절편	186
점추정	114
정규 Q-Q 플롯	037
정규모집단	144
정규방정식	189
정규분포	100
정규선형회귀모델	194
정밀도	269
정보량	280
제1종 오류	142
제1추출단위	118
제2종 오류	142
제2추출단위	118
조건부확률	265
조정된 결정계수	189
조합	088
좌측검정	141
주관적 확률	270
주변확률	072

주변확률밀도함수·································· 079, 286
주변확률질량함수·································· 076
주성분부하량······································· 236
주성분분석··· 234
줄기 잎 그림······································· 038
중상관계수····································· 182, 190
중심극한정리······································· 083
중앙값·· 016, 022
지니 계수··· 035
지수분포·· 098
지수족··· 199
직교 모델··· 250
직교배열표··· 220
직교정규기저······································· 237
집합족··· 203

◆ ㅊ
채택·· 137
척도·· 004
첨도·· 021
첨자·· 010
체비쇼프 부등식··································· 084
초과계수·· 021
초기하분포··· 096
최단연결법··· 256
최대가능도 방법··································· 120
최대가능도 추정값································· 120
최대가능도 추정량································· 120
최대사후확률 추정································· 277
최량선형비편향추정량···························· 130
최빈값·· 017
최소제곱법··· 186
최장연결법··· 256
추론 통계··· 114
추정·· 114
충분성·· 128
충분추정량··· 129
충분통계량··· 129
측정방정식··· 251
층화·· 043

층화추출·· 118

◆ ㅋ
카이제곱 적합도검정······························ 057
켄달의 순위상관계수······························ 046
켤레사전분포······································· 278
코렐로그램··· 052
코시–슈바르츠 부등식···························· 080
코크란 Q 검정··································· 171
코호트 연구·· 156
쿠폰 모으기 문제·································· 081
쿨백–라이블러 발산······························· 280
크라메르–라오 부등식···························· 129
크라메르의 연관계수······························ 048
크러스컬–월리스 검정···························· 178
큰 수의 강한 법칙································· 085
큰 수의 법칙······································· 082
큰 수의 약한 법칙································· 085
큰 표본이론·· 115

◆ ㅌ
투키–크레이머 방법······························· 229
투키 방법··· 229
특이도·· 269

◆ ㅍ
파라미터·· 185
파레토 그림·· 008
파레토 분포·· 106
파스칼 분포·· 092
판별분석·· 238
판별함수·· 238
페이지의 트렌드 검정····························· 180
편상관계수······································ 182, 90
편차·· 012
편찻값·· 019
편회귀계수····································· 182, 188
평균·· 012
평균벡터·· 111

평균연결법	256
포괄적 귀무가설	203
포지셔닝 맵	260
포함배제의 원리	060
표본	057, 114
표본분산	114, 128
표본비편향분산	131
표본평균	114
표본표준편차	114
표본회귀직선	195
표준오차	182
표준정규분포	100
표준편차	012, 182
표준화	018
표지 재포획법	097
푸아송 분포	094
푸아송 회귀 모델	199
푸아송의 극한정리	095
프로빗 회귀분석	197
프리드먼의 검정	180
피셔–스네데코르 분포	104
피셔 변환	050
피셔의 정확검정	166
피어슨의 상관계수	042

◆ ㅎ

합사건	058
허용도	193
허위상관	041
흐름 방법	225
확률밀도함수	064
확률변수	062
확률분포	062
확률질량함	062
회귀계수	186
회귀방정식	188
회귀직선	186
효율성	128
효율적 투자선	071
효율추정량	129
히스토그램	007